Lecture Notes in Mathematics 1562

Günter Harder

Eisensteinkohomologie und die Konstruktion gemischter Motive

Springer-Verlag
Berlin Heidelberg New York
London Paris Tokyo
Hong Kong Barcelona
Budapest

Author

Günter Harder
Mathematisches Institut
Universität Bonn
Beringstraße 6
D-53115 Bonn, Germany

Mathematics Subject Classification (1991): 11F67, 11F75, 11F80, 11G18, 11G40

ISBN 3-540-57408-5 Springer-Verlag Berlin Heidelberg New York
ISBN 0-387-57408-5 Springer-Verlag New York Berlin Heidelberg

Printed in Germany

2146/3140-543210 - Printed on acid-free paper

Introduction

This volume grew out of a series of talks which I gave in the "Seminar über automorphe Formen " at the University of Bonn during the winter term 1988/89. A preliminary version of this manuscript was distributed in summer 1989 and a revised version circulated since summer 1991.

The text is written in German because it is based on the talks in the above seminar. On request of the editors of the Lecture Notes I am writing an introduction in English which hopefully will be helpful for readers who are not familiar with German. In this introduction I will give a rather extended description of the contents of the individual Chapters. The idea is that a reader who gets stuck because of the language problem may get some help here in the introduction. In this introduction I will give no references to the literature but rather to the corresponding place in the volume. There one hopefully also finds the correct references. Another paper that gives some kind of introduction to this volume is my address at the ICM in Kyoto in 1990.

Before I give the more detailed desription of the content of the book I give a very global overview.

The goal of this book is to produce evidence that Shimura varieties provide a tool to construct certain objects (the mixed motives) which are predicted by the Beilinson-Deligne conjectures. These Beilinson-Deligne conjectures assert a connection between the behavior of the L-function of a motive at certain integer arguments and diophantine properties of this motive. They predict ~~that~~ that the order of vanishing of the L-function at these specific arguments is equal the dimension of a certain space of extensions of the given motive by a Tate motive. These extensions become visible in the cohomology of suitable open algebraic varieties which have to be defined over certain number field. The problem is how to construct these varieties.

The structure of the cohomology of Shimura varieties is influenced by special values of L-functions . This influence comes via the theory of Eisenstein-series. The general philosophy behind this is explained in Chapter II.

In Chapter III I will construct candidates for mixed motives and I show various consistencies with theory of automorphic forms. I will also explain that they owe their existence to the vanishing of certain L-functions at certain specific arguments. But at the present moment I have not proved that the extensions constructed are non trivial. (See Chap III 3.1.4.).

In one case (Anderson's mixed motives Chap. IV) I am able to show that the constructed objects are the extensions predicted by the conjectures. This can be stated differently by saying that the constructed objects are critical in the sense of Scholl. (See Chap. I 1.2.10).

Now I come to the the content of Chapter I. I will first give a very sketchy explanation of the meaning of the Beilinson-Deligne conjectures. I also discuss the relationship to earlier conjectures in this direction.

To begin, let me try to give the reader an idea of what a motive is and what the category of motives should be. We start with a smooth projective variety X/K, where K will be an algebraic number field. For simplicity assume that $K = \mathbb{Q}$. Then our variety has cohomology groups $H^\bullet(X/\mathbb{Q})$. Even a very educated reader might say that (s)he never heard of these cohomology groups. The point is that there exist various incarnations of cohomology groups. They come in different realizations, which are always vector spaces but with additional structures and they can always be interpreted as objects in a suitable abelian category.

At first I describe the Betti-realization. We consider the variety $X(\mathbb{C})$ of complex points of our variety. This is a topological space and we have the cohomology groups of this space. This is the so called Betti cohomology. We denote it by

$$H^{\bullet}_{B}(X/\mathbb{Q}) = H^{\bullet}(X(\mathbb{C}), \mathbb{Z}).$$

These cohomology groups are graded modules, this is indicated by the dot: We have

$$H^{\bullet}_{B}(X/\mathbb{Q}) = \bigoplus_{n=0}^{2\dim(X)} H^{n}(X, \mathbb{Z}).$$

Since our variety is defined over $\mathbb{Q}$ we can pass to the intermediate base extension $X \times \mathbb{R}$ and this allows the action of complex conjugation on $X(\mathbb{C})$. This induces an involution F_{∞} on the Betti cohomology groups.

Our cohomology groups get further structure. After tensorization by the complex numbers we have the so called Hodge decomposition of these groups: In each degree we have a direct sum decomposition

$$H^{n}_{B}(X/\mathbb{Q}) \otimes \mathbb{C} = H^{n}(X(\mathbb{C}), \mathbb{C}) = \bigoplus_{p,q \geq 0, p+q=n} H^{p,q}(X(\mathbb{C}), \mathbb{C}).$$

We say that the Betti cohomology in degree n has a pure Hodge decomposition of weight n. The involution F_{∞} interchanges the spaces $H^{p,q}$ and $H^{q,p}$.

Now we define the Betti cohomology of X to be the whole collection of data

(cohomology groups $H^{\bullet}_{B}(X/\mathbb{Q})$,F_{∞} ,the Hodge-decomposition of $H^{\bullet}_{B}(X/\mathbb{Q} \otimes \mathbb{C})$).

These cohomology groups do not contain any information on the arithmetic object, because they do not remember that our variety is defined over $\mathbb{Q}$. They only depend on the variety $X \times \mathbb{R}$.

The Hodge decomposition defines a filtration $F^{\bullet}_{B}$ on the complexified cohomology groups, the filtration steps being

$$F^{p}_{B}H^{m}(X(\mathbb{C}), \mathbb{C}) = \bigoplus_{\nu \leq m-p} H^{m-\nu,\nu}(X(\mathbb{C}), \mathbb{C}) = H^{m,0}(X(\mathbb{C}), \mathbb{C}) \oplus \cdots \oplus H^{p,m-p}(X(\mathbb{C}), \mathbb{C})$$

From this filtration and the action of F_{∞} we can reconstruct the Hodge decomposition. (See 1.2.1.)

The next realization of the cohomology groups is given by the de-Rham cohomology. These cohomology groups have a purely algebraic definition. In a sense they have been studied in the classical theory of Riemann surfaces (differentials of the first, second and third kind) and they have been introduced by A. Grothendieck in general.

On our variety $X/\mathbb{Q}$ we have the complex of sheaves of regular differential forms $\Omega^\bullet(X/\mathbb{Q})$. We consider the hypercohomology of this complex and this yields the so called de Rham cohomology $H^\bullet_{DR}(X/\mathbb{Q})$. By definition these cohomology groups are rational vector spaces and the filtration by degrees on the complex of differential forms induces a filtration $F^\bullet$ on the de Rham cohomology

$$H^m(X) = F^0H^\bullet(X)_{DR} \supset F^1H^\bullet(X)_{DR} \supset F^2H^\bullet(X)_{DR} \supset \ldots,$$

where

$$F^pH^\bullet(X)_{DR}/F^{p+1}H^\bullet(X)_{DR} = H^{m-p}_{\mathrm{Zar}}(X, \Omega^p(X))$$

There exists an isomorphism of comparison

$$\Phi : H^\bullet(X(\mathbb{C}), \mathbb{Z})_B \otimes \mathbb{C} \simeq H^\bullet(X)_{DR} \otimes \mathbb{C},$$

and this isomorphism respects the filtrations we have on both sides. (See 1.2.1.).

Now we consider the following objects:

$$(H^\bullet(X(\mathbb{C}), \mathbb{Q}), F_\infty, H^\bullet_{DR}(X/\mathbb{Q}), F^\bullet, \Phi)$$

where all the symbols have the meaning given above. Then we can easily define an abelian category whose objects are of the above type. This is the category $\mathcal{HdR}_{\mathrm{reell}}$ which we will introduce in 1.2.1.

We have thus constructed a functor from the category of smooth projective algebraic varieties over $\mathbb{Q}$ to the abelian category $\mathcal{HdR}_{\mathrm{reell}}$. The reader will notice that these Betti-de-Rham cohomology groups depend on the $\mathbb{Q}$-structure of our variety. The de-Rham component remembers that our variety was defined over $\mathbb{Q}$.

Another functor of a similar kind is provided by the ℓ-adic cohomology groups. Here we choose a prime ℓ, then the étale cohomology groups

$$H^\bullet(X \times_{\mathbb{Q}} \bar{\mathbb{Q}}, \mathbb{Q}_\ell)$$

are defined. These are graded $\mathbb{Q}_\ell$ vector spaces with an action of the absolute Galois group

$$\rho : \mathrm{Gal}(\bar{\mathbb{Q}}/\mathbb{Q}) \to Gl(H^\bullet(X \times_{\mathbb{Q}} \bar{\mathbb{Q}}, \mathbb{Q}_\ell)).$$

Again we have a comparison isomorphism

$$\Phi_\ell : H^\bullet(X \times_{\mathbb{Q}} \bar{\mathbb{Q}}, \mathbb{Q}_\ell) \to H^\bullet_B(X/\mathbb{Q}) \otimes \mathbb{Q}_\ell$$

These ℓ-adic cohomology groups are the objects of an obvious abelian category. Also here we have purity: At unramified places p we have an action of the geometric Frobenius Φ_p^{-1}. Its eigenvalues on $H^m(X \times_{\mathbb{Q}} \bar{\mathbb{Q}}, \mathbb{Q}_\ell)$ are algebraic integers which have absolute value $p^{\frac{m}{2}}$. We call this category $\mathcal{G}al_{\mathrm{pur}}$.

Hence we see that we have two functors from the category of smooth projective varieties over $\mathbb{Q}$ with target an abelian category. Actually there exists still another such functor provided by the so called crystalline cohomology which we will not discuss here.

The Hodge and the Tate conjectures which we discuss in 1.2.2. and 1.2.3. assert that these cohomology groups with their fine structures contain a lot of information on our original variety.

A. Grothendieck spoke out the fundamental idea that there should exist an *abelian* category $\mathcal{M}ot_{\text{pur}}$ which would be the universal cohomology theory and which should have the following properties:

a) the category should be $\mathbb{Q}$-rational, the Hom should be $\mathbb{Q}$-vector spaces of finite dimension.

b) It would provide a home for the cohomology groups $H^\bullet(X/\mathbb{Q})$ which we mentioned above

c) there should exist realization functors from this category to the different abelian categories above.

This hypothetical category is the category of pure motives. The objects are graded. Homogeneous pieces of degree d are pure of weight $d = w(M)$. This weight can be read off from any of the realizations. This category should be semisimple (see 1.2.2.), because it should always be possible to find a polarisation and the category of polarized pure Hodge-de-Rham structures should be semisimple.

If we drop the assumption that $X/\mathbb{Q}$ is smooth and projective then can still define the different cohomology groups as above. But we lose purity. Deligne has proved that we can put the structure of mixed Hodge-de-Rham structures or mixed Galois modules on these cohomology groups. This means roughly that we have ascending filtrations on the various cohomology groups such that the succesive quotients carry a pure structure. The weights of the sucessive quotients are increasing. It is possible to define the abelian categories of mixed Hodge-de-Rham structures and of mixed Galois modules.

Hence one hopes that there should exist an abelian category $\mathcal{M}ot_{\text{mix}}$ of mixed motives and realization functors between abelian categories from this category $\mathcal{M}ot_{\text{mix}}$ of mixed motives to the different categories $\mathcal{H}d\mathcal{R}_{\text{mix,reell}}$ and $\mathcal{G}al_{\text{mix}}$. This category again should be $\mathbb{Q}$-rational. (See 1.2.6.)

This category of mixed motives should not be semisimple because the target categories of the realization functors are also not semisimple. Hence we can pick two pure motives M, N and we can consider the $\mathbb{Q}$-vector space

$$\mathrm{Ext}^1_{\mathcal{M}ot_{\text{mix}}}(M, N).$$

We have a series of very special pure motives called $\mathbb{Q}(n)$ for $n \in \mathbb{Z}$. These are the so called Tate motives, they occur as direct summands in the cohomology of the projective spaces over $\mathbb{Q}$ (see 1.2.4.). They are homogeneous of weight $-2n$. The full space of extentions $\mathrm{Ext}^1_{\mathcal{M}ot_{\text{mix}}}(\mathbb{Q}(-n), M)$ is too big and A. Scholl defined a subspace

$$\mathrm{Ext}^1_{\mathcal{M}ot_{\text{mix}}/\mathbb{Z}}(\mathbb{Q}(-n), M) \subset \mathrm{Ext}^1_{\mathcal{M}ot_{\text{mix}}}(\mathbb{Q}(-n), M),$$

whose elements satisfy of certain arithmetic conditions (See 1.2.10.). The Beilinson-Deligne conjectures concern the groups $\mathrm{Ext}^1_{\mathcal{M}ot_{\text{mix}}/\mathbb{Z}}(\mathbb{Q}(-n), M)$, where M is an arbitrary pure motive which is homogeneous of a certain weight $w(M)$. These conjectures will be formulated in 1.2.7.. Here I will only give a rather rough indication of their content. For the formulation we have to recall the definition of the L-function attached to M.

The ℓ-adic cohomology groups of a pure motive M provide the so called L-function $L(M,s)$ which is defined by a product expansion over almost all primes (see 1.2.7.). This product expansion converges for $\Re(s) >> 0$ and hopefully this function extends to a meromorphic function with nice extra features into the entire s-plane. This L-function is the input of the ℓ-adic cohomology.

We assume that $w(M)+2n<0$. Then the Beilinson-Deligne conjectures predict a close relation between the behavior of the L-function $L(M,s)$ at n and the space $\mathrm{Ext}^1_{\mathcal{M}ot_{\mathrm{mix}}/\mathbb{Z}}(\mathbb{Q}(-n),M)$. Especially they say that the dimension of the $\mathbb{Q}$-vector space $\mathrm{Ext}^1_{\mathcal{M}ot_{\mathrm{mix}}/\mathbb{Z}}(\mathbb{Q}(-n),M)$ should be the order of vanishing of the L-function $L(M,s)$ at this argument n.

The more precise formulation of the statement uses the map from this extension group to $\mathrm{Ext}^1_{\mathcal{H}d\mathcal{R}_{\mathrm{mix,reell}}}(\mathbb{Q}(-n),M)$ which is provided by the realization functor(see 1.2.7.).

The case that M itself is a Tate motive corresponds to the Riemann ζ-function. This case will be discussed further down after the discussion of Scholl's version of the Beilinson-Deligne conjectures.

There are special cases where the formulation of Deligne predicts that the group $\mathrm{Ext}^1_{\mathcal{M}ot_{\mathrm{mix}}/\mathbb{Z}}(\mathbb{Q}(n),M)=0$. (See 1.2.8.) We can read it from the Hodge realization of M and the number n wether we are in such a case. In these cases we expect that the value $L(M,k)\neq 0$ (unless we are in an exceptional case, see 1.2.7.). Then the number n is called critical for the motive M. For these critical values of the L-function we have an earlier conjecture of Deligne. It says that the value $L(M,k)$ divided by a certain period $\Omega(M,n)$ which can be computed from the Hodge-de-Rham data is a rational number. The period is only defined up to an element in $\mathbb{Q}^*$.

But in this case one can try to fix this period more accurately by looking at integral structures in the cohomology groups. This would allow us to consider the divisibilty properties of the ratio of the L-value and the period. We may ask ourselves whether we can formulate $\bmod p$ analogues of the Beilinson-Deligne conjectures in the sense that the vanishing of the normalized L-value $\bmod p$ produces something that may be called a mixed motive $\bmod p$.

At this point it is plausible that the construction of mixed motives amounts to construct quasiprojective varieties over $\mathbb{Q}$ for which we kow what we have to add at infinity if we want to compactify them. A first example of such a construction is discussed in Chapter I. We take an an elliptic curve over $\mathbb{Q}$ from which we remove the zero element and another rational point P. The remaining quasiprojective variety gives rise to an extension of pure motives namely the first cohomology of the elliptic curve and a Tate motive. It becomes clear that the construction of mixed motives has something to do with solving diophantine equations. In this specific case the Beilinson-Deligne conjectures are very closely related and hopefully even equivalent to the classical Birch and Swinnerton-Dyer conjectures.

We also discuss A. Scholl's reformulation of the Beilinson-Deligne conjectures, this formulation is slightly weaker but it does not need the abelian category of mixed motives.

It only needs certain objects that can be called mixed motives. These can be realized as pieces in the cohomology af a quasiprojective algebraic variety.

The simplest case where these Beilinson-Deligne conjectures apply is the case of the Riemann ζ-function. The Riemann ζ-function $\zeta(s)$ is the L-function attached to the trivial Tate motive $M = \mathbb{Q}(0)$. The funktion $\zeta(s)$ has a first order zero at even negative integers $n = 2, 4 \ldots$ and Scholl's version of the Beilinson-Deligne conjectures says that there should be a non trivial extension

$$\xi_n := 0 \to \mathbb{Q}(0) \to X_n \to \mathbb{Q}(-n-1) \to 0.$$

More precisely the Hodge-de Rham realization of this mixed motive gives us a number and this number should be equal to the derivative $\zeta'(-n)$ up to multiplication by a rational number (see 1.2.8.2) . I will come back to this in Chapter IV.

In Chapter II we introduce some basic notions from the theory of Shimura varieties. The first datum we need to define a Shimura variety is a reductive algebraic group $G/\mathbb{Q}$. We denote by G_∞ its group of real points $G(\mathbb{R})$. If K_∞ is the connected component of a maximal compact subgroup in G_∞ then the quotient $X_\infty = G_\infty/K_\infty$ is a disjoint union of symmetric spaces. Under certain conditions on the group G_∞ these symmetric spaces are hermitian symmetric, this means that they carry an invariant complex structure (see 2.1.) If Γ is an arithmetic subgroup of $G(\mathbb{Q})$ then we may divide X_∞ by the action of Γ then the quotient $\Gamma\backslash X_\infty$ carries again a complex structure and it is known that it has a natural structure as a quasi-projective variety. The general complex Shimura variety is a finite disjoint union of objects of this form (see 2.1.2.) It is a general theorem that these quasi-projective varieties have a model over a very specific number field E (2.1.3). This number field is constructed as a subfield of the complex numbers, it is called the reflex field and our complex Shimura variety is simply the set of complex points of our model S/E.

The decisive point for the construction of mixed motives is that these Shimura varieties are not in general projective. (They are smooth under a certain smallness assumption for our group Γ). There exist various ways of compactifying them, namely the Baily-Borel compactification and the toroidal compactification. We get the former by adding strata $S^P(\mathbb{C})$, which are labeled by the maximal parabolic subgroups P(2.2.4.). These strata are unions of complex points of Shimura varieties which are associated to reductive subgroups which sit in the Levi-quotient of the corresponding maximal parabolic subgroup. We denote the entire boundary by $S_\infty(\mathbb{C})$.

R. Pink has constructed and investigated the canonical models of these compactifications. The canonical model of the Baily-Borel compactification is in general a highly singular space, which has a stratification by a union of canonical models of Shimura varieties belonging to smaller reductive groups. We have a stratification $S_\infty/E = \bigcup_P S^P/E$ where S^P_∞ is actually a union of Shimura varieties attached to certain reductive subgroups of the Levi-quotient of P(See 2.2.4.).

At this point our strategy becomes a little bit clearer, the construction of Shimura varieties provides a natural tool for the construction of quasi projective algebraic varieties over a given number field, where we know what we have to add at infinity. Moreover it is very important that we also get information concerning the reduction of these varieties mod different primes, we have an estimate for the set of places where we have bad reduction. But the situation is slightly more complicated because there are two additional aspects which play an important role.

First of all we can widen the collection of objects by constructing certain sheaves on $\mathcal{S}/E$ which in some cases can be seen as sheaves of motives over this base. Secondly we have a big algebra of operators acting on the Shimura variety. This is the so called Hecke algebra which allows us to cut the Shimura variety into pieces which then will be motives.

At first I want to sketch the construction of the sheaves. We start from a rational representation of our group $G/\mathbb{Q}$:

$$\rho: G/\mathbb{Q} \to Gl(\mathcal{M})$$

where $\mathcal{M}$ is a $\mathbb{Q}$ vector space. From this representation we construct a sheaf $\tilde{\mathcal{M}}$ on the topological space $\mathcal{S}(\mathbb{C})$ (See 2.2.). Under certain assumptions on our discrete subgroup these sheaves are local coefficient systems whose fibers are rational vector spaces. In many cases it is possible to interprete the stalks of this sheaf as the Betti-cohomology of a motive over $\mathcal{S}/E$, I will give examples in 2.2.9. Deligne hopes that this should be always the case. It follows from the theory of Shimura varieties, that these sheaves form a variation of Hodge-structures over the base $\mathcal{S}/E$. We will show that the sheaves $\tilde{\mathcal{M}} \otimes \mathbb{Q}_\ell$ can be interpreted as ℓ-adic sheaves on the variety $\mathcal{S}/E$. Hence even if we cannot see the motives, we can see their ℓ-adic realization.

Hence we may interprete the cohomology groups $H^\bullet(\mathcal{S}(\mathbb{C}), \tilde{\mathcal{M}})$ as the Betti realization of a mixed motive. If we tensorize these sheaves by $\mathbb{Q}_\ell$ then these sheaves become ℓ-adic sheaves over the scheme $\mathcal{S}/E$ and the ℓ-adic cohomology groups $H^\bullet_{\text{ét}}(\mathcal{S} \times_E \bar{\mathbb{Q}}, \tilde{\mathcal{M}}_\ell)$ will be the ℓ-adic realization of the same mixed motive. Let us call this mixed motive $H^\bullet(\mathcal{S}, \tilde{\mathcal{M}})$.

The second aspect is the existence of the Hecke algebra. If we believe in the philosophy of the abelian category of mixed motives then we can view it as an algebra of endomorphisms of the objects $H^\bullet(\mathcal{S}, \tilde{\mathcal{M}})$ which are induced by correspondences on $\mathcal{S}$. This Hecke algebra allows us to cut the mixed motives $H^\bullet(\mathcal{S}, \tilde{\mathcal{M}})$ into smaller pieces defined by projectors.

I mentioned already that we can compactify the Shimura varieties we write $\mathcal{S}^\wedge$ for this compactification. Letting $\mathcal{S}_\infty$ to be the piece we add at infinity, we get a diagram

$$i: \mathcal{S} \to \mathcal{S}^\wedge \leftarrow \mathcal{S}_\infty : j$$

where i (resp. j is an open (resp. closed) embedding.

We may extend the sheaves $\mathcal{M}$ from $\mathcal{S}$ to the compactification in two different ways: We can take the extension by zero which is usually denoted by $i_!(\tilde{\mathcal{M}})$ or we can take the direct image $i_*(\tilde{\mathcal{M}})$. Here we consider the direct image as an object in the derived category. We get an isomorphism

$$H^\bullet(\mathcal{S}, \tilde{\mathcal{M}}) \to H^\bullet(\mathcal{S}^\wedge, i_*(\tilde{\mathcal{M}}))$$

and if $j: \mathcal{S}_\infty \to \mathcal{S}^\wedge$ is the inclusion we get a long exact sequence in cohomology

$$\longrightarrow H^\bullet(\mathcal{S}, i_!(\tilde{\mathcal{M}})) \longrightarrow H^\bullet(\mathcal{S}, i_*(\tilde{\mathcal{M}})) \longrightarrow H^\bullet(\mathcal{S}_\infty, j^* i_*(\tilde{\mathcal{M}})) \longrightarrow .$$

Now it becomes clear that we can use this to construct our mixed motives: The Hecke algebra acts upon this sequence. We use it to cut the individual cohomology groups into pieces. These pieces are mixed, i.e. they sit in short exact sequences. We try to identify the top and the bottom of these pieces and to compute their L-functions. If we are lucky this yields some interesting mixed motives whose occurrence should be related to the vanishing of certain special values of L-functions.

The sequence above has to be investigated. At first we try to understand the Betti-realization of this sequence, i.e. we try to understand the sequence of cohomology groups

$$\longrightarrow H^\bullet(\mathcal{S}(\mathbb{C}), i_!(\tilde{\mathcal{M}})) \longrightarrow H^\bullet(\mathcal{S}(\mathbb{C}), i_*(\tilde{\mathcal{M}})) \longrightarrow H^\bullet(\mathcal{S}(\mathbb{C})_\infty, i_*(\tilde{\mathcal{M}})) \longrightarrow$$

Here we have to compute the sheaves $i_*(\tilde{\mathcal{M}})|\mathcal{S}_\infty(\mathbb{C})$. This is possible in simple cases and will be discussed in 2.2.3.2. The problem is that $\mathcal{S}_\infty(\mathbb{C})$ is again a stratified space and the above sheaves can be computed in terms of Lie-algebra cohomology on the individual strata. This is not enough to compute the cohomology of the boundary itself. But assume that this has been done then we have to investigate the map

$$r : H^\bullet(\mathcal{S}(\mathbb{C}), i_*(\tilde{\mathcal{M}})) \to H^\bullet(\mathcal{S}(\mathbb{C})_\infty, i_*(\tilde{\mathcal{M}})).$$

In other words we have to investigate the image of the global cohomology in the cohomology of the boundary. This can be done by using Eisenstein series. This requires analytical tools, we have to tensorize the coefficient sheaves by the complex numbers. Again we decompose the cohomology of the boundary into pieces under the action of the Hecke-algebra too these pieces we attach L-functions in the sense of Langlands. The fundamental fact is that at least in simple cases we can describe the map r above in terms of the behavior of these L-functions at certain specific arguments. More precisely it is so that the Eisenstein series which we attach to an individual piece in the cohomology of the boundary depends on a complex parameter s and has to be evaluated at a special value of this parameter s. Now it depends on whether the Eisenstein series is holomorphic at this argument. In some cases this question comes down to the question whether a certain L- function vanishes in order to cancel a pole. Hence we find as a general principle that the structure of the cohomology as a module under the Hecke-algebra depends on the behavior of L-functions at certain specific arguments.

I mentioned already that the representation ρ of our group $G/\mathbb{Q}$ also provides ℓ-adic sheaves $\tilde{\mathcal{M}}_\ell$ on S/E. We can apply the same construction as above and extend them to sheaves or better complexes of sheaves on $\mathcal{S}^\wedge$ i.e. we can form the sheaves $\tilde{\mathcal{M}}_{\ell,!}$ and $i_*(\tilde{\mathcal{M}}_\ell)$. R. Pink computed the restriction of these sheaves $i_*(\tilde{\mathcal{M}}_\ell)$ to the boundary strata and from his computation we can describe these sheaves on the Shimura varieties in terms of our previous data, this means we have certain representations of the underlying groups M_h (See 2.2.4.) from which we get the sheaves by the canonical construction. The theorem of R. Pink is explained in detail in 2.1.10. This result is very important because it allows us to identify certain pieces in $H^\bullet(\mathcal{S}_\infty, i_\infty^* i_*(\tilde{\mathcal{M}}))$.

In the following paragraphs I discuss some applications of the result of R. Pink. If the sheaf $\tilde{\mathcal{M}}$ from which we start satisfies a certain purity condition (which should always be the case if the representation ρ is irreducible) then Pink's theorem allows us to determine the weights of the individual pieces of the stalks of $i_\infty^* i_*(\tilde{\mathcal{M}})_\ell$ on $\mathcal{S}_\infty$. Applying O. Gabber's results concerning purity we can derive some vanishing results.

It seems to be clear that these vanishing results would provide a proof of the Zucker-conjecture. We give some indications how this could be done. But what is as important for us, we can get informations concerning the location of certain poles of Eisenstein-series. These poles give us information about the map r, they tell us which classes in the cohomology of the boundary are in the image of r and which are not. But individual pieces of the cohomology in the boundary have certain weights. From these weights we can read off the absolute values of the eigenvalues of the Frobenius acting on these pieces if we apply Pink's theorem. Hence we can predict the behavior of r just by the considerations of weights of the Frobenius. We can rule out the existence of poles in some cases because these poles would provide classes in the cohomology of the Shimura variety whose weight would be to small.(Das *Gewichtespiel*).

In Chapter III I discuss two different situation in which I can produce candidates for mixed motives occuring in Shimura variety. The first example deals with the Shimura varieties attached to the symplectic group $GSP_2/\mathbb{Q}$ and in the second example the underlying group is $GU(2,1)$.

Here in the intoduction I try to desribe what happens in the first example. The Shimura variety has a one dimensional and a zero dimensional boundary stratum. These strata correspond to the two maximal parabolic subgroups in our symplectic group. Let $j : \mathcal{S}^P_\infty/\mathbb{Q} \to \mathcal{S}^\wedge$ be the inclusion of the zero dimensional stratum. For a sheaf $\mathcal{M}$ constructed from an irreducible representation of the underlying algebraic group we compute the sheaf $j^*i_*(\tilde{\mathcal{M}})$. It turns out that the stalk of this sheaf is isomorphic to the cohomology of the group $Gl_2(\mathbb{Z})$ in a system of coefficients which can be computed in terms of Lie-algebra cohomology. We are especially interested in the cohomology in degree 3. We decompose into isotypical pieces under the action of the Hecke algebra. Let σ_f be an irreducible module for the Hecke algebra of Gl_2 which occurs in this cohomology. Then it occurs with multiplicity one. Let $j^*i_*(\tilde{\mathcal{M}})(\sigma_f)$ be this isotypical piece. We consider it as a motive and the theorem of Pink tells us that the ℓ-adic realization of this motive is a Tate-motive $\mathbb{Q}(n(\mathcal{M}))$, where the argument $n(\mathcal{M})$ can be computed from the representation $\mathcal{M}$. The point is that this ℓ-adic sheaf does only depend on the sheaf $\mathcal{M}$ and not on σ_f.

It will be explained in Chap. III that σ_f can also be viewed as a module for the Hecke algebra of the symplectic group. Under certain conditions on the system of coefficients it can happen that the module σ_f considered as a module for the Hecke-algebra of the symplectic group also occurs in the cohomology $H^3(\mathcal{S}, i_!(\tilde{\mathcal{M}}))$ and for this to happen it is necessary that a certain special value of an L-function attached to σ_f vanishes.

This can be seen if one uses the theory of Saito-Kurakawa liftings. In the appendix (letter to M. Goresky and R. McPherson) I give some indication, why this should also follow from the trace formula. Actually it is so that our Hecke module σ_f occurs in $H^3(\mathcal{S}, i_!\tilde{\mathcal{M}})$ respectively in $H^2(\mathcal{S}, \tilde{\mathcal{M}})$ if the sign of the functional equation of the L-function is -1 resp. $+1$. Hence this module cuts out a pure motive $M(\sigma_f)$ from the cohomology group $H^3(\mathcal{S}, i_!(\tilde{\mathcal{M}}))$ if the above sign is -1. (We assume this for the discussion below).

The problem arises to identify this motive and I hope that I can guess what this motive is. Remember that σ_f is a Hecke module that has been cut out from the cohomology of $Gl_2(\mathbb{Z})$ with values in a suitable coefficient system. But then we know from Deligne how to attach a motive to it, we are now in the classical theory of the elliptic modular forms. Our motive $M(\sigma_f)$ should be isomorphic to the classical motive corresponding to σ_f.

It should also be clear that this motive has rank two and it seems to be clear that the ℓ-adic representation can be determined using the congruence relations and the Hodge-type of the motive. Of course we still have to assume the Tate-conjecture if we really want to identify it.

The discussion in Chapter III will show that we find a mixed motive $X(\sigma_f)$ in $H^3(S, i_*\mathcal{M})$ which contains $M(\sigma_f)$ at the bottom and has the Tate motive $j^*i_*(\tilde{\mathcal{M}})(\sigma_f)$ as quotient by this submotive. All the necessary consistencies are satisfied for this being an extension of motives predicted by a zero of an L-function. It fits perfectly into the Beilinson-Deligne conjectures.(See 3.1.4.).

At the end of this Chapter III I will outline that we may also have some hope to construct mixed motives mod p. If we are in a case where the Eisnstein series attached to σ_f can not have a pole (this depends on the coefficient system) then the Eisenstein classes which are constructed by trancendental means are rational cohomology classes. But the Betti cohomology has an integral structure. We may ask for the denominators of the Eisenstein classes. Some analogies with the case $Gl_2/\mathbb{Q}$ make me hope that these denominators should be connected to the values of an L-function attached to σ_f at a specific argument. I will explain that the situation is consistent. This could possibly lead to a generalization of the results of Ribet and Mazur-Wiles.

The second example which I discuss in Chapter III is completely analog and deals with the case of the unitary group $U(3)$.

In Chapter IV I discuss a slightly different way of constructing mixed motives. These mixed motives are extensions of Tate motives by Tate motives twisted with a character χ. In the framework of the Beilinson-Deligne conjectures they correspond to the values of the Riemann ζ-function at odd positive or even integer arguments. I mentioned this case already further above in this introduction at the end of the description of Chapter I.

To construct these motives we start from the group $Gl_2/\mathbb{Q}$ and we choose a suitable congruence subgroup $\Gamma_1(p_0) \in Gl_2(\mathbb{Z})$. This leads to a Shimura variety $Y_1(p_0)$ which sits in its compactification $X_1(p_0)$. The set of cusps Σ is a finite scheme over $\mathbb{Q}$ and decomposes naturally into two parts: $\Sigma = \Sigma_\infty \cup \Sigma_0$. If we have one of our sheaves $\mathcal{M}$ on $Y_1(p_0)$ we can extend at by different support condition on the two different pieces at infinity. We can extend by zero on Σ_0 and by the i_*-extension on Σ_∞. The cohomology of this Shimura variety with coefficients in this sheaf is a mixed motive which has a three step filtration: At the top and at the bottom we have Tate-motives and in the middle we get the motive of the cuspidal cohomology of our Shimura variety. Now the Manin-Drinfeld principle (which has been discussed in Chapter II) allows us to exchange the top and the middle piece. Hence we get an extension of Tate-motives. We compute the Hodge-de-Rham extension class of this motive and relate it to the appropriate value of the Riemann ζ-function.

Actually the Hodge-de-Rham extension class is a number mod $\mathbb{Q}^*$. I discuss a few rather speculative ideas in Chapter IV which deal with the integral structures of the various cohomology groups. These allow us in a vague sense to give a value for the value of the ζ-function up to a sign in terms of extensions of integral Hodge-de-Rham structures.

Finally I want to mention that the original Beilinson conjectures give a different interpretation of the special values of L-functions of motives. In the original formulation one uses K-theory. There exist constructions which attach to elements in K groups mixed Hodge-de-Rham structures and mixed Galois modules. This suggests that there should be a map from certain subspaces in K-groups to the hypothetical extension groups in the category of mixed motives. I refer to the book of [R-S-S] in which these ideas are explained. The article of Uwe Jannsen in this book gives an account between the K-theoretic approach and the one using mixed motives.

The appendix at the end is a letter which I wrote to Mark Goresky and Robert McPherson. They proved a trace formula for Hecke operators on the cohomology of arithmetic groups. This trace formula is proved directly on the level of cohomology, it does not need any analytic tools and hence does not invoke Arthur's trace formula. I discussed this formula with them, because I wanted to understand the final form of the terms at infinity. In my letter I suggest an expression for these terms at infinity. They should be understood as traces of truncated Hecke operators on the cohomology of the boundary. Such a formula had been proved by J. Bewersdorff in the case of rank one groups in his Bonn dissertation.

It seems to me that this final form is well suited for that kind of comparison of trace formulae that is used in the theory of Shimura varieties. The main objective of my letter is to show that the topological trace formula provides insight why the mixed motives occur in certain Shimura varieties. For instance I show that in the case of the symplectic group the comparison between the topological and the arithmetic trace formulae can explain the Saito-Kurakawa lifting. It turns out that the trace of the Hecke operator on the Eisenstein cohomology (which depends on the vanishing or non vanishing of certain L-values) and the contributions at infinity in the topological trace formula do not cancel in all cases (vanishing of L-value or not). This forces the existence of certain cuspidal classes, i.e. the Saito-Kurakawa classes.

For several reasons I wanted to keep the original introduction in German which is following now.

Einleitung: Dieses Manuskript ist aus einer Reihe von Vorträgen im "Seminar über automorphe Formen" und einigen einführenden Vorträgen zu den Beilinson-Deligne-Vermutungen an der Universität Bonn entstanden. Diese Vorträge habe ich im Wintersemester 1988 gehalten und eine vorläufige Version dieses Manuskriptes habe ich 1989 verteilt.

Die alte Version ist jetzt noch einmal gründlich überarbeitet worden, wobei auch einige inzwischen erzielte Resultate mit aufgenommen wurden.

Inzwischen habe ich auch einen Artikel für die Proceedings des internationalen Kongress in Kyoto ([Ha-ICM]) geschrieben. Dort werden die Ideen, die hier behandelt werden, in knapper Form dargestellt. Ich glaube, daß dieser Artikel als eine gute auf Englisch geschriebene Einleitung in den vorliegenden Band dienen kann. (Auf Anregung durch den Herausgeber habe ich dem Buch noch eine englisch geschriebene Einleitung vorangestellt).

Im ersten Kapitel werden die Beilinson-Deligne-Vermutungen dargestellt, und es werden die Variationen von A. Scholl zu diesem Thema behandelt. Die Formulierung von Scholl hat den Vorteil, daß sie ohne die sehr hypothetische abelsche Kategorie der gemischten Motive auskommt. Die Beziehungen zur K-Theorie werden in diesem Manuskript nicht behandelt.

In der Formulierung dieser Vermutungen wird einem reinen Motiv M (das ist ein "arithmetisches Objekt", z.B. ein Zahlkörper oder eine elliptische Kurve über $\mathbb{Q}$) eine L-Funktion $L(M, s)$ zugeordnet, wobei s eine komplexe Variable ist. Ganz grob gesagt behaupten die Beilinson-Deligne-Vermutungen, daß man aus dem Verhalten dieser L-Funktionen an bestimmten ganzzahligen Argumenten $s = n$ diophantische Eigenschaften dieses Motivs ablesen kann. Etwas genauer formuliert besagen sie, daß man aus dem *Verschwinden* der L-Funktion an diesen besagten ganzzahligen Argumenten die Existenz von sogenannten gemischten Motiven ablesen kann. Diese gemischten Motive sind Erweiterungen unseres vorgegebenen Motivs M mit geeigneten Tate-Motiven. Diese Erweiterungen geben dann Anlaß zu Darstellungen der Galoisgruppe von $\mathbb{Q}$, die nicht halbeinfach sind und somit interessante Körpererweiterungen liefern.

In der Einleitung zum ersten Kapitel werde ich zwei Beispiele vorstellen und die Vermutungen an Hand dieser Beispiele noch einmal erläutern. Das eine Beispiel ist die Birch und Swinnerton-Dyer-Vermutung für elliptische Kurven. Diese Vermutung ist die Quelle für all die weiterführenden Vermutungen von Beilinson und Deligne, die auch noch von den Arbeiten von S. Bloch inspiriert wurden. Das zweite Beispiel ist der Satz von Herbrand-Ribet, der das Torsionsanalogon zu den Beilinson-Deligne-Vermutungen darstellt. Hier wird aus der *Teilbarkeit* von Werten der L-Funktion auf die Existenz von Galoisdarstellungen in Torsionsmoduln geschlossen, die dann ihrerseits interessante endliche Körpererweiterungen liefern.

Im Kapitel II werden dann einige allgemeine Tatsachen aus der Kohomologietheorie arithmetischer Gruppen zusammengestellt. Dabei werden zunächst die Phänomene angesprochen, die mit der Nichtkompaktheit der lokal symmetrischen Räume zusammenhängen; die Kohomologie erhält eine Filtrierung, die im einfachsten Fall aus zwei Schritten besteht: unten haben wir die sogenannte innere Kohomologie und im zweiten Schritt die Eisensteinkohomologie, die ein Teil der Kohomologie des Randes ist. Auf der Kohomologie operiert die Hecke-Algebra. Für den Fall, daß die zugrunde liegende Gruppe zu einer Shimura-Varietät führt, kann man manchmal gewisse reine Motive in der inneren, in der Eisensteinkohomologie und in der Kohomologie des Randes identifizieren. Das geschieht im Fall der inneren Kohomologie durch die von Langlands und Kottwitz entwickelten Methoden. Im Fall der Kohomologie des Randes geschieht dies durch den Satz von R. Pink (siehe II, 2.2.10.).

Es ist dann so, daß die Struktur der Eisensteinkohomologie von dem Verhalten der L-Funktionen zu den einzelnen Stücken in der Kohomologie des Randes abhängt. Diese Stücke sind im wesentlichen die reinen Motive in der Kohomologie des Randes, von denen oben die Rede war. Wir interessieren uns für Fälle, in denen die Struktur der Eisensteinkohomologie und auch die der Kohomologie als Modul unter der Hecke-Algebra von dem Verschwinden oder von Teilbarkeitseigenschaften von gewissen L-Werten abhängt. Das wird in sehr abstrakter Form in 2.3.2. und 2.3.4. erläutert. Es zeigt sich dann, daß die Eisensteinkohomologie ihrerseits die Struktur der inneren Kohomologie beeinflußt; und wenn sie dies tut, dann tauchen Kandidaten für die gemischten Motive auf, deren Existenz die Beilinson-Deligne- Vermutungen voraussagen. Diese "Einflußnahme" der Eisensteinkohomologie wird in 3.1.4. und 3.2.7. erläutert. Das ganzzahlige Analogon dazu, wenn Teilbarkeit vorliegt, wird in Kapitel IV und in [Ha-M], Chap VI und [Ha-P] diskutiert.

Im Kapitel III werden Beispiele gerechnet und an Hand dieser Beispiele die allgemeinen Prinzipien aus Kapitel II etwas konkreter formuliert. Die Beispiele sind die symplektische Gruppe GSp_2 und unitäre Gruppen in drei Variablen über $\mathbb{Q}$. Dabei wird in beiden Fällen gezeigt, daß das Verschwinden gewisser L-Werte die Struktur der inneren Kohomologie beeinflußt, und daß man dann in der Tat gemischte Motive in der Kohomologie der unterliegenden Shimura-Varietäten sieht. Ich habe bislang die Extensionsklassen dieser gemischten Motive nicht bestimmen können.

Es werden in beiden Fällen auch kurz die Fragen, die mit der Teilbarkeit von L-Werten zusammenhängen, angesprochen. Wie in [Ha M] und in [Kai] (siehe auch 4.1.) sollten Teilbarkeiten von L-Werten wieder Nenner von Eisensteinklassen produzieren; dafür habe ich in diesen Fällen kein einziges Beispiel. Ich versuche nur klar zu machen, daß wir ein konsistentes Bild haben.

Im Kapitel IV wird ein weiteres Beispiel behandelt. Dort werden mit Hilfe eines Tricks von G. Anderson gewisse Erweiterungen von Tate-Motiven konstruiert, die im Sinne von A. Scholl kritisch sind.

Wir gehen von einer Primzahl p_0 aus und wählen einen Dirichletcharakter $\eta : (\mathbb{Z}/p_0\mathbb{Z})^* \to \mathbb{C}^*$. Es sei $F \subset \mathbb{C}$ der Körper, der von den Werten von η erzeugt wird. Zu jeder ganzen Zahl n kann man Tate-Motive $F(n)[\eta]$ konstruieren; das sind dann Motive mit Koeffizienten in F (siehe 1.2.12.). Falls $n \geq 0$, und falls die Parität von n gleich der von η ist, dann konstruieren wir eine Erweiterung

$$0 \to F(0)[\eta] \to H^1(\mathcal{M}_n^\#)[\eta] \to F(-n-1) \to 0.$$

Diese Erweiterung ist auch ein Motiv mit Koeffizienten in F, und sie verifiziert die Beilinson-Deligne-Vermutung im Sinne von A. Scholl.

Ganz grob gesagt bedeutet dies folgendes: Einer solchen Erweiterung wird eine Hodge-de Rham-Extensionsklasse zugeordnet (siehe 1.2.8.2., 4.3.2.). Diese Klasse ist eine Zahl $R^\vee(H^1(\mathcal{M}_n^\#)[\eta]) \in \mathbb{C} \bmod F^*$ (genauere Formulierung in 4.3.2.). Dann besagt die Beilinson-Deligne-Scholl- Vermutung, daß diese Zahl gerade der Wert der Ableitung der Dirichletschen L-Funktion $L(\eta, s)$ an der Stelle $-n$ ist. d. h.

$$L'(\eta, -n) = R^\vee(H^1(\mathcal{M}_n^\#)[\eta]) \bmod F^*.$$

Diese Beziehung wird in Kapitel IV bewiesen. Es werden auch einige allerdings sehr spekulative Überlegungen angestellt inwieweit man eine ganzzahlige Formel für diese Ableitung erhält.

Im Prinzip funktionieren diese Überlegungen auch, wenn man statt des Führers p_0 einen beliebigen Führer N zuläßt. Wir wollen aber im Kapitel IV auch noch zeigen, daß sogar eine ganzzahlige Version der obigen Formel gelten sollte. Das beruht auf teilweise etwas vagen und spekulativen Überlegungen in Kapitel IV, 4.2.4. und 4.3., die im Fall eines beliebigen Führers zu kompliziert werden.

In seiner Arbeit [De-P1] konstruiert Deligne ebenfalls Erweiterungen von Tate-Motiven, die durch die Werte der Ableitungen von L-Funktionen zu Dirichlet-Charakteren gegeben werden. Seine Konstruktion ist aber anders als die unsrige. Hier wird versucht so weit wie möglich, die gemischten Motive als direkte Summanden in der Kohomologie von quasiprojektiven Varietäten zu finden, während Delignes Erweiterungen von Tate-Motiven in einer größeren Klasse von Objekten liegen. (Darüber kann man vielleicht debattieren.)

Schließlich gibt es noch einen Anhang, er ist eine Kopie eines Briefes an Mark Goresky und Robert Mac-Pherson (daher ist der Anhang auch in Englisch). Dort wird eine Formulierung der topologischen Spurformel diskutiert, wie sie sich aus den Arbeiten dieser beiden Autoren ergibt. Es wird gezeigt, daß die Formel in der vorliegenden Formulierung gut geeignet ist, den Vergleich mit der Charakteristik $p > 0$ durchzuführen. Dies liefert einen Ansatz, um die in 3.1.5. und 3.2.3. angesprochenen Fragen nach der Galoisoperation auf der étalen Kohomologie zu behandeln (siehe [Ko]). Der Brief entstand aus meinem Bemühen, diesen Ansatz besser zu verstehen, insbesondere die Fragen, die mit der Stabilisierung der Spurformel zusammenhängen. Ich wollte auch darauf hinweisen, daß die mit topologischen Methoden gewonnene Spurformel sehr leistungsfähig ist, so daß sie in gewissen Fällen die sehr viel schwerer herzuleitende analytische Spurformel ersetzen kann.

Der eigentliche Grund dafür, daß ich diesen Brief mit in dieses Buch aufnehme, ist aber, daß man mit Hilfe der Spurformel zumindest auf einem gewissen heuristischem Niveau die Existenz der in Kapitel III konstruierten gemischten Motive ganz schön sehen kann.

Zum Schluß möchte ich bei der Deutschen Forschungsgemeinschaft bedanken, die mich während der Arbeit an diesem Projekt sehr großzügig gefördert hat. Ich möchte mich ferner bei dem Forschungsinstitut der ETH in Zürich bedanken, bei dem ich im September 1988 für einen Monat zu Besuch war. Dort hatte ich genügend Zeit, einige Rechnungen durchzuführen, die mir dann zeigten, daß gewisse entscheidende Konsistenzen erfüllt waren.

Kapitel I

Die Beilinson-Deligne-Vermutungen

1.1. Ein erstes Beispiel

Als einleitende Beispiele möchte ich den Satz von Herbrand-Ribet und die Birch und Swinnerton-Dyer-Vermutungen kurz diskutieren und die Analogie zwischen ihnen herausarbeiten.
Ich beginne mit dem Satz von Herbrand-Ribet.

Es sei ℓ eine Primzahl (≥ 5). Mit $\mathbb{Z}/\ell\mathbb{Z}(1)$ bezeichnen wir den Galoismodul der ℓ-ten Einheitswurzeln, $\mathbb{Z}/\ell\mathbb{Z}(-1)$ ist der duale Modul dazu, und für $n \in \mathbb{Z}$ ist $\mathbb{Z}/\ell\mathbb{Z}(n) = \mathbb{Z}/\ell\mathbb{Z}(\pm 1)^{\otimes |n|}$. Die Operation der Galoisgruppe $\mathrm{Gal}(\bar{\mathbb{Q}}/\mathbb{Q})$ auf $\mathbb{Z}/\ell\mathbb{Z}(n)$ faktorisiert über die Quotientengruppe $\mathrm{Gal}(\mathbb{Q}(\sqrt[\ell]{1})/\mathbb{Q}) = (\mathbb{Z}/\ell\mathbb{Z})^*$, und diese operiert durch einen Charakter, den wir mit ω^n notieren wollen. Es gilt für $\sigma \in \mathrm{Gal}(\bar{\mathbb{Q}}/\mathbb{Q})$ und sein Bild $\bar{\sigma} \in (\mathbb{Z}/\ell\mathbb{Z})^*$, daß $\omega^k(\bar{\sigma}) = \bar{\sigma}^k$.

Für eine gerade Zahl k mit $2 < k \leq \ell - 1$ sucht man Galoismoduln X, die freie $\mathbb{Z}/\ell\mathbb{Z}$-Moduln vom Rang 2 sind und die in einer exakten Sequenz

$$0 \longrightarrow \mathbb{Z}/\ell\mathbb{Z}(-k+1) \longrightarrow X \longrightarrow \mathbb{Z}/\ell\mathbb{Z}(0) \longrightarrow 0,$$

sitzen. Man möchte, daß diese Galoismoduln noch einige weitere Eigenschaften haben:

i) Sie spalten nicht, d.h. X ist nicht direkte Summe von zwei eindimensionalen unter der Galoisgruppe invarianten Moduln.
ii) Sie sind unverzweigt außerhalb von ℓ, und ihre Einschränkung auf $\mathrm{Gal}(\bar{\mathbb{Q}}/\mathbb{Q}(\sqrt[\ell]{1}))$ ist sogar überall unverzweigt.

Schon Euler hat gezeigt, daß der Wert $\zeta(1-k)$ eine rationale Zahl ist, die darüberhinaus an der Stelle ℓ ganz ist. Der Satz von Herbrand-Ribet besagt nun, daß es einen solchen Modul X genau dann gibt, wenn die Primzahl ℓ ein *Teiler* des Wertes $\zeta(1-k)$ ist.

Die Existenz dieses Moduls impliziert, daß es eine zyklische unverzweigte Erweiterung vom Grad ℓ des Körpers $\mathbb{Q}(\sqrt[\ell]{1})$ gibt, auf deren Galoisgruppe die Galoisgruppe $\mathrm{Gal}(\mathbb{Q}(\sqrt[\ell]{1})/\mathbb{Q})$ durch ω^{-k+1} operiert. Das Fazit ist also, daß aus der *Teilbarkeit* des Wertes der Zetafunktion die Existenz einer sehr spezifischen Erweiterung von $\mathbb{Q}$ folgt, die insbesondere starken lokalen Einschränkungen unterliegt (Bedingung ii)).

Der Satz (die Richtung von Ribet) wird ganz grob dadurch bewiesen, daß man den Modul X als die Galoisdarstellung zu einer Modulform f mod ℓ realisiert (siehe die Arbeit [Ri] und [Ha-M] Chap VI, [Ha-P]). Diese besondere Modulform f, die den gesuchten Modul "konstruiert", verdankt ihrerseits ihr Leben der obigen Teilbarkeitsrelation.

Ich komme nun zur Birch und Swinnerton-Dyer-Vermutung. Es sei $E/\mathbb{Q}$ eine elliptische Kurve über $\mathbb{Q}$, und $P \in E(\mathbb{Q})$ sei ein rationaler Punkt. Wir wählen wieder eine Primzahl ℓ. Der Einfachheit halber nehmen wir noch an, daß $E(\mathbb{Q})$ keine ℓ-Torsion hat. Der Tate-Modul von E ist dann der projektive Limes über die Gruppen der ℓ^m-Teilungspunkte auf der Kurve (siehe z.B. [Si], III, §7). Und entsprechend ist wie üblich $\mathbb{Z}_\ell(1)$ der projektive Limes über die ℓ^m-ten Einheitswurzeln. Dann wird $\mathbb{Z}_\ell(n)$ wie oben definiert (siehe auch 1.2.4.). Für eine natürliche Zahl m betrachten wir

$$X_{P,m} = \{(\xi, a) \mid \xi \in E(\bar{\mathbb{Q}}), a \in \mathbb{Z}/\ell^m\mathbb{Z}\,,\ \ell^m\xi = aP\}.$$

Wenn P ein Punkt unendlicher Ordnung auf der elliptischen Kurve ist, dann ist die zweite Komponente durch die erste bestimmt und die Elemente ξ sind gerade alle ℓ^m-ten Wurzeln aus P. Wenn wir m variieren, erhalten wir ein projektives System. Wir gehen zum projektiven Limes über. Dieser wird dann — wegen der obigen Annahme — ein freier $\mathbb{Z}_\ell$-Modul $X_\ell(P)$, der als Untermodul den Tate-Modul $T_\ell(E)$ der Kurve enthält. Wir erhalten eine exakte Sequenz von Galoismoduln

$$0 \longrightarrow T_\ell(E) \longrightarrow X_\ell(P) \longrightarrow \mathbb{Z}_\ell(0) \longrightarrow 0.$$

Diese tensorieren wir noch mit $\mathbb{Q}_\ell$ und erhalten eine exakte Sequenz von $\mathbb{Q}_\ell$-Galoismoduln

$$0 \longrightarrow T_\ell(E) \otimes \mathbb{Q}_\ell \longrightarrow X_\ell(P) \otimes \mathbb{Q}_\ell \longrightarrow \mathbb{Q}_\ell(0) \longrightarrow 0.$$

Nun ist es eine Tatsache, daß diese Sequenz genau dann nicht spaltet, wenn P ein Punkt unendlicher Ordnung ist.

Man hofft, daß alle nicht spaltenden Sequenzen der Form

$$0 \longrightarrow T_\ell(E) \otimes \mathbb{Q}_\ell \longrightarrow V \longrightarrow \mathbb{Q}_\ell(0) \longrightarrow 0,$$

die noch eine hier nicht formulierte lokale Bedingung an alle Stellen erfüllen (siehe auch 1.2.10. Bedingung (4)), auch von Punkten unendlicher Ordnung herkommen. Diese lokalen Bedingungen entsprechen der Bedingung ii) im Falle des Satzes von Herbrand-Ribet. Man kann sie auch so formulieren, daß man sagt, daß sie einem Element der Selmergruppe entspricht (siehe [Si], X, §4)

Die Birch und Swinnerton-Dyer-Vermutung besagt dann (in stark abgeschwächter Form), daß solche nicht spaltenden *rationalen* Sequenzen genau dann existieren, wenn die L-Funktion $L(E,s)$ an der Stelle $s = 1$ *verschwindet.*

Hier wird eine Analogie zwischen dem Satz von Herbrand-Ribet und der Birch und Swinnerton-Dyer-Vermutung ganz deutlich.

Die Galoismoduln, die an den äußeren Enden der obigen Sequenzen auftauchen, können — bis auf kleine Modifikationen — als ℓ-adische Kohomologiegruppen von projektiven, glatten algebraischen Varietäten über $\mathbb{Q}$ interpretiert werden. Es ist (siehe 1.2.4.)

$$H^2(\mathbb{P}^1 \times_{\mathbb{Q}} \bar{\mathbb{Q}}, \mathbb{Z}_\ell) = \mathbb{Z}_\ell(-1),$$

und die Moduln $\mathbb{Z}_\ell(\nu)$ entstehen durch Übergang zum dualen Modul und durch Bilden von Tensorprodukten; und es ist

$$T_\ell(E) = \mathbb{Z}_\ell(1) \otimes H^1(E \times_{\mathbb{Q}} \bar{\mathbb{Q}}, \mathbb{Z}_\ell).$$

Diese Galoismoduln werden wir dann im folgenden als ℓ-adische Realisierungen von reinen Motiven interpretieren; die Galoismoduln in der Mitte werden dann die ℓ-adischen Realisierungen von gemischten Motiven sein.

1.2. Kohomologie projektiver Varietäten und Motive.

1.2.1. *Die Kohomologie glatter projektiver Varietäten über* $\mathbb{Q}$. Ist $M/\mathbb{Q}$ eine beliebige projektive, glatte Varietät, so kann man ihr auf mehrere Arten Kohomologiegruppen zuordnen (wir fixieren einen festen Grad m). Zunächst hat man die Betti-Kohomologie

$$M_B = H^m(M(\mathbb{C}),\mathbb{Q}).$$

Das ist ein $\mathbb{Q}$–Vektorraum mit einer Involution F_∞, die durch die komplexe Konjugation auf $M(\mathbb{C})$ erzeugt wird. Ferner hat

$$H^m(M(\mathbb{C}),\mathbb{C})$$

eine Hodge-Zerlegung vom Gewicht m, d. h.

$$H^m(M(\mathbb{C}),\mathbb{C}) = \bigoplus_{p+q=m} H^{p,q}(M).$$

Die obige Involution bewirkt $F_\infty(H^{p,q}) = H^{q,p}$. Auf $H^m(M(\mathbb{C}),\mathbb{C})$ hat man dann auch noch die komplexe Konjugation c auf den Koeffizienten; sie kommutiert mit F_∞ und sendet ebenfalls $H^{p,q}$ nach $H^{q,p}$. Die Hodge-Zerlegung definiert eine Filtrierung $F_B^\bullet$ auf den komplexifizierten Kohomologiegruppen, deren Filtrationsschritte im Grad m durch

$$F_B^p H^m(M(\mathbb{C}),\mathbb{C}) = \bigoplus_{\nu\leq m-p} H^{m-\nu,\nu}(M(\mathbb{C}),\mathbb{C}) = H^{m,0}(M(\mathbb{C}),\mathbb{C})\oplus\cdots\oplus H^{p,m-p}(M(\mathbb{C}),\mathbb{C})$$

gegeben sind. Es ist leicht zu sehen, daß man die Hodge-Zerlegung aus dieser Filtrierung und der Involution F_∞ zurückgewinnen kann.

Man kann nun eine abelsche Kategorie $\mathcal{H}_{\text{reell}}$ definieren: Die Objekte sind graduierte $\mathbb{Q}$-Vektorräume $V = \oplus V_m$, auf denen eine Involution F_∞ operiert, und für die jeder reine Anteil $V_m \otimes \mathbb{C}$ eine Hodge-Zerlegung vom Gewicht m hat, so daß die obigen Regeln gelten (man hat natürlich auch die komplexe Konjugation c auf $V\otimes\mathbb{C}$). Die Morphismen sind dann lineare Abbildungen, welche die Daten respektieren. Wir nennen diese Kategorie $\mathcal{H}_{\text{reell}}$ die Kategorie der Hodge-Strukturen über $\mathbb{R}$ oder auch $\mathbb{R}$-Hodge-Strukturen. (Das Subskript reell bezieht sich dabei auf die Involution F_∞.)

Man kann also sagen

$$M_B \in \mathrm{Obj}(\mathcal{H}_{\text{reell}}).$$

Wir schreiben für das Gewicht $m = w(M_B)$.

Man kann ferner noch die de-Rham-Kohomologie definieren. Sie wird gegeben durch die Hyperkohomologie des de-Rham-Komplexes der Differentialformen ([Gr])

$$M_{DR} = H^\bullet(\Omega^\bullet_M).$$

(Die Berechnung solcher Hyperkohomologiegruppen wird weiter unten in 1.2.4. für ein einfaches Beispiel durchgeführt. Allgemein werden sie so erhalten: Man überdeckt die zu Grunde liegende projektive Varietät durch affine Varietäten, bildet aus dem dazu gehörigen Čech-Komplex und dem de-Rham-Komplex einen Doppelkomplex. Dessen

Kohomologie ist dann die Hyperkohomologie.) In einem festen Grad m ist das ein $\mathbb{Q}$-Vektorraum mit einer absteigenden Filtration (Hodge-Filtration)

$$H^m(M) = M_{DR} = F^0 M_{DR} \supset F^1 M_{DR} \supset F^2 M_{DR} \supset \ldots,$$

wobei

$$F^p M_{DR}/F^{p+1} M_{DR} = H^{m-p}_{\mathrm{Zar}}(M, \Omega^p_M).$$

Es gibt einen Vergleichsisomorphismus (Satz von Grothendieck, siehe [Gr])

$$M_B \otimes \mathbb{C} \simeq M_{DR} \otimes \mathbb{C}.$$

Dieser Vergleichsisomorphismus respektiert die Strukturen auf beiden Seiten:

(1) Er bildet $F^p_B M_B \otimes \mathbb{C}$ auf $F^p M_{DR} \otimes \mathbb{C}$ ab.

(2) Die Kohomologiegruppen $H_{DR}(M) \otimes \mathbb{C} = H_{DR}(M \times \mathbb{C})$ sind rein algebraisch definiert, also operiert auf ihnen die Automorphismengruppe von $\mathbb{C}$. Unter dem Vergleichsisomorphismus geht $F_\infty \circ c$ in die die komplexe Konjugation auf der rechten Seite über.

1.2.1.1. *Bemerkung:* Wenn man die Strukturen M_B und (M_B, M_{DR}, Vergleichsisomorphismus) miteinander vergleicht, so bemerkt man, daß die Struktur M_{DR} uns eine neue $\mathbb{Q}$-Struktur auf $M_B \otimes \mathbb{C}$ und den Filtrationsschritten liefert. Diese erinnert uns daran, daß M über $\mathbb{Q}$ definiert ist, wovon M_B gar nichts mehr weiß.

Wir diese fassen diese beiden Strukturen zusammen und definieren die abelsche Kategorie der Hodge-de-Rham Strukturen deren Objekte Tupel $(M_B, F_\infty, M_{DR}, F^\bullet, \Phi)$ sind, wobei M_B, M_{DR} zwei $\mathbb{Q}$-Vektorräume sind, wobei F_∞ eine Involution auf M_B, und $F^\bullet$ eine Filtration auf M_{DR}, und Φ- ein Isomorphismus der komplexifizierten Vektorräume ist, so daß die Filtration $F^\bullet$ zusammen mit F_∞ eine Hodge-Zerlegung eines festen Gewichtes $m = m(M_B)$ auf $M_B \otimes \mathbb{C}$ definiert. Es sei dann $M_{B,DR}$ das Paar (M_B, M_{DR})+Vergleich+weitere Daten. Die Kategorie soll dann $\mathcal{H}d\mathcal{R}_{\mathrm{reell}}$ heißen.

Man kann schließlich auch die ℓ-adischen Kohomologiegruppen definieren. Dazu erweitert man den Grundkörper $\mathbb{Q}$ zum algebraischen Abschluß, d. h. man bildet das Schema $M \times_{\mathbb{Q}} \bar{\mathbb{Q}}$ über $\bar{\mathbb{Q}}$. Auf dem hat man die ℓ-adische Garbe $\mathbb{Q}_\ell$ und den Funktor

$$M \longmapsto H^m(M \times_{\mathbb{Q}} \bar{\mathbb{Q}}, \mathbb{Q}_\ell) = M_{\text{ét},\mathbb{Q}_\ell},$$

der als Zielkategorie die $\mathbb{Q}_\ell \times \mathrm{Gal}(\bar{\mathbb{Q}}/\mathbb{Q})$-Moduln hat. Die Operation der Galoisgruppe ist an den Stellen, an denen $X/\mathbb{Q}$ gute Reduktion hat und die von ℓ verschieden sind, unverzweigt. An einer solchen Stelle definiert dann der arithmetische Frobenius Φ_p eine Konjugationsklasse in $GL(M_{\text{ét},\mathbb{Q}_\ell})$, und Deligne hat gezeigt, daß die Eigenwerte der inversen Klasse (der geometrische Frobenius) ganze algebraische Zahlen sind, die alle den Absolutbetrag $p^{\frac{m}{2}}$ haben und die von ℓ unabhängig sind (siehe [De-Wel], Thm. 1.6). Man sagt, daß dieser Modul rein vom Gewicht m ist.

Man kann dann die Kategorie der reinen Galoismoduln definieren. Die Objekte sind graduierte $\mathbb{Q}_\ell$-Vektorräume $W = \oplus W_m$, auf denen $\mathrm{Gal}(\bar{\mathbb{Q}}/\mathbb{Q})$ operiert, und zwar so, daß die Operation an fast allen Stellen unverzweigt ist, daß das charakteristische Polynom des geometrischen Frobenius Φ_p^{-1} rationale Koeffizienten hat, und daß die

Eigenwerte von Φ_p^{-1} auf W_m den Absolutbetrag $p^{\frac{m}{2}}$ haben. Die Morphismen sind dann offensichtlich. Wir nennen diese Kategorie $\mathcal{G}al_{\text{pur}}$ oder auch $\mathcal{G}al$.

Man hat einen Vergleichsisomorphismus

$$M_B \otimes \mathbb{Q}_\ell \xrightarrow{\sim} M_{\text{ét},\mathbb{Q}_\ell}.$$

1.2.2 *Die Hodge- und die Tate-Vermutungen.* Sind uns nun zwei solcher Varietäten M und N gegeben, so kann man Zykeln $Z \subset M \times N$ betrachten, deren Komponenten alle die Dimension $\dim N$ haben. Diese induzieren dann Morphismen

$$\begin{array}{llcl} p_{Z,B} & : M_B & \longrightarrow & N_B \\ p_{Z,\text{ét}} & : M_{\text{ét},\ell} & \longrightarrow & N_{\text{ét},\ell} \\ p_{Z,DR} & : M_{DR} & \longrightarrow & N_{DR}, \end{array}$$

die mit den Vergleichsisomorphismen und den jeweiligen weiteren strukturellen Daten verträglich sind.

Wenn man jetzt umgekehrt einen Satz von Homomorphismen

$$\begin{array}{llcl} p_B & : M_B & \longrightarrow & N_B \\ p_{\text{ét}} & : M_{\text{ét},\ell} & \longrightarrow & N_{\text{ét},\ell} \\ p_{DR} & : M_{DR} & \longrightarrow & N_{DR} \end{array}$$

hat, der mit den Vergleichsisomorphismen verträglich ist, und wobei die einzelnen Abbildungen die jeweilige Struktur respektieren, dann hofft man, daß es ein $Z \subset M \times N$ gibt, so daß

$$p_{Z,B} = mp_B, \quad p_{Z,\text{ét}} = mp_{\text{ét}}, \quad p_{Z,DR} = mp_{DR}$$

mit einer natürlichen Zahl m ist. Man hofft sogar, daß schon die Vorgabe von (p_B, p_{DR}) (Hodge-Vermutung) oder die Vorgabe von $p_{\text{ét}}$ (Tate-Vermutung) für die Existenz eines solchen Zykels ausreichen. (Die Vorgabe von p_B alleine würde nur einen über $\mathbb{C}$ definierten Zykel voraussagen (siehe Bemerkung oben)). Wir führen ein Äquivalenzrelation auf den Zykeln ein, indem wir sie als gleich ansehen, wenn sie in jeder kohomologischen Realisierung den gleichen Endomorphismus induzieren.

Man kann jetzt ferner zeigen, daß die Kohomologiegruppen $M_{B,DR}$ noch eine weitere Struktur besitzen: sie sind *polarisierbar.* Mit Hilfe der projektiven Einbettung von M kann man eine (schief-)symmetrische Bilinearform

$$< , >: M_B \times M_B \longrightarrow \mathbb{Q}$$

konstruieren, so daß

(1) die folgende hermitesche Form

$$\begin{array}{llcl} h_{< , >} & : M_{B,\mathbb{C}} \times M_{B,\mathbb{C}} & \longrightarrow & \mathbb{C} \\ & (\xi, \eta) & \longmapsto & i^m < \xi, c(\eta) > \end{array}$$

positiv definit wird.

(2) Wertet man die Form über den Vergleichsisomorphismus auf M_{DR} aus, so erhält man eine perfekte Paarung

$$M_{DR} \times M_{DR} \longrightarrow (2\pi i)^m \cdot \mathbb{Q}.$$

Eine solche Form nennt man eine Polarisierung von $M_{B,DR}$. Man kann natürlich auch Polarisierungen von M_B alleine betrachten; dann verzichtet man darauf, daß die Bedingung (2) erfüllt ist.

Ist z.B. $X/\mathbb{Q}$ eine projektive glatte Kurve und $M_B = H^1(X(\mathbb{C}),\mathbb{Q})$ dann wird uns die gesuchte Paarung gerade durch die Poincaré-Dualität gegeben. Daß dann die Bedingung (2) erfüllt ist, werden wir später noch sehen (Siehe 1.2.4.). Im allgemeinen ist die Konstruktion ein wenig komplizierter.

Betrachten wir nun die volle Unterkategorie der polarisierbaren Hodge-de-Rham-Strukturen, dann hat die Existenz einer Polarisierung den folgenden Effekt:

Sei $M' \subset M_B$ ein Unterraum, und dieser Unterraum liefere uns eine reelle Unter-Hodge-de-Rham-Struktur. D. h. es gilt

$$M'_{\mathbb{C}} = \bigoplus_{p+q=m} M'_{\mathbb{C}} \cap H^{p,q}(M) = \bigoplus_{p+q=m} H^{p,q}(M'),$$

und für alle p ist $F^pM'_{DR} := F^pM_{DR} \cap M'_{\mathbb{C}}$ ein $\mathbb{Q}$-Vektorraum, für den dann gilt

$$F^pM'_{DR} \otimes \mathbb{C} = \bigoplus_{\nu \leq m-p} H^{m-\nu,\nu}(M').$$

Dann erhalten wir aus einer Polarisierung eine nicht entartete Form auf M'. (Hier benutzt man die Positivität der hermiteschen Form.) Das liefert uns eine Zerlegung

$$M_B = M' \oplus M''$$

und einen Projektor

$$p_{M'} : M_B \longrightarrow M_B$$

mit $p_{M'}|M' = \mathrm{Id}'_M$ und $p_{M'}|M'' = 0$. Wir sehen also, daß die volle Unterkategorie der polarisierbaren Hodge-de-Rham-Strukturen *halbeinfach* ist.

Nach der oben zitierten Hodge-Vermutung sollte unser Projektor bis auf ein rationales Vielfaches von einem Zykel

$$Z \subset M \times M$$

induziert werden. Dieser Zykel induziert dann aber seinerseits einen Endomorphismus

$$p_{Z,\text{ét}} : M_{\text{ét},\ell} \longrightarrow M_{\text{ét},\ell},$$

für den auf Grund der Vergleichssätze dann gilt:

$$p^2_{Z,\text{ét}} = m\, p_{Z,\text{ét}}.$$

D. h. $\frac{1}{m}\, p_{Z,\text{ét}}$ wird ein Projektor in den étalen Kohomologiegruppen. Wir bekämen also eine entsprechende Zerlegung in der étalen Kohomologie.

Die Hodge- und Tate-Vermutungen implizieren, daß auch die oben konstruierten reinen Galoismoduln halbeinfach sind. Das kann man aber nicht so beweisen wie im Fall der polarisierten Hodge-Strukturen. Man kann zwar auch eine nicht entartete Paarung konstruieren, aber es fehlt das Positivitätsargument.

1.2.3 *Die reinen Motive.* Dies alles führt dann zu der Vorstellung, daß es eine halbeinfache abelsche Kategorie $\mathcal{M}ot_{\text{pur}}$ mit etwa folgenden Eigenschaften geben sollte:
(1) Für $M, N \in \text{Ob}(\mathcal{M}ot_{\text{pur}})$ ist $\text{Hom}(M,N)$ ein $\mathbb{Q}$-Vektorraum.
(2) Die Objekte sind graduiert, d. h. jedes $M = \oplus_{n\in\mathbb{Z}} M^n$. Die Summanden sind die reinen Anteile vom Gewicht n.
(3) Betrachtet man die Kategorie $\mathcal{V}ar/\mathbb{Q}$ der projektiven, glatten algebraischen Varietäten $X/\mathbb{Q}$ mit

$$\text{Hom}(X,Y) = \text{Zykeln auf } (X \times Y)/\text{modulo Äquivalenz} \otimes \mathbb{Q},$$

so hat man einen Funktor

$$\begin{array}{lcccl} h & : & \mathcal{V}ar/\mathbb{Q} & \longrightarrow & \mathcal{M}ot_{\text{pur}} \\ h & : & X & \longmapsto & h(X) = \oplus h^n(X), \end{array}$$

so daß

$$\text{Hom}(X,Y) \longrightarrow \text{Hom}(h(Y), h(X))$$

surjektiv (wenn nicht sogar bijektiv) wird.
(4) Es gibt volltreue additive Realisierungsfunktoren

$$\begin{array}{lcccl} h_{B,DR} & : & \mathcal{M}ot_{\text{pur}} & \longrightarrow & \mathcal{H}d\mathcal{R}_{\text{reell}} \\ h_{\text{ét}} & : & \mathcal{M}ot_{\text{pur}} & \longrightarrow & \mathcal{G}al_{\text{pur}}, \end{array}$$

so daß

$$h_{B,DR} \circ h(X) = \oplus H^n_{B,DR}(X(\mathbb{C}), \mathbb{Q})$$

und

$$h_{\text{ét}} \circ h(X) = \oplus H^n(X \times_{\mathbb{Q}} \bar{\mathbb{Q}}, \mathbb{Q}_\ell).$$

(5) Es sei $pt = \text{Spec}(\mathbb{Q})$ und $\mathbb{Q}(0) = h(pt)$. Dann gibt es zu M ein duales Objekt $M^\vee$ mit

$$\text{Hom}(M^\vee, \mathbb{Q}(0)) = \text{Hom}(M, \mathbb{Q}(0))^\vee.$$

Es gibt zu zwei Objekten M_1, M_2 ein Tensorprodukt $M_1 \otimes M_2$, so daß

$$\text{Hom}(M_1 \otimes M_2, N) = \text{Hom}(M_1, N) \otimes \text{Hom}(M_2, N).$$

Es wird

$$\text{Hom}(M,N) = \text{Hom}(\mathbb{Q}(0), M^\vee \otimes N).$$

Tensorprodukt und der Übergang zum Dualen gehen unter den Realisierungsfunktoren in die in den jeweiligen Kategorien definierten Tensorprodukte und Dualenbildung über.
(6) Sind M_n, $N_{n'}$ rein vom Gewicht $n + n'$, so ist $M_n \otimes M_{n'}$ rein vom Gewicht $n + n'$. Das Gewicht von $M_n^\vee$ wird $-n$. Die Realisierungsfunktoren führen reine Objekte in reine Objekte des gleichen Gewichts über.

1.2.4. *Die projektive Gerade* $\mathbb{P}^1$. Es soll ja wohl so sein, daß

$$h(\mathbb{P}^1) = h^0(\mathbb{P}^1) \oplus h^2(\mathbb{P}^1) = h^0(pt) \oplus h^2(\mathbb{P}^1) = \mathbb{Q}(0) \oplus h^2(\mathbb{P}^1).$$

Und es ist auch zu erwarten, daß $h^2(\mathbb{P}^1)$ ein einfach zu verstehendes Objekt ist. Wir nennen es $\mathbb{Q}(-1)$. Dann ist

$\mathbb{Q}_B(-1)$	ein eindimensionaler $\mathbb{Q}$-Vektorraum mit einer $\mathbb{R}$-Hodge-Struktur auf $\mathbb{Q}_B(-1)\otimes\mathbb{C}$,
$\mathbb{Q}_{DR}(-1)$	ein eindimensionaler $\mathbb{Q}$-Vektorraum mit einer Filtrierung, $F^0\mathbb{Q}_{DR}(-1)\supseteq F^1\mathbb{Q}_{DR}(-1)\supseteq F^2\mathbb{Q}_{DR}(-1)$
$\mathbb{Q}_{\text{ét},\ell}(-1)$	ein eindimensionaler $\mathbb{Q}_\ell$-Vektorraum, auf dem $\mathrm{Gal}(\bar{\mathbb{Q}}/\mathbb{Q})$ operiert.

Uns wird noch der Vergleichsisomorphismus von $\mathbb{Q}_B(-1)\otimes\mathbb{C}$ mit $\mathbb{Q}_{DR}(-1)\otimes\mathbb{C}$ interessieren.

Um diese Kohomologiegruppen zu verstehen, gehen wir von der Standardüberdekkung von $\mathbb{P}^1$ durch zwei affine Geraden aus

$$\begin{aligned}\mathbb{P}^1 &= U_1\cup U_2\\ U_1 &= \operatorname{Spec}\mathbb{Q}[x]\\ U_2 &= \operatorname{Spec}\mathbb{Q}[x^{-1}]\end{aligned}$$

Dann ist $U_1\cap U_2=\operatorname{Spec}\mathbb{Q}[x,x^{-1}]$ die multiplikative Gruppe G_m.

Man hat für die Betti-Kohomologie eine Mayer-Vietoris-Sequenz, die einen Isomorphismus stiftet

$$0\longrightarrow H^1((U_1\cap U_2)(\mathbb{C}),\mathbb{Z})\overset{\delta}{\longrightarrow}H^2(\mathbb{P}^1(\mathbb{C}),\mathbb{Z})\longrightarrow 0.$$

Es sei $\Omega_{\mathbb{P}^1}$ die Garbe der regulären 1-Formen auf $\mathbb{P}^1$. Dann ist der de-Rham-Komplex, dessen Hyperkohomologie die de-Rham-Kohomologie definiert, einfach

$$0\to\mathcal{O}_{\mathbb{P}^1}\to\Omega_{\mathbb{P}^1}\to 0.$$

Die 1-Form

$$\frac{1}{2\pi i}\frac{dx}{x}\in\Omega_{\mathbb{P}^1}(U_1\cap U_2)\otimes\mathbb{C}$$

ist geschlossen, sie liefert über den differenzierbaren de-Rham-Isomorphismus eine Kohomologieklasse in $H^1(U_1\cap U_2(\mathbb{C}),\mathbb{C})$, und zwar eine Klasse, die das Gitter $H^1(U_1\cap U_2(\mathbb{C}),\mathbb{Z})\subset H^1(U_1\cap U_2(\mathbb{C}),\mathbb{C})$ erzeugt. Also ist

$$\frac{1}{2\pi i}\delta(\frac{dx}{x})$$

ein erzeugendes Element von $H^2(\mathbb{P}^1(\mathbb{C}),\mathbb{Z})$. Die Bestimmung des Hodge-Typs dieses Elements und die Wirkung von F_∞ darauf ergibt sich im Anschluß an die Untersuchung der de-Rham-Realisierung. Wir haben nach bekannten Sätzen

$$H^0(\mathbb{P}^1,\Omega_{\mathbb{P}^1})=H^2(\mathbb{P}^1,\mathcal{O}_{\mathbb{P}^1})=0.$$

Also ist $H^2_{DR}=F^0H^2_{DR}=F^1H^2_{DR}\supset F^2H^1_{DR}=0$ und wegen der oben angesprochenen Spektralsequenz gilt

$$H^2_{DR}(\mathbb{P}^1)=H^1(\mathbb{P}^1,\Omega_{\mathbb{P}^1}).$$

Wir kommen nun zu der oben versprochenen Berechnung der Hyperkohomologie. Sie berechnet sich als die Kohomologie des Doppelkomplexes

$$\begin{array}{ccccccc} 0 & \longrightarrow & \Gamma(U_1, \mathcal{O}_{\mathbb{P}^1}) \oplus \Gamma(U_2, \mathcal{O}_{\mathbb{P}^1}) & \longrightarrow & \Gamma(U_1 \cap U_2, \mathcal{O}_{\mathbb{P}^1}) & \longrightarrow & 0 \\ & & \downarrow & & \downarrow & & \\ 0 & \longrightarrow & \Gamma(U_1, \Omega_{\mathbb{P}^1}) \oplus \Gamma(U_2, \Omega_{\mathbb{P}^1}) & \longrightarrow & \Gamma(U_1 \cap U_2, \Omega_{\mathbb{P}^1}) & \longrightarrow & 0, \end{array}$$

wobei oben und unten Nullen stehen. Es ist leicht zu sehen, daß die 1-Form

$$\frac{dx}{x} \in \Gamma(U_1 \cap U_2, \Omega_{\mathbb{P}^1})$$

ein rationales Erzeugendes von $H^1(\mathbb{P}^1, \Omega_{\mathbb{P}^1})$ repräsentiert. Sei $\delta(\frac{dx}{x})$ das durch sie gegebene Element in $H^1(\mathbb{P}^1, \Omega_{\mathbb{P}^1})$. Wenn man sich dann den Vergleichsisomorphismus ansieht, so sieht man, daß

$$\begin{array}{ccc} H^2(\mathbb{P}^1(\mathbb{C}), \mathbb{C}) & \longrightarrow & H^2_{DR}(\mathbb{P}^1) \otimes \mathbb{C} \\ \cup\!\!\!\!\!\shortmid & & \cup\!\!\!\!\!\shortmid \\ \delta(\frac{dx}{x}) & \mapsto & \delta(\frac{dx}{x}). \end{array}$$

Daraus folgt, daß

$$H^2_B(\mathbb{P}^1(\mathbb{C}), \mathbb{C}) = H^{1,1}_B(\mathbb{P}^1(\mathbb{C}), \mathbb{C}).$$

Die Abbildung F_∞ operiert auf $\delta(\frac{dx}{x})$ trivial, weil $\delta(\frac{dx}{x})$ rational über $\mathbb{Q}$ ist. Also operiert F_∞ auf $\frac{1}{2\pi i}\delta(\frac{dx}{x})$ durch Multiplikation mit -1, wie es auch sein muß, da F_∞ die Orientierung auf $\mathbb{P}^1(\mathbb{C})$ ändert.

Wir haben also

$$\begin{aligned} H^2_B(\mathbb{P}^1(\mathbb{C}), \mathbb{Q}) &= \mathbb{Q} \cdot \tfrac{1}{2\pi i}\delta(\tfrac{dx}{x}) \\ H^2_{DR}(\mathbb{P}^1) &= \mathbb{Q} \cdot \delta(\tfrac{dx}{x}). \end{aligned}$$

(An dieser Stelle kann ich die Potenz von $2\pi i$ in der Bedingung (2) für die Polarisierungen erklären: Wenn $X/\mathbb{Q}$ eine Kurve ist, dann geht die Paarung nach $H^2(X)$, und $X/\mathbb{Q}$ besitzt eine Abbildung nach $\mathbb{P}^1$, die einen Isomorphismus auf der zweiten Kohomologie induziert)

Ich gehe noch kurz auf die Berechnung der étalen Kohomologie ein.

Wir haben schon in 1.1. den Tate-Modul der multiplikativen Gruppe betrachtet:

$$T_\ell(G_m) = \varprojlim \mu_{\ell^n}.$$

Dies ist bekanntlich ein freier $\mathbb{Z}_\ell$-Modul und, die Galoisgruppe $\mathrm{Gal}(\bar{\mathbb{Q}}/\mathbb{Q})$ operiert darauf durch den Tate-Charakter

$$\begin{array}{cccc} \alpha : & \mathrm{Gal}(\bar{\mathbb{Q}}/\mathbb{Q}) & \longrightarrow & \mathbb{Z}_\ell^* \\ & \sigma & \longmapsto & \alpha(\sigma), \end{array}$$

der durch $\zeta^\sigma = \zeta^{\alpha(\sigma)}$ definiert ist. Dann versteht man unter $\mathbb{Z}_\ell(\nu)$ den $\mathbb{Z}_\ell$-Modul $\mathbb{Z}_\ell$ auf dem die Galoisgruppe durch den Charakter α^ν operiert. Entsprechend setzt man $\mathbb{Z}/\ell^m\mathbb{Z}(\nu) = \mathbb{Z}_\ell(\nu) \otimes \mathbb{Z}/\ell^m$. Nun ist nach Definition

$$H^2(\mathbb{P}^1 \times_{\mathbb{Q}} \bar{\mathbb{Q}}, \mathbb{Z}_\ell) = \varprojlim H^2(\mathbb{P}^1 \times_{\mathbb{Q}} \bar{\mathbb{Q}}, \mathbb{Z}/\ell^m\mathbb{Z}).$$

Wir wenden wieder die Mayer-Vietoris-Sequenz an und bekommen einen Isomorphismus

$$H^1\left((U_1 \cap U_2) \times_{\mathbb{Q}} \bar{\mathbb{Q}}, \mathbb{Z}/\ell^m\mathbb{Z}\right) \xrightarrow{\sim} H^2(\mathbb{P}^1 \times_{\mathbb{Q}} \bar{\mathbb{Q}}, \mathbb{Z}/\ell^m\mathbb{Z}).$$

Die linke Seite ist

$$H^1(G_m \times_{\mathbb{Q}} \bar{\mathbb{Q}}, \mathbb{Z}/\ell^m\mathbb{Z}).$$

Wir wissen über den Vergleichssatz, den wir oben schon einmal angewandt hatten, daß dies $\mathbb{Z}/\ell^m\mathbb{Z}$ ist. Aber wie operiert darauf die Galoisgruppe? Es sei $\mathcal{O}^*$ die Garbe der Keime invertierbarer regulärer Funktionen auf $G_m \times_{\mathbb{Q}} \bar{\mathbb{Q}}$. Dann erhalten wir in der étalen Topologie eine exakte Sequenz von Garben

$$0 \longrightarrow \mathbb{Z}/\ell^m\mathbb{Z}(1) \longrightarrow \mathcal{O}^* \xrightarrow{\ell^m} \mathcal{O}^* \longrightarrow 1$$

und finden dann als zugehörige exakte Sequenz

$$\Gamma(G_m \times_{\mathbb{Q}} \bar{\mathbb{Q}}, \mathcal{O}^*) \xrightarrow{\ell^m} \Gamma(G_m \times_{\mathbb{Q}} \bar{\mathbb{Q}}, \mathcal{O}^*) \xrightarrow{\delta} H^1(G_m \times_{\mathbb{Q}} \bar{\mathbb{Q}}, \mathbb{Z}/\ell^m\mathbb{Z}(1)) \longrightarrow$$
$$\longrightarrow H^1(G_m \times_{\mathbb{Q}} \bar{\mathbb{Q}}, \mathcal{O}^*) \longrightarrow$$

Es ist $H^1(G_m \times_{\mathbb{Q}} \bar{\mathbb{Q}}, \mathcal{O}^*) = H^1_{\mathrm{Zar}}(G_m \times_{\mathbb{Q}} \bar{\mathbb{Q}}, \mathcal{O}^*) = 0$ (Hilberts Satz 90 + $\mathbb{Q}[x, x^{-1}]$ ist Hauptidealring). Ferner ist $\Gamma(G_m \times_{\mathbb{Q}} \bar{\mathbb{Q}}, \mathcal{O}^*) = \bar{\mathbb{Q}} \cdot \{x^\nu\}$ und damit ist klar, daß

$$\Gamma(G_m \times_{\mathbb{Q}} \bar{\mathbb{Q}}, \mathcal{O}^*)_{G_{m,\bar{\mathbb{Q}}}}/\ell^m\Gamma(G_m \times_{\mathbb{Q}} \bar{\mathbb{Q}}, \mathcal{O}^*) \simeq \mathbb{Z}/\ell^m\mathbb{Z}(0),$$

d. h. die Galoisgruppe operiert trivial. Also ist

$$H^1(G_m \times_{\mathbb{Q}} \bar{\mathbb{Q}}, \mathbb{Z}/\ell^m\mathbb{Z}(1)) \simeq \mathbb{Z}/\ell^m\mathbb{Z}(0),$$

und ein formales Argument zeigt dann, daß

$$H^1(G_m \times_{\mathbb{Q}} \bar{\mathbb{Q}}, \mathbb{Z}/\ell^m\mathbb{Z}(0)) \simeq \mathbb{Z}/\ell^m\mathbb{Z}(-1).$$

Nach Übergang zum Limes erhalten wir

$$H^2(\mathbb{P}^1 \times_{\mathbb{Q}} \bar{\mathbb{Q}}, \mathbb{Z}_\ell) \simeq \mathbb{Z}_\ell(-1).$$

Das führt dazu, daß man das "Motiv" $h^2(\mathbb{P}^1)$ einfach mit $\mathbb{Q}(-1)$ bezeichnet. Ich möchte bemerken, daß man eigentlich auch $\mathbb{Z}(-1)$ schreiben könnte, denn alle kohomologischen Realisierungen sind mit einer $\mathbb{Z}$-Struktur ausgestattet.

1.2.5. *Die Kohomologie offener Varietäten.* Die ganze Situation wird dann sehr viel komplizierter, wenn man zu singulären oder offenen, d.h. quasiprojektiven Varietäten übergeht. Der Grund hierfür liegt darin, daß die Poincaré-Dualität nicht mehr gilt. Man kann das auch so formulieren, daß man jetzt (mindestens) zwei Kohomologietheorien betrachten kann, nämlich die Kohomologie mit kompakten Trägern und die gewöhnliche Kohomologie. Zwischen diesen gibt es eine Paarung. Ich will dies zunächst einmal an einem Beispiel erläutern.

1.2.5.1. *Ein Beispiel.* Es sei $X/\mathbb{Q}$ eine projektive, glatte Kurve, und $S \subset X(\mathbb{Q})$ sei eine (nicht leere) endliche Menge rationaler Punkte. Dann ist $U = X - S$ eine quasiprojektive Kurve.

Wir können dann für unsere verschiedenen Kohomologietheorien jeweils die Kohomologie mit kompakten Trägern und die gewöhnlich Kohomologie betrachten und erhalten ein Diagramm

$$\begin{array}{ccc} H^1_!(U) & \longrightarrow & H^1(U) \\ & \searrow \quad \nearrow & \\ & H^1(X) & \end{array}$$

Wir betrachten zunächst die Betti-Kohomologie. Dann können wir offensichtlich die oberste Zeile in einer langen exakten Sequenz unterbringen. Für jeden Punkt $P \in S$ sei $\dot{D}_P$ eine bei P gelochte kleine Kreisscheibe in $X(\mathbb{C})$. Dann bekommen wir das Diagramm

$$\begin{array}{ccccccc} \to \bigoplus_{P\in S} H^0(\dot{D}_P,\mathbb{Q}) \to & H^1_!(U(\mathbb{C}),\mathbb{Q}) & \to & H^1(U(\mathbb{C}),\mathbb{Q}) & \to \bigoplus_{P\in S} H^1(\dot{D}_P,\mathbb{Q}) \\ & & \searrow \quad \nearrow & & \\ & & H^1(X(\mathbb{C}),\mathbb{Q}), & & \end{array}$$

in dem die oberste Zeile exakt ist. Nun ist aber $\dot{D}_P$ topologisch dasselbe wie $G_m(\mathbb{C}) = \mathbb{C}^*$, und damit bekommen wir

$$H^1(\dot{D}_P,\mathbb{Q}) = H^1(G_m(\mathbb{C}),\mathbb{Q}) = \mathbb{Q}_B(-1).$$

Man sieht ziemlich leicht, daß $H^1_!(U(\mathbb{C}),\mathbb{Q})$ und $H^1(X(\mathbb{C}),\mathbb{Q})$ in $H^1(U(\mathbb{C}),\mathbb{Q})$ das gleiche Bild haben.

Das liefert uns auf $H^1(U(\mathbb{C}),\mathbb{Q})$ eine Filtrierung

$$(0) \subset \mathrm{Im}(H^1_!(U(\mathbb{C}),\mathbb{Q}) \longrightarrow H^1(U(\mathbb{C}),\mathbb{Q})) = H^1(X(\mathbb{C}),\mathbb{Q}) \subset H^1(U(\mathbb{C}),\mathbb{Q}).$$

Der Quotient ist eine Summe von $\mathbb{Q}_B(-1)$. Der rationale Teilraum $H^1(X(\mathbb{C}),\mathbb{Q})$ besitzt eine Hodge Struktur vom Gewicht 1, der Quotient eine vom Gewicht 2. Dies ist das erste und einfachste Beispiel einer gemischten Hodge-Struktur.

Deligne hat nun allgemein gezeigt, daß man auf der Betti-Kohomologie einer glatten quasiprojektiven Varietät $U/\mathbb{Q}$ (hier würde natürlich auch $\mathbb{C}$ als Grundkörper reichen) eine gemischte Hodge-Struktur einführen kann:

$H^m(U(\mathbb{C});\mathbb{Q})$ *besitzt eine aufsteigende Filtrierung (*Gewichtsfiltrierung

$$W_{-1}(H^m) \subset W_0H^m \subset W_1H^m \subset \ldots \subset W_kH^m = H^m$$

durch rationale Teilräume, und die aufeinanderfolgenden Quotienten

$$W_\nu(H^m)/W_{\nu-1}(H^m)$$

besitzen eine reine Hodge-Struktur vom Gewicht $m+k$. Wenn U über $\mathbb{Q}$ definiert ist, dann operiert auch noch F_∞ auf dieser Struktur.

(Wenn Y projektiv aber nicht glatt ist, gilt eine analoge Aussage, wobei die Gewichte von m aus nach unten gehen. Im allgemeinsten Fall hat man eine Filtration in beide Richtungen.)

Ein entsprechendes Resultat kann man dann auch für die étale Kohomologie herleiten. Ich komme später noch etwas genauer auf technische Einzelheiten zurück; wir sehen uns vorher nochmals das Beispiel an.

1.2.5.2. ***Das Beispiel: Fortsetzung.*** Ich betrachte wieder die obige Kurve $X/\mathbb{Q}$ mit der Teilmenge $S \subset X(\mathbb{Q})$. Man ersetzt die gelochten Kreisscheiben durch algebraisch-geometrische Objekte. Man kann zum Beispiel die Komplettierung $\hat{\mathcal{O}}_P$ des lokalen Ringes $\mathcal{O}_P$ am Punkt P einführen. Dann ist $\mathrm{Spec}(\hat{\mathcal{O}}_P) \times_{\mathbb{Q}} \bar{\mathbb{Q}}$ eine infinitesimale Kreisscheibe um P und die gelochte Kreisscheibe ist dann

$$\dot{D}_P^{\wedge} = (\mathrm{Spec}(\hat{\mathcal{O}}_P) \setminus \{P\}) \times_{\mathbb{Q}} \bar{\mathbb{Q}}.$$

Dann bekommt man auch für die ℓ-adische Kohomologie ein Diagramm von Galoismoduln

$$\begin{array}{ccccccc} \bigoplus_{P\in S} H^0(\dot{D}_P^{\wedge},\mathbb{Q}_\ell) \rightarrow & H^1_!(U \times_{\mathbb{Q}} \bar{\mathbb{Q}},\mathbb{Q}_\ell) & & \rightarrow & & H^1(U \times_{\mathbb{Q}} \bar{\mathbb{Q}},\mathbb{Q}_\ell) & \rightarrow \bigoplus_{P\in S} H^1(\dot{D}_P^{\wedge},\mathbb{Q}_\ell) \\ & & \searrow & & \nearrow & & \\ & & & H^1(X \times_{\mathbb{Q}} \bar{\mathbb{Q}},\mathbb{Q}_\ell). & & & \end{array}$$

Man kann sich nun denken, daß

$$H^1(\dot{D}_P^{\wedge},\mathbb{Q}_\ell) = \mathbb{Q}_\ell(-1),$$

und wir bekommen also auch auf $H^1(U \times_{\mathbb{Q}} \bar{\mathbb{Q}},\mathbb{Q}_\ell)$ eine Filtration, wobei der erste Schritt ein Galoismodul vom Gewicht 1 und der zweite ein Galoismodul vom Gewicht 2 ist.

Die Betti-Kohomologie von U ohne weitere Zusatzstruktur bemerkt in einem gewissen Sinn nur, daß man der Kurve einige Punkte weggenommen hat. Die wesentliche Idee ist nun, daß die Betti-Kohomologie zusammen mit der Hodge-de-Rham-Struktur oder die ℓ-adische Kohomologie als Galoismoduln noch etwas davon wissen, welche Punkte man herausgenommen hat. In unserem ersten Beispiel, in dem $X = E$ eine elliptische Kurve war, kann man aus dem Galoismodul die von dem Punkt, den man herausgenommen hat, erzeugte zyklische Gruppe rekonstruieren.

Auch hier gibt es nun einen allgemeinen Satz von Deligne (siehe [De-We2], 5.3.):

Die Kohomologiegruppen $H^m(U \times_{\mathbb{Q}} \bar{\mathbb{Q}},\mathbb{Q}_\ell)$ besitzen eine aufsteigende Filtration

$$0 = W_{-1}H^m \subset W_0H^m \subset \ldots \subset W_kH^m = H^m,$$

so daß die einzelnen Quotienten

$$W_\nu H^m / W_{\nu-1} H^m$$

reine Galoismoduln vom Gewicht $m + \nu$ sind.

Wir nennen so etwas einen gemischten Galoismodul. Es ist klar, daß die gemischten Galoismoduln eine abelsche Kategorie bilden, die wir

$$\mathcal{G}al_{\mathrm{mix}}$$

nennen. Die gemischten Hodge-Strukturen bilden auch eine abelsche Kategorie, wenn man als Morphismen

$$f : H \longrightarrow H'$$

nur solche linearen Abbildungen zuläßt, welche die Gewichte respektieren, die auf den Quotienten Morphismen von reinen Hodge-Strukturen sind, und für die gilt

$$\operatorname{Im} f \cap W_\nu H' = \operatorname{Im}(f : W_\nu H \to W_\nu H').$$

Man kann noch die Kategorie der gemischten Hodge-de-Rham-Strukturen einführen. Das sind Paare (H_B, H_{DR}) von $\mathbb{Q}$-Vektorräumen, wobei H_B eine gemischte Hodge-Struktur besitzt, H_{DR} eine absteigende Hodge-Filtration besitzt; und es schließlich noch einen Vergleichsisomorphismus

$$I : H_B \otimes \mathbb{C} \to H_{DR} \otimes \mathbb{C}$$

gibt, der die folgenden Eigenschaften hat: Er ist mit der komplexen Konjugation kompatibel, d. h. $F_\infty \circ c$ auf der linken Seite geht in die komplexe Konjugation auf der rechten Seite über, und die mit I transportierte Hodge-Filtration induziert auf den reinen Quotienten nach der Gewichtsfiltration die Hodge-Filtrierung der reinen Hodge-Strukturen.

Wir nennen diese Kategorie dann

$$\mathcal{H}d\mathcal{R}_{\text{mix,reell}};$$

es ist wieder eine abelsche Kategorie.

1.2.6. *Die Kategorie der gemischten Motive.* Man kann nun davon träumen, daß es eine abelsche Kategorie $\mathcal{M}ot_{\text{mix}}$ gibt, welche die Rolle der (ebenfalls hypothetischen) Kategorie $\mathcal{M}ot_{\text{pur}}$ in dieser allgemeineren Situation übernimmt:

(1) Man hat einen Funktor, der jeder glatten quasiprojektiven Varietät ein Objekt in $\mathcal{M}ot_{\text{mix}}$ zuordnet

$$U \longmapsto h(U) \in \operatorname{Ob}(\mathcal{M}ot_{\text{mix}}).$$

Dabei sollte man als Morphismen zwischen U und V nur solche $Z \subset U \times V$ zulassen, die über beiden Komponenten eigentlich sind.

(2) Es sollten dann additive Realisierungsfunktoren

$$\mathcal{M}ot_{\text{mix}} \xrightarrow{B,DR} \mathcal{H}d\mathcal{R}_{\text{mix,reell}}$$

$$\mathcal{M}ot_{\text{mix}} \xrightarrow{\text{ét}} \mathcal{G}al_{\text{mix}}$$

existieren, die sehr schöne Eigenschaften besitzen sollten.

In der abelschen Kategorie $\mathcal{M}ot_{\text{mix}}$ kann man dann den Funktor $\operatorname{Ext}^1_{\mathcal{M}ot_{\text{mix}}}$ betrachten. Deligne hat vorgeschlagen, die folgende Situation zu studieren:

Man betrachte ein Motiv $M/\mathbb{Q}$, das rein von einem Gewicht $m = w(M)$ ist. Wir stellen uns für den Moment vor, daß M ein direkter Summand in einem $H^m(X)$ ist, wobei $X/\mathbb{Q}$ glatt und projektiv ist. Weil wir in einer abelschen Kategorie sind können wir den Bifunktor

$$\mathrm{Ext}^1_{\mathcal{M}ot_{\mathrm{mix}}}(\mathbb{Q}(-k), M)$$

definieren (Siehe [H-S], Chap 3). Mit anderen Worten, wir betrachten Äquivalenzklassen von exakten Sequenzen

$$0 \longrightarrow M \longrightarrow Y \longrightarrow \mathbb{Q}(-k) \longrightarrow 0$$

in der Kategorie der gemischten Motive, und führen auf dieser Menge eine Gruppenstruktur ein.

Wenden wir auf diese Sequenz die Betti-de-Rham-Realisierung an, dann bekommen wir eine Sequenz von gemischten Hodge-de-Rham-Strukturen

$$0 \longrightarrow M_{B,DR} \longrightarrow Y_{B,DR} \longrightarrow \mathbb{Q}_{B,DR}(-k) \longrightarrow 0.$$

Nun hat $\mathbb{Q}_{B,DR}(-k)$ das Gewicht $2k$. Aus der Definition der Kategorie der gemischten Hodge-Strukturen folgt, daß diese Sequenz spaltet, wenn $2k \leq m$. Also sollte sie schon in $\mathcal{M}ot_{\mathrm{mix}}$ selber spalten.

Wenn wir mit $\mathbb{Q}(k)$ twisten, dann erhalten wir eine Sequenz

$$0 \longrightarrow M \otimes \mathbb{Q}(k) \longrightarrow Y \otimes \mathbb{Q}(k) \longrightarrow \mathbb{Q}(0) \longrightarrow 0,$$

wobei nun $w(M \otimes \mathbb{Q}(k)) = m - 2k < 0$. Wir ändern jetzt die Notation, indem wir $M \otimes \mathbb{Q}(k)$ in M und $Y \otimes \mathbb{Q}(k)$ in Y umtaufen, d.h. wir normalisieren so daß rechts in der Sequenz das Tate-Motiv $\mathbb{Q}(0)$ steht.

Wir bekommen dann also eine Abbildung (die Realisierungsabbildung)

$$\mathrm{Ext}^1_{\mathcal{M}ot_{\mathrm{mix}}}(\mathbb{Q}(0), M) \longrightarrow \mathrm{Ext}^1_{\mathcal{H}d\mathcal{R}_{\mathrm{mix,reell}}}(\mathbb{Q}_{B,DR}(0), M_{B,DR}),$$

wobei die linke Seite ein Objekt unserer Träume ist, während die rechte Seite wohldefiniert ist und sich auch berechnen läßt. Elemente in der rechten Seite sind exakte Sequenzen

$$0 \longrightarrow M_{B,DR} \longrightarrow Y_{B,DR} \longrightarrow \mathbb{Q}_{B,DR}(0) \longrightarrow 0,$$

wobei $Y_{B,DR}$ eine gemischte Hodge-Struktur mit einer Hodge-Filtration ist, die mit $F_\infty \circ c$ kommutiert. Mit M_B^+ bezeichnen wir den $+1$-Eigenraum von F_∞ auf M_B, es ist dann eine Übungsaufgabe in linearer Algebra zu zeigen, daß

$$\begin{aligned}\mathrm{Ext}^1_{\mathcal{H}d\mathcal{R}_{\mathrm{mix,reell}}}(\mathbb{Q}_{B,DR}(0), M_{B,DR}) &= (M_{DR,\mathbb{R}}/F^0 M_{DR,\mathbb{Q}})/M_B^+ \\ &= M_{DR,\mathbb{R}}/(M_B^+ + F^0 M_{DR,\mathbb{Q}})\end{aligned}$$

ist. (Ich werde dies im letzten Kapitel am Beispiel der gemischten Motive von Anderson noch einmal genauer erläutern. Siehe 4.3.1.) Dieser Isomorphismus definiert uns eine Abbildung

$$\Psi : \mathrm{Ext}^1_{\mathcal{M}ot_{\mathrm{mix}}}(\mathbb{Q}(0), M) \to M_{DR,\mathbb{R}}/(M_B^+ + F^0 M_{DR,\mathbb{R}}).$$

Die linke Seite ist die sogenannte Deligne-Kohomologie. Sie beschreibt Extensionen von Hodge-de-Rham-Strukturen, bei denen die de-Rham Struktur über $\mathbb{R}$ definiert ist. Die Struktur dieser Kohomologie ist für uns sehr wichtig, deshalb will ich sie genauer erläutern.

Wir haben früher schon gesehen, daß unter dem Vergleich

$$M_{B,DR} \otimes_{\mathbb{Q}} \mathbb{C} \xrightarrow{\Phi} M_{DR} \otimes_{\mathbb{Q}} \mathbb{C}$$

die komplexe Konjugation auf der rechten Seite in $F_\infty \circ c$ übergeht.

Es ist

$$M_{DR,\mathbb{R}} = M_{DR} \otimes_{\mathbb{Q}} \mathbb{R}$$
$$F^0 M_{DR,\mathbb{R}} = F^0 M_{DR} \otimes_{\mathbb{Q}} \mathbb{R}.$$

Insbesondere ist also

$$M_{DR,\mathbb{R}}/F^0 M_{DR,\mathbb{R}} = M_{DR}/F^0 M_{DR} \otimes_{\mathbb{Q}} \mathbb{R}.$$

Jetzt wird unter Φ der Teilraum $M^+_{B,\mathbb{R}}$, der ja aus unter c und unter F_∞ invarianten Elementen besteht, nach $M_{DR,\mathbb{R}}$ abgebildet. Ich behaupte, daß die Abbildung

$$M^+_{B,\mathbb{R}} \longrightarrow M_{DR,\mathbb{R}}/F^0 M_{DR,\mathbb{R}}$$

injektiv ist. Dazu müssen wir uns noch einmal die Numerierung der Hodge-Filtration ins Gedächtnis rufen. Unser ursprüngliches Motiv-in der neuen Notation ist das $M \otimes \mathbb{Q}(-k)$-lag in $H^m(X)$. Darauf ist die Hodge-Filtrierung

$$F^0(M \otimes \mathbb{Q}(-k)) \supset F^1(M \otimes \mathbb{Q}(-k)) \supset \ldots \supset F^m(M \otimes \mathbb{Q}(-k)) \supset F^{m+1}(M \otimes \mathbb{Q}(-k)) = 0.$$

Das führt auf M zu den Filtrationsschritten

$$F^{-k}M \supset F^{-k+1}M \supset \ldots \supset F^{-k+m}M \supset F^{-k+m+1}M = 0.$$

Man bemerkt, daß wegen $2k > m$ der Filtrationsschritt $F^0 M$ in der unteren Hälfte ist, und daß daher gilt

$$F_\infty(F^0 M \otimes \mathbb{C}) \cap F^0 M \otimes \mathbb{C} = 0.$$

Ist aber $x \in M^+_{B,\mathbb{R}} \cap F^0 M_{DR,\mathbb{R}}$, so ist $F_\infty(x) = x$, also $x = 0$.

Damit sehen wir, daß der Quotient

$$(M_{DR,\mathbb{R}}/F^0 M_{DR,\mathbb{R}})/M^+_B$$

die folgende Struktur hat:

Er ist ein reeller Vektorraum mit einer $\mathbb{Q}$-Struktur, der durch einen $\mathbb{Q}$-Vektorraum (nämlich M^+_B) geteilt wird (als abelsche Gruppe), dessen Basis aus $\mathbb{R}$-linear unabhängigen Elementen besteht. Das Ganze wird etwas anschaulicher, wenn man M^+_B durch die ganzzahlige Bettikohomologie $M^+_{B,\mathbb{Z}}$ ersetzt, dann liefert uns dies ein partielles Gitter in $M_{DR,\mathbb{R}}/F^0 M_{DR,\mathbb{R}}$. Teilt man dadurch, so erhält man einen reellen Vektorraum mal einem reellen Torus. Wenn man dann noch die Torsion herausdividiert, bekommt man den obigen Quotienten.

Natürlich liefert auch die ℓ-adische Realisierung eine Extensionsklasse in der Kategorie der Galoismoduln. Wir haben in 1.1. in einem Beispiel erläutert, wie ein rationaler Punkt auf einer elliptischen Kurve eine eine solche Erweiterung definiert. Allgemein führt das Problem der Berechnung von diesen Extensionsmoduln in der Kategorie der Galoismoduln, auf ein Problem der Galoiskohomologie.

1.2.7. *Delignes Formulierung der Beilinson Vermutungen* . Jetzt schlägt Deligne vor, die Komposition der Hodge-de-Rham-Realisierung mit der oben definierten Abbildung Ψ, also

$$\mathrm{Ext}^1_{\mathcal{M}ot_{\mathrm{mix}}}(\mathbb{Q}(0), M) \longrightarrow (M_{DR,\mathbb{R}}/F^0 M_{DR,\mathbb{R}})/M_B^+$$

zu betrachten. Sie sollte injektiv sein. Man kann noch einen Teilraum $\mathrm{Ext}^1_{\mathcal{M}ot_{\mathrm{mix}}/\mathbb{Z}}$ durch arithmetische Bedingungen auszeichnen (Darauf komme ich noch zurück (siehe 1.2.10. Bed. (4))).

Falls $w(M) \leq -2$, und falls M nicht $\mathbb{Q}(1)$ als direkten Summanden enthält, vermutet Deligne, daß

$$\mathrm{Im}(\mathrm{Ext}^1_{\mathcal{M}ot_{\mathrm{mix}}/\mathbb{Z}}) \oplus M_B^+$$

ein $\mathbb{Q}$-Vektorraum in $M_{DR,\mathbb{R}}/F^0 M_{DR,\mathbb{R}}$ ist, dessen Basis auch eine Basis dieses $\mathbb{R}$-Vektorraums ist.

Wenn das so ist, dann besitzt der obige reelle Vektorraum zwei $\mathbb{Q}$-Strukturen. Es ist

$$\begin{array}{ccc} M_{DR,\mathbb{R}}/F^0 M_{DR,\mathbb{R}} & = & M_{DR}/F^0 M_{DR} \otimes_{\mathbb{Q}} \mathbb{R} \\ \| & & \\ (M_{B,\mathbb{Q}}^+ \oplus \mathrm{Ext}^1_{\mathcal{M}ot_{\mathrm{mix}}/\mathbb{Z}}) \otimes_{\mathbb{Q}} \mathbb{R} & & \end{array}$$

Wählt man dann jeweils $\mathbb{Q}$-Basen

$$x_1, \ldots, x_r \qquad \text{von} \qquad M_{DR}/F^0 M_{DR}$$

und

$$y_1, \ldots, y_r \qquad \text{von} \qquad M_{B,\mathbb{Q}}^+ \oplus \mathrm{Ext}^1_{\mathcal{M}ot_{\mathrm{mix}}/\mathbb{Z}},$$

so kann man schreiben

$$x_i = \sum \omega_{ij} y_j, \qquad \omega_{ij} \in \mathbb{R},$$

und dann setzen wir

$$R(M) = R(M, 0) = \det(\omega_{ij}).$$

Dies ist eine wohlbestimmte reelle Zahl mod $\mathbb{Q}^*$. Sie ergibt sich allein aus der Betti- und der de-Rham-Kohomologie des Motivs und heißt der Regulator von M.

Wir haben aber noch die ℓ-adische Kohomologie, diese liefert uns die L-Funktion $L(M, s)$ unseres Motivs. Ich erinnere kurz an deren Definition.

Sie ist ein unendliches Produkt über alle Primzahlen

$$L(M, s) = \prod_p L_p(M, s),$$

wobei

$$L_p(M, s) = \det(\mathrm{Id} - p^{-s}\Phi_p^{-1} \mid M_{\text{ét},\ell})^{-1}$$

für fast alle p. Genauer gesagt gilt dies für alle $p \neq \ell$, an denen M gute Reduktion hat, wobei man bedenken muß, daß diese Faktoren an diesen Stellen unabhängig von ℓ sind ([De-Wel], Thm. 1.6.). An den schlechten Stellen ersetzt man dann einfach $M_{\text{ét},\ell}$ durch die Invarianten unter der Trägheitsgruppe I_p. Auf diesem Modul $(M_{\text{ét},\ell})^{I_p}$ ist der Frobenius Φ_p^{-1} wieder wohldefiniert. Man nimmt also an einer schlechten Stelle als Euler-Faktor einfach

$$\det(\mathrm{Id} - p^{-s}\Phi_p^{-1} \mid (M_{\text{ét},\ell})^{I_p})^{-1}.$$

Hier muß man die Unabhängigkeit von ℓ als weitere Hypothese hineinstecken. (Für viele der folgenden Aussagen kann man aber diese Eulerfaktoren auch einfach weglassen.)

Dann ist für die Stellen mit guter Reduktion

$$\det(\mathrm{Id} - p^{-s}\Phi_p^{-1} \mid M_{\text{ét},\ell}) = \prod_p (1 - \alpha_{\nu,p}p^{-s}),$$

wobei die $\alpha_{\nu,p}$ die Eigenwerte des Frobenius Φ_p^{-1} sind; und nach Deligne gilt

$$|\alpha_{\nu,p}| = p^{w(M)/2}.$$

Also konvergiert das Produkt für $\mathrm{Re}(s) > \frac{w(M)}{2} + 1$. Wir haben sicher $L(M,0) \neq 0$, wenn $w(M) < -2$. Es ist eine allgemein akzeptierte Vermutung, daß dies auch noch gilt, wenn $w(M) = -2$; in diesem Fall kann allerdings ein Pol vorliegen. Das passiert z. B., wenn $M = \mathbb{Q}(1)$ ist, dann ist $L(M,s) = \zeta(s+1)$ und hat bei $s = 0$ einen Pol. Ein Pol sollte auch dann vorliegen, wenn M eine Kopie von $\mathbb{Q}(1)$ als Summanden enthält.

Es ist nun Delignes Interpretation von Beilinsons Vermutung, daß unter den Annahmen, daß $w(M) \leq -2$ und daß M keine Kopie von $\mathbb{Q}(1)$ enthält, gilt

$$L(M,0) = R(M) = R(M,0) \bmod \mathbb{Q}^*.$$

Wenn das wahr ist, dann offenbart dies eine tiefe innere Bindung zwischen den verschiedenen Realisierungen des Motivs. Die Hodge-de-Rham- und die Betti-Realisierung benutzen die reelle Stelle von $\mathbb{Q}$ und den generischen Punkt von $\mathrm{Spec}(\mathbb{Q})$, die L-Funktion kodiert die Informationen an den endlichen Stellen.

Die Vermutung wird schwieriger zu formulieren, wenn $w(M) = -1$, dann sind wir im B-SD-Punkt (Birch und Swinnerton-Dyer Punkt), der eine Ausnahmerolle spielt. Ich verweise auf [Sch2] und will nur einige erläuternde Bemerkungen machen. In diesem Fall gilt dann

$$M_B^+ \otimes_{\mathbb{Q}} \mathbb{R} = M_{DR,\mathbb{R}}/F^0 M_{DR,\mathbb{R}}$$

und das heißt, daß $M_{DR,\mathbb{R}}/(F^0 M_{DR,\mathbb{R}} + M_{B,\mathbb{Z}}^+)$ ein reeller Torus ist (Siehe Bemerkung am Ende von 1.2.6.). Also kann es passieren, daß das Bild unter

$$\mathrm{Ext}^1_{\mathcal{M}ot_{\mathrm{mix}}/\mathbb{Z}}(\mathbb{Q}(0), M) \longrightarrow M_{DR,\mathbb{R}}/(F^0 M_{DR,\mathbb{R}} + M_{B,\mathbb{Z}}^+)$$

nicht diskret ist. Das ist z.B. der Fall, wenn

$$M = h^1(E),$$

wobei E eine elliptische Kurve über $\mathbb{Q}$ ist. Dann ist die rechte Seite gerade $E(\mathbb{R})$ und wir wissen, daß $E(\mathbb{Q})$ nicht notwendig diskret in $E(\mathbb{R})$ liegt. Dies ist also der Fall der Birch und Swinnerton-Dyer-Vermutungen (kurz der B-SD-Fall). Hier kann man die Vermutungen nicht allein in Termen der Deligne-Kohomologie formulieren.

Man macht sich natürlich leicht klar, daß diese Vermutungen alle Werte

$$L(M,k), \qquad k = 0,1,2,\ldots,$$

betreffen, wobei M jetzt ein Motiv mit $w(M) = -1$ oder $w(M) = -2$ sei (und wobei dann der Fall $k = 0$ und $w(M) = -1$ besondere Probleme aufwirft). Denn es ist

$$L(M,k) = L(M \otimes \mathbb{Q}(k), 0)$$

und $w(M \otimes \mathbb{Q}(k)) = w(M) - 2k$. Entsprechend muß man dann auch den Regulator $R(M,k)$ definieren.

1.2.8. *Delignes Vermutungen über kritische Werte von L-Funktionen.* Es gibt nun einen Sonderfall. Es kann passieren, daß

$$M_B^+ \otimes_{\mathbb{Q}} \mathbb{R} = M_{DR,\mathbb{R}}/F^0 M_{DR,\mathbb{R}}$$

ist. Wenn das der Fall ist, sagt man, daß M (an der Stelle 0) kritisch ist. Wenn wir jetzt nicht im Fall $w(M) = -1$ sind, dann wird vermutet, daß für die ominöse Gruppe $\mathrm{Ext}^1_{\mathcal{M}ot_{mix}/\mathbb{Z}}(\mathbb{Q}(0), M) = 0$ gilt. Wenn wir also den B-SD-Fall ausnehmen, dann ist die obige Zahl

$$R(M,0) = \det(\omega_{ij}) \bmod \mathbb{Q}^*$$

eine Zahl, die nur vom Vergleich der $\mathbb{Q}$-rationalen Betti-Struktur auf $M_{B,\mathbb{Q}}^+$ und der $\mathbb{Q}$-Struktur auf

$$M_{DR,\mathbb{R}}/F^0 M_{DR,\mathbb{R}}$$

abhängt. Anders gesagt: die obigen

$$x_1 \dots x_r \qquad \text{bilden eine Basis von} \qquad M_{DR}/F^0 M_{DR}$$

und die

$$y_1 \dots y_r \qquad \text{eine Basis von} \qquad M_B^+.$$

In diesem Fall tauft man um und setzt

$$R(M) = \Omega(M),$$

und nennt dies die Deligne-Periode des Motivs M. Ich will die Bedingung, dafür, daß ein Motiv kritisch ist, an Hand von Beispielen diskutieren.

1.2.8.1. *Ein erstes Beispiel für kritische Motive.* Nehmen wir an, daß

$$H^{\frac{w}{2},\frac{w}{2}}(M_B \otimes \mathbb{C}) = 0.$$

Sowohl F_∞ als auch die komplexe Konjugation c vertauschen die Räume $H^{p,q}$ und $H^{q,p}$, und unsere Annahme impliziert, daß $H^{p,q} \cap H^{q,p} = 0$. Daraus kann man ziemlich leicht ableiten, daß

$$\dim M_B^+ = \frac{1}{2} \dim M_B.$$

Dann ist die Bedingung, kritisch zu sein, offensichtlich äquivalent zu

$$\dim F^0 M_{DR} = \frac{1}{2} \dim M_B = \frac{1}{2} \dim M_{DR}.$$

Nehmen wir nun noch an, daß $w(M)$ maximal ist, d. h. $w(M) = -1$ oder -2 , dann interessieren uns die Werte

$$L(M,k), \qquad k = 0,1,2,\ldots,$$

d. h. die Frage, ob $M \otimes \mathbb{Q}(k)$ kritisch ist. Eine leichte Übungsaufgabe zeigt uns, daß für $k = 0$ der Teilraum

$$F^0 M_{DR} \otimes \mathbb{C}$$

gerade von den $H^{p,q}$ mit $p < q$ aufgespannt wird. Das ist genau die Hälfte, also ist 0 kritisch. Geht man dann aber zu größeren Werten von k über, so wird der entsprechende Raum von den $H^{p,q}$ mit $q-p > 2k$ aufgespannt. Der Wert k wird also in dem Augenblick unkritisch, wo es ein $H^{p,q} \neq 0$ mit $0 < q-p \leq 2k$ gibt, was früher oder später mit Sicherheit passieren wird.

Wenn also

$$M' = H^m(X),$$

und wenn $M_B \otimes \mathbb{C} = H^{m,0} + H^{0,m}$, dann sei $k_0 = [\frac{m}{2}] + 1$, und wir setzen

$$M = M' \otimes \mathbb{Q}(k_0),$$

so daß $w(M) = -1$ oder -2. Dann sieht man, daß die kritischen Werte genau diejenigen $0,1,\ldots,k$ mit $2k < m$ sind.

1.2.8.2. *Ein zweites Beispiel für kritische Motive.* Ein dazu kontrastierender Fall ist $M = \mathbb{Q}(m)$ mit $m = 1,2,\ldots$. Dann ist offensichtlich $F^0 M_{DR} = 0$ (das haben wir schon früher gesehen). Also ist

$$M_{DR}/F^0 M_{DR} = \mathbb{Q}_{DR}(m).$$

Es ist $\mathbb{Q}_B(-1) = H^2(\mathbb{P}^1(\mathbb{C}),\mathbb{Q})$. Darauf operiert F_∞ durch Multiplikation mit -1, und F_∞ ist auf $\mathbb{Q}_B(m)$ die Multiplikation mit $(-1)^m$. Also ist

$$\mathbb{Q}_B^+(m) = \begin{cases} \mathbb{Q}_B(m) & m \text{ gerade} \\ 0 & m \text{ ungerade.} \end{cases}$$

$$\mathrm{Ext}^1_{\mathcal{H}d\mathcal{R}_{\mathrm{mix,reell}}}(\mathbb{Q}_{B,DR}(0),\mathbb{Q}_{B,DR}(m)) = \begin{cases} \mathbb{Q}_{DR}(m) \otimes_{\mathbb{Q}} \mathbb{R}/\mathbb{Q}_B(m) & m \text{ gerade} \\ \mathbb{Q}_{DR}(m) \otimes_{\mathbb{Q}} \mathbb{R} & m \text{ ungerade.} \end{cases}$$

Schauen wir uns jetzt einmal für diesen Fall die Vermutung von Deligne an. Sei m gerade. Sei 1_m^{DR} ein rationales Erzeugendes von $\mathbb{Q}_{DR}(m)$ (also ein x von früher), dann ist

$$1_m^B = (\frac{1}{2\pi i})^m 1_m^{DR} \in \mathbb{Q}_B(m)$$

ein erzeugendes Element, das ist also ein y. Dann ist

$$(2\pi i)^m 1_m^B = 1_m^{DR},$$

und Delignes Vermutung besagt

$$L(\mathbb{Q}(m),0) = \zeta(m) = \pi^m \bmod \mathbb{Q}^*.$$

In diesem Fall ist Delignes Vermutung schon von L. Euler bewiesen worden. (siehe [Eul],).

Wenn m ungerade ist, dann sind wir nicht im kritischen Fall. Dann muß es nach der Vermutung von Delingne ein gemischtes Motiv ξ_m

$$0 \longrightarrow \mathbb{Q}(m) \longrightarrow Y \longrightarrow \mathbb{Q}(0) \longrightarrow 0$$

geben, dessen Extensionsklasse

$$\Psi(\xi_m) = (0 \longrightarrow \mathbb{Q}_{B,DR}(m) \longrightarrow Y_{B,DR} \longrightarrow \mathbb{Q}_{B,DR}(0) \longrightarrow 0)$$

in $\mathbb{Q}_{DR}(m) \otimes \mathbb{R}$ nicht Null ist. Es sei

$$\alpha_m \Psi(\xi_m) = 1_m^{DR}.$$

Dann sagen Deligne und Beilinson, daß

$$\alpha_m = \zeta(m) \bmod \mathbb{Q}^*.$$

Es sollte dann auch so sein, daß ξ_m bis auf einen rationalen Faktor die einzige Hodge-Realisierung einer gemischten Extension von $\mathbb{Q}(0)$ mit $\mathbb{Q}(m)$ ist.

Wie schon in der Einleitung gesagt wurde, möchte ich Konstruktionsmöglichkeiten für gemischten Motive vorstellen, die sich aus der Betrachtung von geeigneten Shimura-Varietäten ergeben. Für das obige ξ_m werde ich eine solche Konstruktion im Kapitel IV behandeln. (Siehe dazu auch die weiter unten behandelte Formulierung der Vermutungen, die A. Scholl vorgeschlagen hat.)

1.2.9. *Umformulierung mit Hilfe der Funktionalgleichung.* Ich möchte jetzt noch auf die Rolle der Funktionalgleichung zu sprechen kommen. Wir haben bislang die L-Funktionen nur an den ganzen Argumenten rechts von der kritischen Geraden $\mathrm{Re}(s) = \frac{w(M)}{2} + \frac{1}{2}$ ausgewertet, d. h. wir betrachteten

$$L(M,k), \qquad k \in \mathbb{Z}\,,\ k > \frac{w(M)}{2}.$$

Nun ist bekannt, daß man die L-Funktion noch um die Faktoren im Unendlichen ergänzen sollte. Dies sind Produkte von Γ-Funktionen. Sie sind aus der reellen Hodge-Struktur $(H_B \otimes \mathbb{C}, F_\infty)$ — genauer aus den Hodge-Zahlen ablesbar — (siehe [De-Val]). Man setzt dann

$$\Lambda(M,s) = L_\infty(M,s) \cdot L(M,s).$$

Geht man dann zum dualen Motiv über, so vermutet man eine Funktionalgleichung

$$\Lambda(M,s) = \epsilon(M,s) \cdot \Lambda(M^\vee, 1-s),$$

wobei $\epsilon(M,s)$ ein Produkt von lokalen Faktoren ist, die von den Stellen "schlechter" Reduktion abhängen. Dieser Faktor ist niemals Null. (Die kritische Gerade des dualen Motivs ist dann durch $\mathrm{Re}(s) = -\frac{w(M)}{2} + \frac{1}{2}$ gegeben. Man sieht, daß die Funktionalgleichung die beiden kritischen Geraden richtig vertauscht.) Das kann man dann auch so schreiben

$$L(M^\vee, 1-s) = \epsilon(M,s)^{-1} \cdot \frac{L_\infty(M,s)}{L_\infty(M^\vee, 1-s)}\, L(M,s). \qquad (F)$$

Setzt man nun in $L(M,s)$ für s ganzzahlige Werte rechts von der kritischen Geraden von M ein

$$s = \begin{cases} +\frac{w(M)}{2}+\frac{1}{2}\,,\ +\frac{w(M)}{2}+\frac{3}{2}\ \dots \\ +\frac{w(M)}{2}+1\,,\ +\frac{w(M)}{2}+2\,,\dots, \end{cases}$$

so durchläuft $1-s$ gerade ganzzahlige Argumente links von der kritischen Geraden von $M^\vee$, d. h. die Werte

$$\frac{w(M^\vee)}{2}+\frac{1}{2}\quad,\quad \frac{w(M^\vee)}{2}-\frac{1}{2},\dots$$

oder

$$\frac{w(M^\vee)}{2}\quad,\quad \frac{w(M^\vee)}{2}-1,\dots.$$

Man möchte nun den Begriff des kritischen Wertes dahingehend erweitern, daß er unter der Funktionalgleichung invariant wird. Es ist eine Feststellung von Deligne, daß in der obigen Reihe von Werten

$$k = +\frac{w(M)}{2}+\dots,+\frac{w(M)}{2}+\dots+1,\dots$$

der Wert k für $M^\vee$ genau dann kritisch ist, wenn der Faktor

$$\frac{L_\infty(M,s)}{L_\infty(M^\vee,1-s)}$$

für diese Stelle $s=k$ keine Nullstelle hat, was darauf hinausläuft, daß

$$L_\infty(M^\vee,1-k)\neq\infty.$$

Das führt zu einer Erweiterung der Definition von kritischen Werten:

Der Wert k heißt kritisch für das Motiv M, wenn

$$L_\infty(M,k)\neq\infty$$

und

$$L_\infty(M^\vee,1-k)\neq\infty.$$

Für die k, die rechts von der kritischen Geraden liegen, ist dies die alte Definition, wovon man sich nach Inspektion der Γ-Faktoren überzeugt.

Man kann sogar noch mehr sagen:

Für $k=\frac{w(M)}{2}+\dots+\nu$ rechts von der kritischen Geraden ist die Polstellenordnung von $L_\infty(M,1-s)$ an der Stelle $s=k$ gerade gleich

$$\dim_{\mathbb{R}}\left(M^+_{B,\mathbb{R}}\backslash M_{DR,\mathbb{R}}/F^0M_{DR,\mathbb{R}}\right).$$

Dies kann man aus der Diskussion in [De-Val] leicht herleiten.

Dann kann man den ganzen Komplex von Vermutungen noch von einer anderen Warte aus ansehen. Wir gehen von der Form (F) der Funktionalgleichung aus. Ist dann k ganz und größer als $\frac{w(M)}{2}+\frac{1}{2}$ (wir lassen den B-SD-Punkt aus), dann sollte $L(M,k)\neq 0$ sein, und

$$L(M^\vee,1-s)$$

bei $s=k$ eine Nullstelle der Ordnung

$$\mathrm{ord}_{s=k}L(M^\vee,1-s)=-\mathrm{ord}_{s=k}L_\infty(M^\vee,1-s)$$

haben. Dann wäre also nach den Vermutungen

$$r_{M,k}=\dim_{\mathbb{Q}}\mathrm{Ext}^1_{\mathcal{M}ot_{\mathrm{mix}}/\mathbb{Z}}(\mathbb{Q}(-k),M)=-\mathrm{ord}_{s=k}L_\infty(M^\vee,1-s)=\mathrm{ord}_{s=k}L(M^\vee,1-s).$$

Wir setzen dann

$$\epsilon(M,s)^{-1}\cdot\frac{L_\infty(M,k)}{L_\infty(M^\vee,1-s)}(s-k)^{-r_{M,k}}\Big|_{s=k}=\Delta(M,k)$$

und $R^\vee(M,k)=\Delta(M,k)R(M,k)$. Die Beilinson-Deligne-Vermutung sagt dann:

$$(s-k)^{-r_{M,k}}L(M^\vee,1-s)\Big|_{s=k}=R^\vee(M,k)\bmod\mathbb{Q}^*.$$

Man kann dies auch auf den B-SD-Punkt ausdehnen. Es ist so, daß dann für $k=\frac{w(M)}{2}+\frac{1}{2}$

$$\mathrm{ord}_{s=k}\frac{L(M^\vee,1-s)}{L(M,s)}=0,$$

und man erwartet

$$\dim_{\mathbb{Q}}\mathrm{Ext}^1_{\mathcal{M}ot_{\mathrm{mix}}/\mathbb{Z}}(\mathbb{Q}(-k),M)=\mathrm{ord}_{s=k}L(M^\vee,1-s).$$

Setzt man dann wieder $r_{M,k}$ gleich dieser Nullstellenordnung, so benötigt man eine Höhenpaarung (Siehe [Sch2]), um

$$(s-k)^{-r_{M,k}}L(M^\vee,1-s)|_{s=k}\bmod\mathbb{Q}^*$$

auszurechnen.

Ist $k>\frac{w(M)}{2}$ nun kritisch und nicht der B-SD-Punkt, so kann man sagen

$$L(M^\vee,1-k)=\epsilon(M,k)^{-1}\cdot\frac{L_\infty(M,k)}{L_\infty(M^\vee,1-k)}\cdot L(M,k)$$

und

$$L(M^\vee,1-k)=\Delta(M,k)\cdot\Omega(M)\bmod\mathbb{Q}^*.$$

1.2.10. *Die Formulierung von A. Scholl.* Ich will jetzt noch die von A. Scholl gegebene Formulierung der Vermutungen erläutern, die ohne die abelsche Kategorie der gemischten Motive auskommt (siehe [Sch1], [Sch2]).

Wir gehen dabei von quasiprojektiven (glatten) algebraischen Varietäten $X/\mathbb{Q}$ aus. Wir betrachten ihre Kohomologiegruppen

$$X\begin{cases}\longmapsto H^\bullet_{B,DR}(X)\\ \longmapsto H^\bullet(X\times_{\mathbb{Q}}\bar{\mathbb{Q}},\mathbb{Q}_\ell),\end{cases}$$

wobei $H^\bullet_{B,DR}(X)$ eine gemischte Hodge-de-Rham-Struktur und $H^\bullet(Y_{\bar{\mathbb{Q}}},\mathbb{Q}_\ell)$ ein gemischter Galoismodul ist.

Es sei nun $Z \subset X \times X$ eine endlich-zu-endlich Korrespondenz auf X, die dann natürlich (hoffentlich) Endomorphismen

$$\begin{array}{lcccc} p_{Z,B,DR} & : & H^\bullet_{B,DR}(X) & \longrightarrow & H^\bullet_{B,DR}(X) \\ p_{Z,\text{ét}} & : & H^\bullet(X \times_{\mathbb{Q}} \bar{\mathbb{Q}},\mathbb{Q}_\ell) & \longrightarrow & H^\bullet(X \times_{\mathbb{Q}} \bar{\mathbb{Q}},\mathbb{Q}_\ell) \end{array}$$

induziert. Wir betrachten die von solchen Endomorphismen erzeugte Algebra $\mathcal{K}$. Ein Element $q \in \mathcal{K}$ heißt Projektor, wenn in allen Kohomologiegruppen $q^2 = q$ gilt. Dann nennen wir

$$(X, q) = Y$$

ein gemischtes Motiv. Man hat dann offensichtlich die Realisierungen

$$H^\bullet_{B,DR}(Y) \qquad \text{bzw.} \qquad H^\bullet(Y \times_{\mathbb{Q}} \bar{\mathbb{Q}},\mathbb{Q}_\ell),$$

die Objekte in $\mathcal{HdR}_{\text{mix,reell}}$ und $\mathcal{G}al_{\text{mix}}$ sind. Wir haben den Begriff *kritisches Motiv* bislang nur auf reine Motive angewandt. Nach einer Idee von A. Scholl sagen wir nun, daß Y ein *kritisches Motiv über* $\mathbb{Z}$ ist, wenn gilt:

(1) Die Gewichtsfiltrierung dieser Objekte hat zwei Schritte: der erste ist von Gewicht m und der zweite vom Gewicht $2k$ mit $2k > m$.

(2) Es gibt ein reines Motiv M vom Gewicht m mit

$$\begin{array}{lcl} M_{D,DR} & \simeq & W_m H_{B,DR}(Y) \\ M & \simeq & W_m H(Y \times_{\mathbb{Q}} \bar{\mathbb{Q}},\mathbb{Q}_\ell) \end{array}.$$

(3) Der Quotient

$$\begin{array}{rcl} W_{2k}H_{B,DR}(Y)/W_m H_{B,DR}(Y) & \simeq & \mathbb{Q}_{B,DR}(-k)^r \\ W_{2k}H_{\text{ét}}(Y \times_{\mathbb{Q}} \bar{\mathbb{Q}},\mathbb{Q}_\ell)/W_m H_{\text{ét}}(Y \times_{\mathbb{Q}} \bar{\mathbb{Q}},\mathbb{Q}_\ell) & \simeq & \mathbb{Q}_\ell(-k)^r. \end{array}$$

(4) Für jedes $p \neq \ell$ gilt: Es sei eine Einbettung $\text{Gal}(\bar{\mathbb{Q}}_p/\mathbb{Q}_p) \subset \text{Gal}(\bar{\mathbb{Q}}/\mathbb{Q})$ gewählt und $I_p \subset \text{Gal}(\bar{\mathbb{Q}}_p/\mathbb{Q}_p)$ sei die Trägheitsgruppe. Dann spaltet die exakte Sequenz von $\text{Gal}(\bar{\mathbb{Q}}/\mathbb{Q})$-Moduln

$$0 \longrightarrow M_{\text{ét},\ell} \longrightarrow H^\bullet_{\text{ét}}(Y \times_{\mathbb{Q}} \bar{\mathbb{Q}},\mathbb{Q}_\ell) \longrightarrow \mathbb{Q}_\ell(-k)^r \longrightarrow 0$$

unter der Aktion von I_p.

(Dies ist auch die Bedingung, die den Unterraum $\text{Ext}^1_{\mathcal{M}ot_{\text{mix}}/\mathbb{Z}}$ in Delignes Formulierung definiert. Sie wird auch noch im Anhang 2.1.13. erläutert.)

(5) Die exakte Sequenz

$$0 \longrightarrow M_{B,DR} \longrightarrow H^\bullet_{B,DR}(Y) \longrightarrow \mathbb{Q}_{B,DR}(-k)^r \longrightarrow 0$$

liefert uns über die Komponenten auf der rechten Seite Elemente

$$y_{s+1},\ldots,y_{s+r}\in \mathrm{Ext}^1_{\mathcal{H}d\mathcal{R}_{\mathrm{mix,reell}}}(\mathbb{Q}_{B,DR}(-k),M_{B,DR}).$$

Wir fordern, daß diese zusammen mit einer Basis $y_1,\ldots,y_s\in M^+_{B,\mathbb{Z}}$ eine Basis von $M_{DR,\mathbb{R}}/F^kM_{DR,\mathbb{R}}$ bilden.

Dann kann man wieder durch den Vergleich der Basis $y_1,\ldots,y_{r+s}$ und einer Basis von M_{DR} einen Regulator $R(Y)$ definieren. (Dieser Regulator sollte natürlich gleich $R(M,k) \bmod \mathbb{Q}^*$ sein.)

Wir gehen jetzt zu dem dualen Motiv $Y^\vee$ über und haben eine Sequenz

$$0\longrightarrow \mathbb{Q}(k)^r\longrightarrow Y^\vee\longrightarrow M^\vee\longrightarrow 0.$$

Man kann dem Motiv $Y^\vee$ nun auch eine L-Funktion zuordnen. Dabei geht man formal genauso vor, wie für reine Motive. Man setzt

$$L(Y^\vee,s)=\prod_p \frac{1}{\det(\mathrm{Id}-\Phi_p^{-1}p^{-s}\mid (Y^\vee_{\text{ét},\ell})^{I_p})},$$

wie wir es schon früher getan haben. Unsere Forderung (4) bewirkt dann, daß

$$(Y^\vee_{\text{ét},\ell})^{I_p}=(\mathbb{Q}_\ell(k))^{I_p}\oplus(M^\vee_{\text{ét},\ell})^{I_p},$$

und daraus ergibt sich sofort

$$L(Y^\vee,s)=\zeta(k+s)^r\cdot L(M^\vee,s).$$

Wir erhalten dann

$$L(Y^\vee,1-k)=\zeta(k+s)^r\cdot L(M^\vee,s)|_{s=1-k}.$$

Wir setzen noch $R^\vee(Y)=\Delta(M,k)\cdot R(Y)$.

Ist nun $M/\mathbb{Q}$ ein reines Motiv vom Gewicht $m=w(M)$, so sagen wir, daß Y ein ***kritisches Motiv zu M*** ist, wenn Y kritisch über $\mathbb{Z}$ ist, und die Bedingung (2) mit dem gegebenen M erfüllt ist.

Jetzt schlägt A. Scholl die folgenden Formulierung vor:

Zu M und k mit $2k>m=w(M)+1$ gibt es ein kritisches gemischtes Motiv Y, so daß

$$L(Y^\vee,1-k)=R^\vee(Y) \bmod \mathbb{Q}^*.$$

(Man sollte im Fall $2k=w(M)+2$ fordern, daß $\mathbb{Q}(-\frac{w(M)}{2})$ nicht in M enthalten ist.)

A. Scholl hat auch eine Formulierung für den Fall $2k=w(M)+1$, die aber sehr viel komplizierter ist, weil der Regulator über eine Höhenpaarung definiert werden muß.

Diese Formulierung hat auch den Vorteil, daß die Bedeutung des Unterraums $\mathrm{Ext}^1_{\mathcal{M}ot_{\mathrm{mix}}/\mathbb{Z}}\subset \mathrm{Ext}^1_{\mathcal{M}ot_{\mathrm{mix}}}$ ganz klar wird. Ich werde dies später noch in einem Anhang diskutieren. Dabei werden wir sehen, daß die beiden Räume nur in einem Ausnahmefall voneinander verschieden sein können.

1.2.11. *Die allgemeine Zielsetzung.* Nach dieser etwas umfänglichen Erläuterung der Beilinson-Deligne-Vermutungen möchte ich kurz meine Ziele erläutern. Dies habe ich auch schon in der Einleitung getan und werde es später noch einmal tun.

Einerseits möchte ich mit Hilfe von Modulformen gemischte oder auch kritische Motive konstruieren. Für eine Shimura-Varietät $\mathcal{S}/\mathbb{Q}$ und ein geeignetes Koeffizientensystem (siehe Kapitel II) $\mathcal{M}$ möchte ich innerhalb von

$$H^\bullet(\mathcal{S},\mathcal{M})$$

durch Angabe geeigneter Projektoren Unterobjekte

$$Y \subset H^\bullet(\mathcal{S},\mathcal{M})$$

konstruieren, die in einer exakten Sequenz

$$0 \longrightarrow M \longrightarrow Y \longrightarrow \mathbb{Q}(0) \longrightarrow 0$$

liegen. Für eine genauere Diskussion verweise ich auf 2.2.3. und 2.3.4.

Auf der anderen Seite möchte ich aber auch kritische Werte von L-Funktionen betrachten. Es geht mir darum, daß ich die arithmetische Bedeutung des Wertes

$$\frac{L(M^\vee, 1-k)}{\Omega(M^\vee, k)} \in \mathbb{Q}^*$$

verstehen möchte.

Das ist zunächst, so wie es dasteht, natürlich völlig sinnlos, denn $\Omega(M^\vee, k)$ ist nach Definition nur bis auf ein Element aus $\mathbb{Q}^*$ eindeutig bestimmt.

Man braucht also zunächst einmal eine Möglichkeit, diese Zahl genauer festzulegen. Das könnte dadurch geschehen, daß man für eine glatte projektive Varietät $X/\mathbb{Q}$ ein glattes Modell

$$X_S/\mathrm{Spec}(\mathbb{Z}_S)$$

betrachtet, so daß die de-Rham-Kohomologie

$$H^m_{DR}(X_S/(\mathbb{Z}_S)) = H^\bullet(\Omega^\bullet(X_S/(\mathbb{Z}_S)))^{(m)}$$

ein freier $\mathbb{Z}_S$-Modul wird, und so daß die Hodge-Filtrierung auch aus freien Moduln besteht.

Jetzt sei $Z \subset X \times X$ ein Zykel, so daß p_Z auf den rationalen Kohomologiegruppen

$$H^m(X(\mathbb{C}),\mathbb{Q}) \quad , \quad H^m_{DR}(X) \quad , \quad H^m_{\text{ét},\ell}(X)$$

Projektoren induziert, d.h. von der Form

$$p_Z^2 = m\, p_Z$$

ist. Wenn wir dann m invertieren und die Teiler von m in S aufnehmen, dann möchte ich das Paar

$$(X_S/(\mathbb{Z}_S), p) = M/(\mathbb{Z}_S)$$

ein Motiv über $\mathbb{Z}_S$ nennen und sagen, daß S die Menge der Nenner von M ist. (Vielleicht möchte ich auch noch, daß $M_{B,\mathbb{Z}_S}$ torsionsfrei ist.)

Auf jeden Fall kann ich dann

$$M^+_{B,\mathbb{Z}_S} \qquad \text{und} \qquad F^0 M_{DR,\mathbb{Z}_S}$$

als $\mathbb{Z}_S$-Gitter in $M_{DR,\mathbb{R}}$ auffassen, und ein Vergleich von Basen führt zu einer Periode

$$\Omega(M/\mathbb{Z}_S) \bmod \mathbb{Z}_S^*.$$

(Ich nehme an, daß M kritisch ist. Es sollte so sein, daß $\mathbb{Z}(\nu)$ ein Motiv über $\mathbb{Z}$ ist, und wir frei damit hinundhertwisten können.)

Ist dann ℓ eine Primzahl mit $\ell \notin S$, so ist

$$M_{\text{ét},\ell}$$

ein freier $\mathbb{Z}_\ell$-Modul.

Ich möchte nun die Bedeutung der ℓ-Ordnung der rationalen Zahl

$$\frac{L(M^\vee, 1-k)}{\Omega(M^\vee, k)},$$

die nach unserer Konstruktion wohlbestimmt ist, verstehen.

Wir sind in dem Fall, daß wir keine rationalen Extensionen erwarten (es sei denn k ist der B-SD-Punkt für M; dann nehmen wir an, daß wir zusätzlich

$$\mathrm{Ext}^1_{\mathcal{M}_{\text{mixed}/\mathbb{Z}}}(\mathbb{Q}(k), M) = 0$$

haben). Wenn ℓ im Nenner dieser Zahl aufgeht, dann interpretiere ich das so, daß der L-Wert einen Pol mod ℓ hat.

Es ist klar, daß wir einen Pol von $L(M,s)$ bei $s = k$ haben, wenn $\mathbb{Q}(k-1)$ Summand in M ist, und sich der Pol dieses Summanden nicht gegen eine Nullstelle heraushebt.

Wir können uns also fragen, ob das Auftreten von ℓ im Nenner des Ausdrucks

$$\frac{L(M^\vee, 1-k)}{\Omega(M^\vee, k)}$$

etwas damit zu tun hat, daß

$$\mathbb{Z}/\ell^\alpha(k-1) \subset M_{\text{ét},\ell} \otimes \mathbb{Z}/\ell^\alpha,$$

wobei α um so größer wird, je mehr die Polordnung, d.h. die Ordnung von ℓ im Nenner wächst.

Wenn nun aber ℓ im Zähler aufgeht, dann verschwindet

$$\frac{L(M^\vee, 1-k)}{\Omega(M^\vee, k)}$$

mod ℓ. In Analogie zu unseren früheren Erfahrungen sollte das Verschwinden etwas mit der Existenz von Extensionen zu tun haben. Wir können uns also fragen, ob die Teilbarkeit des Zählers durch ℓ die Existenz von Extensionen in

$$\mathrm{Ext}^1_{\mathrm{Gal}(\bar{\mathbb{Q}}/\mathbb{Q})}(\mathbb{Z}/\ell^\alpha(k), M_{\text{ét},\ell} \otimes \mathbb{Z}/\ell^\alpha\mathbb{Z})$$

erzwingt, wobei die Extensionen $\mathbb{Z}/\ell^\alpha\mathbb{Z}$-Moduln sein sollen, die außerhalb von $S \cup \{\ell\}$ unverzweigt sind, und die an den Stellen in $S \cup \{\ell\}$ gewissen, noch zu spezifizierenden Bedingungen genügen. Der Exponent α hängt dann wieder von der Potenz ab, mit der ℓ in dem fraglichen Wert aufgeht.

Ich möchte solche Erweiterungen von Torsionsmoduln in der ganzzahligen Kohomologie von Shimura-Varietäten sehen. Das dies möglich ist, habe ich in [Ha-M], Chap. VI bei der Diskussion des Satzes von Herbrand-Ribet gezeigt (Siehe auch [Ha-P]; ich werde in den Beispielen in Kapitel III nachweisen, daß so etwas zumindest im Prinzip bei anderen Shimura-Varietäten passiern kann.

1.2.12. *Motive mit Koeffizienten.* Wir waren bei unserer (provisorischen) Definition von (reinen) Motiven, davon ausgegangen, daß wir auf der Kohomologie einer Varietät $X/\mathbb{Q}$ die Endomorphismen haben, die von algebraischen Zykeln über $\mathbb{Q}$ definiert werden (siehe 1.2.3.).

Wir bekommen also Homomorphismen

$$\mathrm{End}(X) \longrightarrow \mathrm{End}(H(X)),$$

wobei jetzt $H(X)$ irgendeine unserer Realisierungen ist, d. h.

$$H(X) = H_B^\bullet(X(\mathbb{C}),\mathbb{Q}), H_{DR}^\bullet(X/\mathbb{Q}), H_{\text{ét}}^\bullet(X \times_{\mathbb{Q}} \overline{\mathbb{Q}}, \mathbb{Q}_\ell).$$

Wir gehen jetzt davon aus, daß diese Operationen halbeinfach sind (das folgt, wenn wir die Hodge- und die Tate-Vermutung glauben). Dann wird es vorkommen, daß die Operation von $\mathrm{End}(X)$ die Kohomologie in irreduzible Moduln zerlegt, die aber nicht absolut irreduzibel sind. Wenn wir also den Koeffizientenbereich erweitern und eine endliche Erweiterung $E/\mathbb{Q}$ wählen, dann ist es möglich, daß $\mathrm{End}(X) \otimes_{\mathbb{Q}} E$ Projektoren Π auf $H(X) \otimes E$ induziert, die nicht über $\mathbb{Q}$ definiert sind.

Ein solcher Projektor definiert dann direkte Summanden

$$H^\bullet(X)(\Pi) \subset H^\bullet(X) \otimes E.$$

Dann sind die Realisierungen

$$H_B^\bullet(X(\mathbb{C}), E)(\Pi), H_{DR}^\bullet(X/\mathbb{Q}) \otimes E(\Pi)$$

Vektorräume über E und

$$H_{\text{ét}}^\bullet(X \times_{\mathbb{Q}} \overline{\mathbb{Q}}, \mathbb{Q}_\ell) \otimes_{\mathbb{Q}} E(\Pi)$$

wird ein freier $\mathbb{Q}_\ell \otimes_{\mathbb{Q}} E$-Modul.

Dies nennen wir dann ein Motiv mit Koeffizienten in E.

Man kann dann auch für solche Motive mit Koeffizienten die Beilinson-Deligne-Vermutung formulieren. Bevor ich das tue, will ich kurz ein Beispiel diskutieren, das später eine Rolle spielen wird.

1.2.12.1. *Ein Beispiel für ein Motiv mit Koeffizienten.* Es sei $K/\mathbb{Q}$ eine abelsche Erweiterung von $\mathbb{Q}$. Wir stellen uns $K/\mathbb{Q}$ als abstrakte Erweiterung vor, d.h. wir fassen sie nicht als Teilkörper von $\mathbb{C}$ auf.

Wir betrachten dann $\mathrm{Spec}(K) = X$ als Schema über $\mathbb{Q}$. Es ist

$$H^0_B(X(\mathbb{C}),\mathbb{Q}) = \bigoplus_{\sigma:K\to\mathbb{Q}} \mathbb{Q},$$

denn die $\mathbb{C}$-wertigen Punkte von X sind gerade die Einbettungen von K nach $\mathbb{C}$.

Es ist

$$\begin{aligned} H^0_{DR}(X/\mathbb{Q}) &= K, \\ H^0_{\text{ét}}(X \times_{\mathbb{Q}} \overline{\mathbb{Q}}, \bar{\mathbb{Q}}_\ell) &= \bigoplus_{\sigma:K\to\overline{\mathbb{Q}}} \bar{\mathbb{Q}}_\ell, \end{aligned}$$

wobei die Galoisgruppe durch Permutationen operiert.

Der Vergleichsisomorphismus

$$\begin{array}{ccc} H^0_B(X(\mathbb{C}),\mathbb{Q}) \otimes \mathbb{C} & \longrightarrow & H^0_{DR}(X \times_{\mathbb{Q}} \mathbb{C}) \\ \| & & \| \\ \bigoplus_{\sigma:K\to\mathbb{C}} \mathbb{C} & \longrightarrow & K \otimes \mathbb{C} \simeq \bigoplus_{\sigma:K\to\mathbb{C}} \mathbb{C} \end{array}$$

ist in der unteren Zeile die Identität. Dann ist klar, daß für jeden Charakter $\eta : \mathrm{Gal}(K/\mathbb{Q}) \to \mathbb{C}^*$ die Teilräume

$$H[\eta] = \{(\ldots, z_\sigma \ldots)_{\tau:K\to\mathbb{C}} \mid z_{\rho\sigma} = \eta(\rho)\cdot z_\sigma\}$$

in allen drei Realisierungen unter den Vergleichsisomorphismen ineinander übergehen. Ist also E ein Körper, der alle Werte aller möglichen Charaktere enthält, so erhalten wir eine Zerlegung unseres Motivs

$$h(X) \otimes_{\mathbb{Q}} E = \bigoplus_{\eta:\mathrm{Gal}(K/\mathbb{Q})\to E^*} h(X)[\eta],$$

und dieses Motiv hat dann Koeffizienten in E. Es ist ein sogenanntes Artin-Motiv. Weil $E/\mathbb{Q}$ abelsch ist, sollte man es vielleicht ein Dirichlet-Artin-Motiv nennen.

Wir kommen zum allgemeinen Fall zurück. Wir nehmen an, daß $M/\mathbb{Q}$ ein reines Motiv mit Koeffizienten in E ist, und daß wir haben eine Erweiterung

$$0 \longrightarrow M \longrightarrow Y \longrightarrow \mathbb{Q}(-k) \otimes E \longrightarrow 0$$

haben. Dieser Erweiterung nicht nur eine Hodge-de-Rham-Erweiterungsklasse zugeordnet, vielmehr bekommen wir für jede Abbildung $\sigma : E \to \mathbb{C}$ eine solche Klasse. Die Überlegungen aus 1.2.7. müssen dann dahingehend modifiziert werden, daß man einen Regulator bekommt, der ein Vektor

$$R(M,k) = (\ldots, R_\sigma(M,k), \ldots)_{\sigma:E\to\mathbb{C}} \in \mathbb{C}^{[E:\mathbb{Q}]}$$

ist; dieser Regulator ist bis auf ein Element in E^* wohlbestimmt. Ferner gilt noch, daß

$$R_{c\circ\sigma}(M,k) = \overline{R_\sigma(M,k)}.$$

Dieser Regulator soll ja mit dem Wert der L-Funktion in Verbindung gebracht werden.

Hier muß man bedenken, daß nun die Euler-Faktoren (unter den gleichen Hypothesen wie früher)

$$L_p(M,t) = \det(\mathrm{Id} - t\Phi_p^{-1} \mid M_{\text{ét},\ell}^{I_p})$$

nur in $E[t]$ liegen. Wenn man daraus eine analytische Funktion machen will, müssen wir zuerst E in $\mathbb{C}$ einbetten, wir erhalten also einen Vektor von L-Funktionen

$$L(M,s) = (\ldots, L_\sigma(M,s), \ldots)_{\sigma: E \to \mathbb{C}}.$$

Unter diesen Bedingungen lautet dann die Beilinson-Deligne-Vermutung für Motive mit Koeffizienten in E (unter den gleichen Annahmen wie in 1.2.7.)

$$L(M,0) = R(M).$$

1.2.13. *Anhang.* Ich will noch einmal kurz auf die Formulierung von A. Scholl zurückkommen und die Bedeutung des Teilraums

$$\mathrm{Ext}^1_{\mathcal{M}ot_{\mathrm{mix}}/\mathbb{Z}} \subset \mathrm{Ext}^1_{\mathcal{M}ot_{\mathrm{mix}}}$$

analysieren.

Wenn an einer Stelle p die Sequenz von Galoismoduln unter der Operation der Trägheitsgruppe $I_p \subset T_p = \mathrm{Gal}(\bar{\mathbb{Q}}_p/\mathbb{Q}_p)$ nicht spaltet, dann muß man damit rechnen, daß die Sequenz

$$0 \longrightarrow \mathbb{Q}_\ell(k)^{I_p} \longrightarrow (Y_{\text{ét},\ell}^\vee)^{I_p} \longrightarrow (M_{\text{ét},\ell}^\vee)^{I_p} \longrightarrow 0$$

nicht exakt ist. Das hätte den Effekt, daß in der L-Funktion von $Y^\vee$ einige Eulerfaktoren fehlen. Wenn man genauer hinsieht, dann findet man

$$L(Y^\vee,s) = \zeta(s+k)^r \cdot L(M^\vee,s) \cdot \prod_{p\in S} \prod_{\nu\in E_p} (1-\alpha_{p,\nu}p^{-s}),$$

wobei für $p \in S$ (=Menge der Stellen, wo man keine Spaltung hat), E_p die Menge der "fehlenden" Eulerfaktoren hat.

Man sieht, daß dies gar nicht schlimm ist und die Aussage der Vermutung nicht beeinflßt, *es sei denn, es verschwinden einige der Faktoren der Form* $(1-\alpha_{p,\nu}p^{-s})$ *an der Stelle* $s = 1-k$, d.h. es kommt vor, daß

$$\alpha_{p,\nu} = p^{1-k}.$$

Dann erhöht sich die Nullstellenordnung der L-Funktion von $Y^\vee$. Wann kann das passieren? Das Gewicht von M ist m, d.h. $M^\vee$ ist vom Gewicht $-m$ und daher[(1)]

$$|\alpha_{p,\nu}| = p^{-\frac{m}{2}}.$$

Es muß also gelten

$$m = 2k-2 = 2(k-1).$$

---

(1) U. Jannsen hat mich darauf aufmerksam gemacht, daß man hierfür entweder braucht, daß M gute Reduktion bei p hat, oder man muß an die Vermutung von Deligne über die Monodromiefiltrierung glauben

Das kann man jetzt so interpretieren, daß eigentlich gelten sollte

$$\mathrm{Ext}^1_{\mathcal{M}ot_{\mathrm{mix}}/\mathbb{Z}}(\mathbb{Q}(k), M) = \mathrm{Ext}^1_{\mathcal{M}ot_{\mathrm{mix}}}(\mathbb{Q}(k), M),$$

falls $m \neq 2k-2$ ist. Wir werden gleich sehen, daß dies in der Tat so ist.

Wir stellen eine kleine lokale Überlegung an. Betrachtet man die Sequenz von $\mathrm{Gal}(\bar{\mathbb{Q}}_p/\mathbb{Q}_p)$-Moduln

$$0 \longrightarrow \mathbb{Q}_\ell(k) \longrightarrow Y_\ell^\vee \longrightarrow M^\vee_{\text{ét},\ell} \longrightarrow 0,$$

und stellt sich die Frage, wann diese unter der Trägheitsgruppe I_p nicht spaltet, so sieht man, daß dies nur unter ganz besonderen Umständen passieren kann.

Die obige Sequenz von T_p-Moduln liefert uns ein Element in

$$\mathrm{Ext}^1_{T_p}(M_{\text{ét},\ell}, \mathbb{Q}_\ell(k)) = H^1(T_p, M_{\text{ét},\ell} \otimes \mathbb{Q}_\ell(k)).$$

Wir fragen uns, wann dessen Einschränkung auf $I_p \subset T_p$ nicht trivial sein kann.

Es sei $I_p^{\mathrm{wild}} \subset I_p$ die wilde Trägheitsgruppe. Das ist eine pro-p-Gruppe. Auf $\mathbb{Q}_\ell(k)$ operiert I_p trivial, daher können wir in der obigen Sequenz zu den I_p^{wild}-Invarianten übergehen; anders gesagt, wir können annehmen, daß die Sequenz aus $\bar{T}_p = T_p/I_p^{\mathrm{wild}}$-Moduln besteht. Wir untersuchen also die Abbildung

$$H^1(\bar{T}_p, \mathbb{Q}_\ell(k) \otimes M_{\text{ét},\ell}) \longrightarrow H^1(\bar{I}_p, \mathbb{Q}_\ell(k) \otimes M_{\text{ét},\ell})^{\bar{T}_p/\bar{I}_p}.$$

Natürlich können wir uns dabei auf die ℓ-Sylowgruppen von $\bar{T}_p$ zurückziehen.

Wir bekommen die maximale ℓ-Erweiterung von $\mathbb{Q}_{p,\mathrm{unv}}$, indem wir aus p die ℓ^n-ten Wurzeln ziehen. Es ist dann nach der Kummer-Theorie

$$\mathrm{Gal}(\mathbb{Q}_{p,\mathrm{unv}}(\sqrt[\ell^\infty]{p})/\mathbb{Q}_{p,\mathrm{unv}}) = \mathbb{Z}_\ell = \bar{I}_{p,\ell}.$$

Darauf operiert noch $\mathrm{Gal}(\mathbb{Q}_{p,\mathrm{unv}}/\mathbb{Q}_p) = \mathrm{Gal}(\bar{\mathbb{F}}_p/\mathbb{F}_p)$, und man stellt leicht fest, daß diese Operation durch den Tate-Charakter erfolgt. Also ist als $\mathrm{Gal}(\bar{\mathbb{F}}_p/\mathbb{F}_p)$-Modul

$$\bar{I}_{p,\ell} = \mathbb{Z}_\ell(1).$$

Nun operiert $\bar{I}_{p,\ell}$ auf $\mathbb{Q}_\ell(k)$ trivial. Die Gruppe $\bar{I}_{p,\ell}$ ist prozyklisch; es sei σ ein erzeugendes Element. Als Modul für $\mathrm{Gal}(\bar{\mathbb{F}}_p/\mathbb{F}_p)$ ist dann

$$H^1(\bar{I}_{p,\ell}, \mathbb{Q}_\ell(k) \otimes M_{\text{ét},\ell}) = \mathbb{Z}_\ell(-1) \otimes \mathbb{Q}_\ell(k) \otimes (M_{\text{ét},\ell}/(1-\sigma)M_{\text{ét},\ell}).$$

Wir können also sagen, daß die Dimension von

$$H^1(\bar{I}_p, \mathbb{Q}_\ell(k) \otimes M_{\text{ét},\ell})^{\bar{T}_p/\bar{I}_p}$$

gerade gleich der Multiplizität des $\mathrm{Gal}(\bar{\mathbb{F}}_p/\mathbb{F}_p)$-Moduls $\mathbb{Q}_\ell(1-k)$ in dem Modul der Koinvarianten

$$M_{\text{ét},\ell}/(1-\sigma)M_{\text{ét},\ell}$$

ist. Diese Kopien des Moduls $\mathbb{Q}_\ell(1-k)$ führen aber gerade die Eulerfaktoren ein, die dann bei $s = 1-k$ verschwinden.

Kapitel II
Die Kohomologie von Shimura-Varietäten

In diesem Abschnitt werde ich einige mehr oder weniger bekannte Tatsachen über Shimura-Varietäten und ihre Kohomologie zusammenstellen. Als allgemeine Referenz gebe ich die Artikel von Deligne an ([De-Sh1], [De-Sh2]). Für Tatsachen, die die Kohomologie arithmetischer Gruppen betreffen, verweise ich auf mein Manuskript zur Vorlesung [Ha-M] und auf ein weiteres Manuskript [Ha-E] mit dem Titel "Eisensteinkohomologie arithmetischer Gruppen: Allgemeine Aspekte". Es ist geplant, [Ha-E] in ein gemeinsames Buch mit J. Schwermer einzubauen. Ich werde nur Aussagen aus diesem Preprint benutzen, die ziemlich plausibel und niemals sehr tiefliegend sind.

Beweise der Aussagen über die Kompaktifizierung der kanonischen Modelle stehen in der Dissertation von R. Pink (siehe [P1], vergl. auch [H]). Mein Hauptanliegen ist die Erläuterung eines Satzes von R. Pink (siehe [P2]), der die Beschreibung der Fortsetzung von gewissen ℓ-adischen Garben auf das kanonische Modell der Baily-Borel-Kompaktifizierung beschreibt. Ich werde einige Konsequenzen dieses Satzes formulieren, wobei mich insbesondere die möglichen Anwendungen auf die Konstruktion gemischter Motive interessieren.

2.1. Shimura-Varietäten.

Sei $G/\mathbb{Q}$ eine zusammenhängende reduktive Gruppe über $\mathbb{Q}$, die zu einem hermiteschen Gebiet, d. h. zu einer Shimura-Varietät, führt. Das heißt, daß wir uns als zusätzliches Datum einen Homomorphismus des Torus $\mathbb{S}_{\mathbb{R}} = R_{\mathbb{C}/\mathbb{R}}(G_m)$ nach $G_{\mathbb{R}} = G \times_{\mathbb{Q}} \mathbb{R}$ geben können, d. h.

$$h : \mathbb{S}_{\mathbb{R}} \longrightarrow G_{\mathbb{R}},$$

der den üblichen Bedingungen genügen muß (siehe [De-Sh1], 2.1). Ich will kurz rekapitulieren, worum es sich dabei handelt.

2.1.1. *Hermitesch symmetrische Gebiete.* Der oben definierte Torus $\mathbb{S}_{\mathbb{R}}$ hat nach Konstruktion als Gruppe der reellen Punkte $\mathbb{S}_{\mathbb{R}}(\mathbb{R}) = \mathbb{C}^*$. Es ist $\mathbb{S}_{\mathbb{R}} \times \mathbb{C} = G_m \times G_m/\mathbb{C}$, wobei die die Komponenten nach Definition den $\mathbb{R}$-Homomorphismen von $\mathbb{C}$ nach $\mathbb{C}$ entsprechen. Wir verabreden, daß die erste Komponente der Identität entspricht und die zweite der komplexen Konjugation. Dann ist die Einbettung $\mathbb{S}_{\mathbb{R}}(\mathbb{R}) \hookrightarrow \mathbb{S}_{\mathbb{R}}(\mathbb{C})$ durch $z \mapsto (z, \bar{z})$ gegeben.

Der Homomorphismus h liefert uns einen Homomorphismus auf den reellen Punkten

$$h : \mathbb{C}^* \longrightarrow G_\infty = G(\mathbb{R}).$$

Die reduktive Gruppe $G/\mathbb{Q}$ enthält als Untergruppe ihre Kommutatorgruppe $G^{(1)} = [G, G]$, das ist dann eine halbeinfache Gruppe über $\mathbb{Q}$. Bis auf Isogenie ist dann $G = G^{(1)} \cdot Z_G^0$, wobei Z_G^0 die Einskomponente des Zentrums von $G/\mathbb{Q}$ ist. Der Torus $\mathbb{S}_{\mathbb{R}} = R_{\mathbb{C}/\mathbb{R}}(G_m)$ enthält als Untertorus den Torus $G_m/\mathbb{R}$, so daß

$$G_m(\mathbb{R}) = \mathbb{R}^* \hookrightarrow \mathbb{S}_{\mathbb{R}}(\mathbb{R}) = \mathbb{C}^*$$

die übliche Einbettung ist.

Die erste Forderung, der h genügen soll, ist:

(h_1): *Der Homomorphismus h bildet den den Torus $G_m/\mathbb{R}$ nach Z_G ab.*

Wir betrachten den Homomorphismus

$$G \xrightarrow{\mathrm{Ad}} G_{\mathrm{ad}} = G/Z_G$$

und das Kompositum

$$\mathrm{Ad} \circ h : \mathbb{S}_{\mathbb{R}}/G_m \longrightarrow G_{\mathrm{ad}}.$$

Auf den reellen Punkten liefert uns dies eine Abbildung

$$\bar{h} : \mathbb{C}^*/\mathbb{R}^* \longrightarrow G_{\mathrm{ad}}(\mathbb{R}) = G_{\mathrm{ad},\infty}.$$

Die zweite Forderung ist:

(h_2) *Der Zentralisator $K_{\mathrm{ad},\infty}$ des Bildes von $\bar{h}$ in $G_{\mathrm{ad},\infty}$ ist die Einskomponente einer maximal kompakten Untergruppe und $\bar{h}(i)$ ist eine Cartan-Involution.*

Ein solches $h : \mathbb{S}_{\mathbb{R}} \to G_{\mathbb{R}}$ gibt es nicht immer. Ich will einige Konsequenzen aus der Existenz von h diskutieren.

Der Torus $(\mathbb{S}_{\mathbb{R}}/G_m) \times \mathbb{C}$ ist isomorph zu $G_m/\mathbb{C}$, wir wählen den Isomorphismus, der durch die erste Komponente gegeben ist:

$$(z_1, z_2) \bmod G_m \mapsto z_1. \qquad (*)$$

Der Homomorphismus $\mathrm{Ad} \circ h$ faktorisiert über einen maximalen Torus $T/\mathbb{R}$ in $G_{\mathrm{ad}}/\mathbb{R}$, und dieser muß notwendigerweise kompakt sein, d. h. $T(\mathbb{R}) = (S^1)^{\mathrm{Rang}(G)}$. Das folgt sofort aus der Bedingung (h_2). Das zeigt schon, daß $G_{\mathrm{ad}}/\mathbb{R}$ einen kompakten maximalen Torus besitzen muß. Das kann man auch so ausdrücken, daß $G \times \mathbb{R}$ eine innere Form der kompakten Form ist

Der Isomorphismus $(*)$ komponiert mit $\mathrm{Ad} \circ h$ liefert uns einen Kocharakter

$$\mu : G_m \longrightarrow T \times_{\mathbb{R}} \mathbb{C}.$$

Wir bezeichnen wie üblich mit $X^*(T) = \mathrm{Hom}(T \times_{\mathbb{R}} \mathbb{C}, G_m)$ den Charaktermodul des Torus und mit $X_*(T)$ den Modul der Kocharaktere. Die kanonische Paarung zwischen diesen beiden Moduln bezeichnen wir mit $\langle\ ,\ \rangle$. Auf beiden Moduln operiert die komplexe Konjugation durch Multiplikation mit -1. Zu dem Torus $T \times_{\mathbb{R}} \mathbb{C}$ haben wir das System der Wurzeln

$$\Delta \subset X^*(T \times_{\mathbb{R}} \mathbb{C}).$$

Der Kocharakter μ definiert eine parabolische Untergruppe $P_\mu \subset G \times_{\mathbb{R}} \mathbb{C}$, deren Wurzelsystem durch

$$\Delta_P = \left\{\alpha \mid \langle \mu, \alpha \rangle \geq 0\right\}$$

definiert ist. Die komplexe Konjugation führt P_μ in $P_{-\mu}$ über; das ist eine zu P_μ opponierende Gruppe. Der Zentralisator M von μ ist eine Levi-Untergruppe von P_μ, es ist $M = P_\mu \cap \bar{P}_\mu$. Die Gruppe M ist zusammenhängend, über $\mathbb{R}$ definiert, und $M(\mathbb{R}) = K_{\mathrm{ad},\infty}$. Insbesondere ist dann $K_{\mathrm{ad},\infty}$ eine zusammenhängende Gruppe. Es ist nicht schwer zu sehen, daß die Gleichheit $M(\mathbb{R}) = K_{\mathrm{ad},\infty}$ genau dann gilt, wenn für alle Wurzeln gilt (Siehe z.B. [Ge], Satz 8)

$$\langle \mu, \alpha \rangle \in \{-1, 0, 1\}.$$

Das impliziert für ein System einfacher Wurzeln, das auf μ positive Werte annimmt, daß es genau eine einfache Wurzel α mit $\langle \mu, \alpha \rangle = 1$ gibt, daß die anderen einfachen Wurzeln auf μ gleich Null sind, und daß α in der Darstellung der positiven Wurzeln durch diese einfachen Wurzeln höchstens den Koeffizienten 1 hat.

Wir setzen jetzt

$$X_\infty = \left\{ h' \mid h' = g\,h\,g^{-1} \text{ mit } g \in G_\infty \right\},$$

diesen Raum werden wir mit einer komplexen Struktur versehen. Dazu bemerken wir, daß nach dem vorangehenden jedes

$$\mathrm{Ad} \circ h'_{\mathbb{C}} : (\mathbb{S}_{\mathbb{R}}/G_m) \times_{\mathbb{R}} \mathbb{C} \longrightarrow G_{\mathrm{ad},\mathbb{C}}$$

eine parabolische Untergruppe $P_{h'}$ vom Typ μ auszeichnet. Es sei $\mathcal{P}_\mu(\mathbb{C})$ die komplexe Mannigfaltigkeit der über $\mathbb{C}$ definierten parabolischen Untergruppen vom Typ μ. Wir bekommen eine offene Einbettung

$$X_\infty \hookrightarrow \mathcal{P}_\mu(\mathbb{C}).$$

Dabei landen wir offensichtlich in dem Teil von $\mathcal{P}_\mu(\mathbb{C})$, der durch

$$\mathcal{P}_\mu^{\mathrm{opp}}(\mathbb{C}) = \left\{ P \in \mathcal{P}_\mu(\mathbb{C}) \mid P, \bar{P} \text{ in Opposition} \right\}$$

gekennzeichnet ist. Dieser Teil zerfällt in Zusammenhangskomponenten, und X_∞ ist gerade eine Vereinigung einiger Komponenten. Wie viele das sind, das hängt von den Zusammenhangskomponenten von G_∞ ab.

Jetzt geben wir X_∞ diejenige komplexe Struktur, die wir durch Einschränkung der komplexen Struktur auf $\mathcal{P}_\mu(\mathbb{C})$ erhalten. (Sie hängt von der Auswahl der Identifikation (*) ab.)

Bemerkung: Nach Deligne [De-Sh2] kann man diese komplexe Struktur auch so interpretieren: Man geht von einer irreduziblen Darstellung $\rho : G(\mathbb{C}) \to Gl(V)$ der algebraischen Gruppe G aus. Dann operiert G_∞ auf dem Vektorbündel $X_\infty \times V$. In einem Punkt $x \in X_\infty$ definiert die parabolische Untergruppe P_x, die über die obige Abbildung zu diesem Punkt korrespondiert, eine Filtration $F_x^\bullet(V)$. Mit Hilfe der Gruppe $\bar{P}_x$ und einer geeigneten Paarung erhält man dann sogar eine mit x variierende Familie von polarisierten Hodge-Strukturen auf V. Die komplexe Struktur auf X_∞ ist dann so gewählte, daß dies für alle Darstellungen ρ eine holomorphe Familie von Hodge-Strukturen wird. Es muß also die sogenannte Transversalitätsbedingung von Griffiths erfüllt sein, und das ist äquivalent mit der obigen Bedingung $\langle \mu, \alpha \rangle \in \{-1, 0, 1\}$. Genauer gesagt geht Deligne etwas anders vor, indem er von dieser Bedingung an das Wurzelsystem ausgehend die $G(\mathbb{C})$-Moduln V mit variierenden Hodge-Strukturen versieht und dann die komplexe Struktur auf $X\infty$ so wählt, daß man eine Variation von Hodge-Strukturen erhält.

Wenn die Abbildung $G_\infty \to G_{\mathrm{ad},\infty}$ surjektiv ist, dann ist $X_\infty = G_{\mathrm{ad},\infty}/K_{\mathrm{ad},\infty}$. Dies ist der symmetrische Raum zu der Gruppe $G_{\mathrm{ad},\infty}$. Wir haben es hier mit dem Sonderfall zu tun, daß dieser symmetrische Raum eine komplexe Struktur besitzt, die unter der Operation von G_∞ invariant ist. Solche symmetrischen Räume nennt man hermitesch, symmetrische Gebiete. Es ist klar, daß wir dem Quotienten $G_{\mathrm{ad},\infty}/K_{\mathrm{ad},\infty}$ auch dann eine komplexe Struktur geben können, wenn die Abbildung $X_\infty = G_{\mathrm{ad},\infty}/K_{\mathrm{ad},\infty}$ nicht surjektiv ist.

2.1.1.1. *Beispiele.* (i) Ein einfachstes Beispiel erhält man, wenn man $G/\mathbb{Q} = GL_2/\mathbb{Q}$ nimmt und

$$\begin{array}{lcccc} h & : & \mathbb{C}^* & \longrightarrow & GL_2(\mathbb{R}) \\ h & : & z = a + bi & \longmapsto & \begin{pmatrix} a & -b \\ b & a \end{pmatrix}. \end{array}$$

In diesem Fall konjugiert die Matrix

$$A = \begin{pmatrix} 1 & i \\ i & 1 \end{pmatrix}$$

das Bild von h in den Torus

$$\begin{pmatrix} a+bi & 0 \\ 0 & a-bi \end{pmatrix} \in GL_2(\mathbb{C}),$$

und nach unseren Regeln ist μ der Kocharakter

$$\mu : a + bi \hookrightarrow \begin{pmatrix} a+bi & 0 \\ 0 & 1 \end{pmatrix}.$$

Dann ist klar, daß P_h die Boreluntergruppe der oberen Dreiecksmatrizen ist. Die Menge $\mathcal{P}_\mu^{\mathrm{opp}}(\mathbb{C})$ ist dann $\mathbb{P}^1(\mathbb{C}) \setminus \mathbb{P}^1(\mathbb{R})$, und das ist die Vereinigung zweier Einheitskreisscheiben oder auch die Vereinigung einer oberen und einer unteren Halbebene.

(ii) Die symplektische Gruppe hat das Dynkin-Diagramm

$$\begin{array}{ccccccccccc} 1 & & 1 & & & & & & 1 & & 2 \\ \circ & — & \circ & — & \circ & —\cdots & & \cdots— & \circ & \Longleftarrow & \circ \\ \alpha_1 & & \alpha_2 & & & & & & \alpha_{n-1} & & \alpha_n, \end{array}$$

wobei die α_i bis $i = n-1$ die Länge 1 und α_n die Länge 2 hat. Dann ist die längste Wurzel

$$2\alpha_1 + 2\alpha_2 + \ldots + 2\alpha_{n-1} + \alpha_n,$$

d. h. der einzige in Frage kommende Kocharakter ist durch

$$\begin{array}{rcll} \langle \mu, \alpha_n \rangle & = & 1 & \\ \langle \mu, \alpha_i \rangle & = & 0 & \text{für} \quad i < n \end{array}$$

gegeben.

Die zugehörige parabolische Untergruppe ist diejenige, die als halbeinfachen Anteil eine A_{n-1} hat.

Man bekommt einen Homomorphismus h, wenn man die allgemeine symplektische Gruppe GSp_n wie üblich als die Gruppe der Ähnlichkeiten der schiefsymmetrischen Form

$$\langle e_i, f_j \rangle = \delta_{ij}$$

auf $V = \mathbb{Q}e_1 \oplus \ldots \oplus \mathbb{Q}e_n \oplus \mathbb{Q}f_1 \oplus \ldots \oplus \mathbb{Q}f_n = \mathbb{Q}^{2n}$ realisiert. Dann schreiben wir diesen Vektorraum als Summe von n zweidimensionalen Räumen $V_i = \mathbb{Q}e_i \oplus \mathbb{Q}f_i$, und wir sehen, daß wir eine $GL_2/\mathbb{Q}$ diagonal in die GSp_n einbetten können. Dann übernehmen wir die Abbildung h von der GL_2.

Man bemerkt, daß die komplexe Struktur auf X_∞ nur von $\mathrm{Ad} \circ h$ und dem gewählten Isomorphismus $(\mathbb{S}_\mathbb{R}/G_m)_\mathbb{C} \simeq G_m/\mathbb{C}$ abhängt. Diese Daten bestimmen aber nicht den Homomorphismus h. Das wird später mal bei der Diskussion der kanonischen Modelle von Kompaktifizierungen eine kleine Rolle spielen.

2.1.2. *Die komplexen Shimura-Varietäten.* Es sei $\mathbb{A}$ der Adelering von $\mathbb{Q}$, wir zerlegen ihn in den Anteil von der unendlichen Stelle und den endlichen Anteil, also $\mathbb{A} = \mathbb{R} \times \mathbb{A}_f$. Wir wählen jetzt eine offene, kompakte Untergruppe K_f in der Gruppe $G(\mathbb{A}_f)$ der endlichen Adele und betrachten

$$X_\infty \times G(\mathbb{A}_f)/K_f.$$

Dies ist eine unendliche disjunkte Vereinigung von Kopien von X_∞. Darauf operiert die Gruppe $G(\mathbb{Q})$, und man stellt leicht fest, daß der Stabilisator einer Kopie

$$X_\infty \times \underline{g}_f \, K_f/K_f$$

eine arithmetische Untergruppe

$$\Gamma^{(\underline{g}_f)} = \left\{ \gamma \in G(\mathbb{Q}) \mid \gamma \in \underline{g}_f \, K_f \, \underline{g}_f^{-1} \right\}$$

ist.

Nach einem allgemeinen Theorem von Baily-Borel und Satake ist jeder solcher Quotient

$$\Gamma^{(\underline{g}_f)} \backslash X_\infty,$$

der ja nach Konstruktion eine komplexe Struktur besitzt, eine quasiprojektive algebraische Varietät. Dieses Theorem ist uns allen im Fall $G = GL_2$, $X_\infty = H^+ \cup H^- = \{z \mid \mathrm{Im}(z) \neq 0\}$ vertraut. Es ist wohlbekannt, daß in diesem Fall die Quotienten $\Gamma^{\underline{g}_f} \backslash X_\infty$ kompakte Riemannsche Flächen sind, denen man ein paar Punkte (die Spitzen) weggenommen hat.

Der Quotient $S_{K_f}(\mathbb{C}) = G(\mathbb{Q}) \backslash X_\infty \times G(\mathbb{A}_f)/K_f$ ist dann eine endliche Vereinigung solcher Varietäten und daher auch quasiprojektiv.

Die Notation $S_{K_f}(\mathbb{C})$ wird so gewählt um anzudeuten, daß es sich hier um die $\mathbb{C}$-wertigen Punkte einer über einem kleineren Körper definierten Varietät handelt. Das wird im folgenden Absatz erklärt. Manchmal ist es auch wichtig, an die Gruppe im Hintergrund und die weiteren Daten zu erinnern, dann schreiben wir auch $S^G_{K_f}$ oder $S^{G,h}_{K_f}$.

2.1.3. *Kanonische Modelle.* Es ist nun ein fundamentales Theorem von Shimura, Deligne, Borovoi und Milne, daß diese quasiprojektive Varietät $S_{K_f}(\mathbb{C})$ über einem wohldefinierten Zahlkörper $E = E(G, h)$ — das ist der sogenannte Reflexkörper — ein sogenanntes kanonisches Modell besitzt (siehe [De-Sh1], 2.2.5, [Bv], [Mi]). Dies wird dann mit $\mathcal{S}_{K_f}$ bezeichnet. Dieses allgemeine Theorem ist der Grund für die Bedeutung der Theorie der Shimura-Varietäten für die Zahlentheorie.

Für den Fall der Gruppe $G/\mathbb{Q} = GL_2/\mathbb{Q}$ geht diese Aussage auf Kronecker und Weber zurück. Für den Fall der Gruppe $GSp_n/\mathbb{Q}$ kann man es etwa wie folgt begründen. Die Punkte $z \in \mathcal{S}_{K_f}(\mathbb{C})$ parametrisieren abelsche Varietäten A_z mit einer Polarisation und einer Niveaustruktur. Dann ist $\mathcal{S}_{K_f}(\mathbb{C})$ die Modulmannigfaltigkeit für diese abelschen Varietäten, und daraus folgt, daß diese Modulmannigfaltigkeit schon über dem Körper definiert ist, über dem das Modulproblem formuliert ist (Siehe auch [De-Sh1]). Dies ist im Fall $GL_2/\mathbb{Q}$ im Prinzip auch das klassische Argument.

Man sagt in diesem Fall, daß $\mathcal{S}_{K_f}$ eine modulare Interpretation besitzt. Das ist nicht immer der Fall; im allgemeinen Fall hat Deligne die Bedingungen an ein kanonisches Modell formuliert (siehe [De-Sh1], loc. cit.).

Es gibt zwei besondere Klassen von Shimura-Varietäten, die auf den ersten Blick ganz trivial aussehen. Wir betrachten die Gruppe

$$G/\mathbb{Q} = G_m/\mathbb{Q}.$$

Dann ist $G_m(\mathbb{R}) = \mathbb{R}^*$, und wir müssen uns ein h geben. Wir nehmen

$$\begin{array}{rcccl} h & : & \mathbb{C}^* & \longrightarrow & \mathbb{R}^* \\ & & z & \longmapsto & z\bar{z}. \end{array}$$

Jetzt ist der Zentralisator von h einfach $\mathbb{R}^*$. Wir modifizieren jetzt die Wahl von K_∞ (das eigentlich $\mathbb{R}^*$ sein müßte): Wir setzen $K_\infty = \mathbb{R}^*_{>0}$. Dann ist

$$X_\infty = \mathbb{R}^*/\mathbb{R}^*_{>0} = \{\pm 1\}.$$

Die Gruppe $G_m(\mathbb{A}_f)$ ist dann die Gruppe der endlichen Idele $I_{\mathbb{Q},f}$, und die Vorgabe von K_f ist einfach die Wahl einer offenen Untergruppe in der Gruppe der Einheiten $\hat{\mathbb{Z}}^* = \prod_p \mathbb{Z}_p^* \subset I_{\mathbb{Q},f}$. Wir erhalten

$$\mathcal{S}_{K_f}^{G_m} = \mathbb{Q}^* \backslash \{\pm 1\} \times I_{\mathbb{Q},f}/K_f,$$

und dies ist einfach eine endliche Menge von Punkten. Es ist sogar eine abelsche Gruppe, und diese abelsche Gruppe ist eine verallgemeinerte Idealklassengruppe.

Wenn wir jetzt das kanonische Modell dazu angeben wollen, dann müssen wir nur sagen, wie die Galoisgruppe $\mathrm{Gal}(\overline{\mathbb{Q}}/\mathbb{Q})$ auf dieser endlichen Menge operiert. Das können wir nun mit Hilfe des Reziprozitätsisomorphismus der Klassenkörpertheorie tun. Es sei wie üblich $\hat{\mathbb{Z}}$ der projektive Limes über $\mathbb{Z}/N\mathbb{Z}$, d. h. der Ring der überall ganzen Adele, und K_f die volle Kongruenzuntergruppe mod N

$$K_f = \{\underline{x}_f \in \hat{\mathbb{Z}}^* \mid \underline{x}_f \equiv 1 \bmod N\}.$$

Dann ist $\mathcal{S}_{K_f}^G(\mathbb{C}) = (\mathbb{Z}/N\mathbb{Z})^* = \mathrm{Gal}\mathbb{Q}(\sqrt[N]{1})$, wobei das letzte Gleichheitszeichen durch

$$\sigma(\zeta) = \zeta^{n(\sigma)}$$

definiert ist. Dies ist die sogenannte zyklotomische Shimura-Varietät.

Entsprechendes gilt, wenn man sich eine imaginär quadratische Erweiterung $F/\mathbb{Q}$ vorgibt. Wir wählen eine Einbettung $F \hookrightarrow \mathbb{C}$. Es sei $G = R_{F/\mathbb{Q}}(G_m)$. Dann ist $G(\mathbb{R}) = (F \otimes \mathbb{R})^* = \mathbb{C}^*$, und für h wählen wir einfach die identische Abbildung. Dann ist X_∞ einfach ein Punkt, und

$$S^G_{K_f}(\mathbb{C}) = I_{F,f}/F^* K_f$$

ist wieder eine verallgemeinerte Idealklassengruppe. Der Reflexkörper ist dann F selber, und wieder operiert $\mathrm{Gal}(\overline{\mathbb{Q}}/F)$ auf $S^G_{K_f}(\mathbb{C})$ durch den Reziprozitätsisomorphismus der Klassenkörpertheorie.

Diese Definition erscheint vielleicht im ersten Augenblick etwas künstlich zu sein. Aber wenn uns eine imaginär quadratische Erweiterung $F/\mathbb{Q}$ gegeben ist, dann ist $F^* \hookrightarrow GL(F)$, und das liefert uns nach einer Wahl einer Basis von $F/\mathbb{Q}$ eine Einbettung

$$j : R_{F/\mathbb{Q}}(G_m) \longrightarrow GL_2/\mathbb{Q}.$$

Wir setzen $G/\mathbb{Q} = GL_2/\mathbb{Q}$ und $T/\mathbb{Q} = R_{F/\mathbb{Q}}(G_m)$. Wählen wir nun einen Punkt $x_\infty \times \underline{g}_f \in X_\infty \times GL_2(\mathbb{A}_f)/K_f$ mit der Eigenschaft, daß $j(\mathbb{C}^*)$ den Punkt x_∞ fest läßt (point spécial im Sinne von [De-Sh1], 2.2.4), dann bekommen wir eine Abbildung

$$J_{\underline{g}_f} : S^T_{K^H_f} \longrightarrow S^G_{K_f}$$

$$J_{\underline{g}_f} : \underline{t}_f \mapsto x_\infty \times \underline{t}_f \underline{g}_f$$

wobei K^H_f genügend klein zu wählen ist. Es ist der Inhalt der klassischen Theorie der komplexen Multiplikation, daß diese Abbildung über dem Körper F definiert ist.

Das Beispiel der zyklotomischen Shimura-Varietät zeigt uns, daß wir die Wahl der Gruppe K_∞ ein wenig modifizieren sollten. Das hat auch eine leichte Modifikation des Raumes X_∞ zur Folge.

Es sei $K^{(1)}_\infty$ das Urbild von $K_{\mathrm{ad},\infty}$ in der derivierten Gruppe $G^{(1)}_\infty$ von $G_{\mathbb{R}}$. Sei Z^0_∞ die 1-Komponente des Zentrums von $Z_\infty = Z_G(\mathbb{R})$. Wir setzen $K_\infty = Z^0_\infty \cdot K^{(1)}_\infty$. Diese Gruppe ist dann zusammenhängend und sie enthält das Bild von h. Wir setzen

$$\tilde{X}_\infty = G_\infty/K_\infty.$$

Dann haben wir eine Projektion

$$\begin{array}{ccc} \tilde{X}_\infty & \longrightarrow & X_\infty \\ \| & & \cap \\ G_\infty/K_\infty & \longrightarrow & G_{\mathrm{ad},\infty}/K_{\mathrm{ad},\infty}, \end{array}$$

die offensichtlich Zusammenhangskomponenten bijektiv abbildet. Also können wir eine G_∞-invariante komplexe Struktur auf $\tilde{X}_\infty$ definieren. Wenn jetzt Ξ eine beliebige Untergruppe von Z_∞/Z^0_∞ ist, dann operiert sie auf $\tilde{X}_\infty$, und die Operation kommutiert mit der von G_∞. Mit X_∞ bezeichne ich dann den Quotienten von $\tilde{X}_\infty$ nach einer solchen Untergruppe Ξ. Wähle ich für Ξ die ganze Gruppe, dann erhalte ich das alte X_∞. Wir denken uns in der Zukunft immer, daß auch noch eine solche Zwischengruppe Ξ ausgewählt ist, die wir aber nicht mitnotieren wollen.

2.2. Kohomologie arithmetischer Gruppen.

Ich will einige Tatsachen, die die Kohomologie von Shimura-Varietäten oder allgemeiner beliebiger durch arithmetische Gruppen definierter lokal symmetrischer Räume betreffen, zusammenstellen. Einige der Probleme, die ich im Zusammenhang mit dem Problem (A) aus der Einleitung formulieren werde, sind auch in diesem allgemeineren Kontext sinnvoll. Es ist dann nur nicht so klar, ob sie dann auch eine entsprechende Bedeutung für die Arithmetik haben.

Als weiteres Datum geben wir uns jetzt eine rationale Darstellung der Gruppe G. Diese schreiben wir als

$$\rho : G \times_{\mathbb{Q}} \bar{\mathbb{Q}} \longrightarrow GL(\mathcal{M}),$$

wobei $\mathcal{M}$ ein endlich dimensionaler $\overline{\mathbb{Q}}$-Vektorraum ist. Wir werden häufig annehmen, daß $\mathcal{M}$ irreduzibel ist. Das ist der Grund dafür, daß wir zu $\bar{\mathbb{Q}}$ als Skalarenkörper übergehen. Es ist natürlich so, daß es zu der gegebenen Gruppe G einen endlichen Zwischenkörper $\mathbb{Q} \subset K \subset \bar{\mathbb{Q}}$ gibt, über dem alle Darstellungen definiert sind.

Mit Hilfe dieser Darstellung können wir eine Garbe $\tilde{\mathcal{M}}$ auf $\mathcal{S}_{K_f}(\mathbb{C})$ definieren. Es sei

$$\pi : X_\infty \times G(\mathbb{A}_f)/K_f \longrightarrow \mathcal{S}_{K_f}(\mathbb{C})$$

die Projektion. Dann setzt man für $V \subset \mathcal{S}_{K_f}(\mathbb{C})$ offen

$$\tilde{\mathcal{M}}(V) = \left\{ s : \pi^{-1}(V) \to \mathcal{M} \mid s \text{ ist lokal konstant und } s(\gamma u) = \gamma s(u) \right\},$$

wobei natürlich u über $\pi^{-1}(V)$ und γ über $G(\mathbb{Q})$ läuft. Uns interessieren die Kohomologiegruppen

$$H^\bullet(\mathcal{S}_{K_f}(\mathbb{C}), \tilde{\mathcal{M}})$$

und die Kohomologiegruppen mit kompakten Tägern

$$H_c^\bullet(\mathcal{S}_{K_f}(\mathbb{C}), \tilde{\mathcal{M}}).$$

2.2.1. *Die Hecke-Algebra.* Man kann das K_f variieren und den Limes betrachten

$$\varinjlim_{K_f} H^\bullet(\mathcal{S}_{K_f}(\mathbb{C}), \tilde{\mathcal{M}}) = H^\bullet(\mathcal{S}(\mathbb{C}), \tilde{\mathcal{M}}).$$

Dies ist aus formalen Gründen ein $G(\mathbb{A}_f)$-Modul. Wir können die Kohomologie auf einem endlichen Niveau wiederentdecken; es ist

$$H^\bullet(\mathcal{S}_{K_f}(\mathbb{C}), \tilde{\mathcal{M}}) = H^\bullet(\mathcal{S}(\mathbb{C}), \tilde{\mathcal{M}})^{K_f}.$$

Wir bezeichnen mit $\mathcal{H}_{K_f}$ den Raum der $\overline{\mathbb{Q}}$-wertigen Funktionen auf $G(\mathbb{A}_f)$, die einen kompakten Träger haben und biinvariant unter K_f sind. Diese Funktionen bilden eine Algebra unter der Faltung; das ist dann die sogenannte Hecke-Algebra. Sie operiert auch durch Faltung auf den K_f-Invarianten eines $G(\mathbb{A}_f)$-Moduls, also auch auf dem Modul $H^\bullet(\mathcal{S}_{K_f}(\mathbb{C}), \tilde{\mathcal{M}})^{K_f}$. Die induzierten Endomorphismen sind die Hecke-Operatoren

Diese Algebra ist ein Tensorprodukt lokaler Hecke-Algebren

$$\mathcal{H}_{K_f} = \otimes_p \mathcal{H}_{K_{f,p}},$$

wobei die $\mathcal{H}_{K_{f,p}}$ für fast alle p kommutativ sind und untereinander kommutieren.

2.2.2. *Ganzzahlige Kohomologie.* Man kann die obige Konstruktion verfeinern. Dazu gehen wir von einer maximal kompakten Untergruppe $K_f^0 \subset G(\mathbb{A}_f)$ aus. Diese Gruppe ist dann das Produkt ihrer lokalen Komponenten, d. h. $K_f^0 = \prod K_{f,p}^0$. Wir wählen einen endlichen Zahlkörper L über dem unsere Darstellung realisiert ist. Es sei $\mathcal{O}$ der Ring der ganzen algebraischen Zahlen in L. Für eine endliche Stelle $\mathfrak{p}$ sei $\mathcal{O}_\mathfrak{p}$ der zugehörige Bewertungsring. Wir wählen ein $\mathcal{O}$-Gitter $\mathcal{M}_\mathcal{O} \subset \mathcal{M}$, das auch noch unter K_f^0 invariant ist. Dies heißt:

(1) Wir haben eine Familie von $\mathcal{O}_\mathfrak{p}$-Gittern $\{\mathcal{M}_\mathfrak{p}\}_{\mathfrak{p}\in \text{Stellen von } K}$.

(2) Für alle $\mathfrak{p} \mid p$ ist der Modul $\mathcal{M}_\mathfrak{p}$ unter $K_{f,p}^0$ invariant.

(3) Für eine L-Basis $m_1 \ldots m_r$ von $\mathcal{M}$ ist $\mathcal{M}_\mathfrak{p} = \mathcal{O}_\mathfrak{p} m_1 \oplus \ldots \oplus \mathcal{O}_\mathfrak{p} m_r$ für fast alle $\mathfrak{p}$.

Wir betrachten nun wieder

$$\mathcal{S}_{K_f}(\mathbb{C}) = G(\mathbb{Q})\backslash X_\infty \times G(\mathbb{A}_f)/K_f.$$

mit $K_f \subset K_f^0$.

Wir wollen Garben $\tilde{\mathcal{M}}_\mathcal{O}$ auf $\mathcal{S}_{K_f}(\mathbb{C})$ konstruieren, deren Halme $\mathcal{O}$-Gitter in den Halmen von $\tilde{\mathcal{M}}$ sind.

Wir schreiben

$$\mathcal{S}_{K_f}(\mathbb{C}) = \bigcup_{\underline{g}_f} \Gamma^{(\underline{g}_f)}\backslash(X_\infty \times \underline{g}_f K_f)/K_f$$

mit Vertretern $\underline{g}_f$. Auf einer solchen "Komponente" betrachte ich das Gitter $\underline{g}_f \mathcal{M}_\mathcal{O}$, das ich durch lokale Modifikation erhalte. Es ist ein $\Gamma^{(\underline{g}_f)}$-Modul, der es mir erlaubt, eine Garbe $\tilde{\mathcal{M}}_\mathcal{O}$ auf $\Gamma^{(\underline{g}_f)}\backslash(X_\infty \times \underline{g}_f K_f)/K_f$ zu konstruieren. Diese Stücke setzen sich zu einer wohldefinierten Garbe $\tilde{\mathcal{M}}_\mathcal{O}$ auf dem Ganzen zusammen.(Siehe [Ha-E], 1.2.2)

Wir wollen uns jetzt wieder für die Kohomologie

$$H^\bullet(\mathcal{S}_{K_f}(\mathbb{C}), \tilde{\mathcal{M}}_\mathcal{O})$$

interessieren. Man kann zunächst eine Operation der Hecke-Algebra auf diesen Moduln definieren. Dabei gibt es ein kleines Problem: Wenn $K_f' \subset K_f$ eine normale Untergruppe ist, dann ist $H^\bullet(\mathcal{S}_{K_f'}(\mathbb{C}), \tilde{\mathcal{M}}_\mathcal{O})$ ein K_f/K_f'-Modul, aber es ist in der Regel

$$H^\bullet(\mathcal{S}_{K_f'}(\mathbb{C}), \tilde{\mathcal{M}}_\mathcal{O})^{K_f/K_f'} \text{ verschieden von } H^\bullet(\mathcal{S}_{K_f}(\mathbb{C}), \tilde{\mathcal{M}}_\mathcal{O}).$$

Gleichheit kann man nur dann garantieren, wenn die Koeffizienten Vektorräume über einem Körper der Charakteristik Null sind. Aber diese Gleichheit war wesentlich, wenn man die Hecke-Operatoren durch Faltungsoperatoren definieren will.

Man kann jetzt aber zeigen, daß man die Hecke-Operatoren auch auf der ganzzahligen Kohomologie definieren kann, wenn man die Faltungsoperatoren mit geeigneten ganzen Zahlen ($\neq 0$) multipliziert (Normalisierung). Dies ist in [Ha-E], 1.3. und in [Ha-M], 5.5. detailliert durchgeführt worden.

Hier ist eine Bemerkung zur Notation angebracht. Wenn wir als Koeffizientensystem einen Vektorraum der Charakteristik Null haben, dann spielt das Niveau gar keine Rolle. Dann ist es eigentlich besser, zum Limes überzugehen; das haben wir oben so notiert, daß wir einfach den Index K_f fortgelassen haben. Das werden wir später dann auch häufiger tun. Wenn wir dagegen mit ganzzahligen oder Torsionskoeffizienten arbeiten, dann müssen wir ein Niveau fixieren.

Dann kann man auch die Garben $\tilde{\mathcal{M}}_{\mathcal{O}}/N\tilde{\mathcal{M}}_{\mathcal{O}}$ betrachten. Wir bekommen eine lange exakte Sequenz

$$H^\bullet(\mathcal{S}_{K_f}(\mathbb{C}),\tilde{\mathcal{M}}_{\mathcal{O}}) \xrightarrow{\times N} H^\bullet(\mathcal{S}_{K_f}(\mathbb{C}),\tilde{\mathcal{M}}_{\mathcal{O}}) \longrightarrow H^\bullet(\mathcal{S}_{K_f}(\mathbb{C}),\tilde{\mathcal{M}}_{\mathcal{O}}/N\tilde{\mathcal{M}}_{\mathcal{O}}) \longrightarrow H^{\bullet+1}(\ )$$

von Moduln unter der Hecke-Algebra. Wenn man N genügend groß wählt und bedenkt, daß die Kohomologiegruppen endlich erzeugt sind, dann kann man die Sequenz auch so schreiben

$$\begin{aligned} 0 \to H^\bullet(\mathcal{S}_{K_f}(\mathbb{C}),\tilde{\mathcal{M}}_{\mathcal{O}}) \otimes \mathbb{Z}/N\mathbb{Z} \to H^\bullet(\mathcal{S}_{K_f}(\mathbb{C}),\tilde{\mathcal{M}}_{\mathcal{O}}/N\tilde{\mathcal{M}}_{\mathcal{O}}) \\ \to H^{\bullet+1}(\mathcal{S}_{K_f}(\mathbb{C}),\tilde{\mathcal{M}}_{\mathcal{O}})_{\text{tors}} \to 0. \end{aligned}$$

Geht man dann zum projektiven Limes über, dann erhält man

$$0 \to H^\bullet(\mathcal{S}_{K_f}(\mathbb{C}),\mathcal{M}) \otimes \hat{\mathbb{Z}} \to \varprojlim H^\bullet(\mathcal{S}_{K_f}(\mathbb{C}),\tilde{\mathcal{M}}_{\mathcal{O}}/N\tilde{\mathcal{M}}_{\mathcal{O}}) \to H^\bullet(\mathcal{S}_{K_f}(\mathbb{C}),\tilde{\mathcal{M}}_{\mathcal{O}})_{\text{tors}} \to 0.$$

Weil $\mathbb{Z} \to \hat{\mathbb{Z}}$ treu flach ist, gilt

$$H^\bullet(\mathcal{S}_{K_f}(\mathbb{C}),\tilde{\mathcal{M}}_{\mathcal{O}}) \otimes \hat{\mathbb{Z}} = H^\bullet(\mathcal{S}_{K_f}(\mathbb{C}),\tilde{\mathcal{M}}_{\mathcal{O}} \otimes \hat{\mathbb{Z}}).$$

Dies sind alles Sequenzen von Moduln unter der Hecke-Algebra.

Man kann dann den Raum $\mathcal{S}_{K_f}(\mathbb{C})$ in eine Kompaktifizierung einbetten. Wir wählen im Moment die Borel-Serre-Kompaktifizierung (siehe [Bo-Se])

$$i : \mathcal{S}_{K_f}(\mathbb{C}) \longrightarrow \mathcal{S}_{K_f}^{\wedge\wedge}.$$

Dann ist $\mathcal{S}_{K_f}^{\wedge\wedge}$ eine Mannigfaltigkeit mit Ecken, die auch als Quotient geschrieben werden kann. Es ist

$$\mathcal{S}_{K_f}^{\wedge\wedge} = G(\mathbb{Q})\backslash \bar{X}_\infty \times G(\mathbb{A}_f)/K_f.$$

Diese Kompaktifizierung hat den Nachteil, daß sie nur im Rahmen der $\mathcal{C}_\infty$-Mannigfaltigkeiten mit Kanten funktioniert. (Daher auch die Änderung in der Notation, wir schreiben kein $\mathbb{C}$ als Argument hinein, weil es sinnlos ist.) Sie hat den Vorteil, daß der Funktor des direkten Bildes

$$\tilde{\mathcal{M}} \longrightarrow i_*(\tilde{\mathcal{M}}),$$

der unsere Garben auf $\mathcal{S}_{K_f}^{\wedge\wedge}$ ausdehnt, ein exakter Funktor ist. Mit $i_!$ bezeichnen wir wie üblich die Fortsetzung der Garbe auf den Rand durch Null. Wir haben dann für eine Garbe $\mathcal{F} = \tilde{\mathcal{M}}, \tilde{\mathcal{M}}_{\mathcal{O}}$ oder $\tilde{\mathcal{M}}_{\mathcal{O}}/N\tilde{\mathcal{M}}_{\mathcal{O}}$

$$H_c^\bullet(\mathcal{S}_{K_f}(\mathbb{C}),\mathcal{F}) = H^\bullet(\mathcal{S}_{K_f}^{\wedge\wedge}, i_!(\mathcal{F}))$$

$$H^\bullet(\mathcal{S}_{K_f}(\mathbb{C}),\mathcal{F}) = H^\bullet(\mathcal{S}_{K_f}^{\wedge\wedge}, i_*(\mathcal{F}))$$

und eine lange exakte Sequenz

$$
\begin{array}{ccccccc}
\to H^\bullet_c(\mathcal{S}_{K_f}(\mathbb{C}),\mathcal{F}) \to & H^\bullet(\mathcal{S}_{K_f}(\mathbb{C}),\mathcal{F}) & \to & H^\bullet(\partial\mathcal{S}^{\wedge\wedge}_{K_f},\mathcal{F}) & & \to & \\
& \| & & \| & & & (**)\\
& H^\bullet(\mathcal{S}^{\wedge\wedge}_{K_f}, i_*(\mathcal{F})) & \to & H^\bullet(\mathcal{S}^{\wedge\wedge}_{K_f}, i_*(\mathcal{F})/i_!(\mathcal{F})) & \to . & &
\end{array}
$$

Auf allen diesen Moduln und Sequenzen operiert die Hecke-Algebra.

Wir führen schließlich noch die *innere* Kohomologie ein, sie ist definiert als

$$H^\bullet_!(\mathcal{S}_{K_f}(\mathbb{C}),\mathcal{F}) = \mathrm{Bild}(H^\bullet_c(\mathcal{S}_{K_f}(\mathbb{C}),\mathcal{F}) \to H^\bullet(\mathcal{S}_{K_f}(\mathbb{C}),\mathcal{F})).$$

2.2.2.1. Wenn unser Koeffizientensystem von einer rationalen Darstellung der Gruppe $G/\mathbb{Q}$ herrührt, dann kann man die innere Kohomologie

$$H^\bullet_!(\mathcal{S}_{K_f}(\mathbb{C}),\mathcal{M}_\mathbb{C})$$

auch mit transzendenten Methoden beschreiben. Man berechnet zunächst die gewöhnliche Kohomologie mit Hilfe des de-Rham Komplexes und weiß dann, daß man die inneren Klassen durch quadratisch integrierbare harmonische Formen beschreiben kann. Dann kann man ein positiv definites hermitesches Skalarprodukt auf der inneren Kohomologie einführen, so daß die Hecke-Algebra selbstadjungiert wird (oder wenn zum Limes über immere kleinere Niveaus übergeht, dann wird die $G(\mathbb{A}_f)$-Operation unitär). Daraus folgt dann, daß die innere Kohomologie ein halbeinfacher Modul für die Hecke-Algebra ist.

2.2.3. *Die étalen Kohomologiegruppen.* Bislang haben wir noch nicht benutzt, daß wir es mit einer Shimura-Varietät zu tun haben. Das wollen wir jetzt mitberücksichtigen.

In diesem Fall ist

$$\mathcal{S}_{K_f}(\mathbb{C})$$

die Menge der komplexwertigen Punkte des kanonischen Modells $\mathcal{S}_{K_f}/E$, wobei $E \subset \mathbb{C}$ der Reflexkörper ist (siehe [De-Sh2], 2.2.1.).

Dann kann man die Garben $\tilde{\mathcal{M}}_\mathcal{O}/N\tilde{\mathcal{M}}_\mathcal{O}$ auch als Garben für den étalen Situs ansehen. Um das einzusehen, gehen wir davon aus, daß wir durch einen geeigneten Übergang zu einer kleineren, in K_f normalen Untergruppe $K'_f \subset K_f$ erreichen können, daß $\tilde{\mathcal{M}}_\mathcal{O}/N\tilde{\mathcal{M}}_\mathcal{O}$ auf $\mathcal{S}_{K'_f}(\mathbb{C})$ trivial wird (Die Operation der $\Gamma^{(\underline{g}_f)}$ auf diesen Moduln wird trivial.). Dann ist

$$\mathcal{S}_{K'_f} \longrightarrow \mathcal{S}_{K_f}$$

ein endlicher Morphismus über E, und er ist étale mit Galoisgruppe K_f/K'_f außerhalb einer echten abgeschlossenen Teilmenge $\mathcal{S}^{\mathrm{fix}}_{K'_f} \subset \mathcal{S}_{K_f}$. Also können wir die Garbe $(\tilde{\mathcal{M}}_\mathcal{O}/N\tilde{\mathcal{M}}_\mathcal{O})_{\text{ét}}$ auf dem étalen Situs von $\mathcal{S}_{K'_f}$ definieren; und das liefert uns nach Konstruktion eine étale Garbe auf $\mathcal{S}_{K_f} \setminus \mathcal{S}^{\mathrm{fix}}_{K'_f}$, deren direktes Bild auf $\mathcal{S}_{K_f}$ wir mit $(\tilde{\mathcal{M}}_\mathcal{O}/N\tilde{\mathcal{M}}_\mathcal{O})_{\text{ét}}$ bezeichnen. Wir schreiben dafür auch

$$(\tilde{\mathcal{M}}_\mathcal{O}/N\tilde{\mathcal{M}}_\mathcal{O})/\mathcal{S}_{K_f,\text{ét}}.$$

Wir können dann die étalen Kohomologiegruppen

$$H^\bullet(\mathcal{S}_{K_f} \times_E \bar{\mathbb{Q}}, \tilde{\mathcal{M}}_{\mathcal{O}}/N\tilde{\mathcal{M}}_{\mathcal{O}})$$

definieren. Das sind Moduln für $\mathrm{Gal}(\bar{\mathbb{Q}}/E)$ und für die Hecke Algebra, wobei die beiden Operationen miteinander kommutieren.

Ferner hat man den Vergleichsisomorphismus

$$H^\bullet(\mathcal{S}_{K_f} \times_E \overline{\mathbb{Q}}, \tilde{\mathcal{M}}_{\mathcal{O}}/N\tilde{\mathcal{M}}_{\mathcal{O}}) \xrightarrow{\sim} H^\bullet(\mathcal{S}_{K_f}(\mathbb{C}), \tilde{\mathcal{M}}_{\mathcal{O}}/N\tilde{\mathcal{M}}_{\mathcal{O}}),$$

der auch mit der Operation der Hecke-Algebra verträglich ist.

Wir können dann den projektiven Limes über die natürlichen Zahlen N bilden und definieren

$$H^\bullet(\mathcal{S}_{K_f} \times_E \bar{\mathbb{Q}}, \tilde{\mathcal{M}}_{\hat{\mathcal{O}}}) = \varprojlim H^\bullet(\mathcal{S}_{K_f} \times \bar{\mathbb{Q}}, \tilde{\mathcal{M}}_{\mathcal{O}}/N\tilde{\mathcal{M}}_{\mathcal{O}}).$$

Auch dies sind wieder Galois $\times$ Hecke-Moduln. Wir wollen jetzt doch eine endliche Körpererweiterung $L/\mathbb{Q}$ fixieren, über der alle irreduziblen Moduln von $G \times_{\mathbb{Q}} L$ auch schon absolut irreduzibel sind. Sei $\mathcal{O}$ jetzt der Ring der ganzen algebraischen Zahlen in L. Es sei ℓ wieder eine Primzahl und λ sei eine Stelle von L, die über ℓ liegt.

Wenn wir dann die obigen Kohomologiegruppen mit $\mathbb{Q}$ tensorieren, dann erhalten wir

$$H^\bullet(\mathcal{S}_{K_f} \times_E \bar{\mathbb{Q}}, \tilde{\mathcal{M}}_{\hat{\mathcal{O}}}) \otimes \mathbb{Q} = \prod_\lambda H^\bullet(\mathcal{S}_{K_f} \times_E \bar{\mathbb{Q}}, \tilde{\mathcal{M}} \otimes L_\lambda),$$

und wir haben wieder einen Vergleichsisomorphismus

$$H^\bullet(\mathcal{S}_{K_f} \times_E \bar{\mathbb{Q}}, \tilde{\mathcal{M}} \otimes L_\lambda) = H^\bullet(\mathcal{S}_{K_f}(\mathbb{C}), \tilde{\mathcal{M}} \otimes L_\lambda),$$

der die Operation der Hecke-Algebra respektiert. Wir wollen in Zukunft wieder schreiben $\mathcal{M} \otimes L_\lambda = \mathcal{M}_\lambda$ und den Körper L variabel halten.

Man muß jetzt aber eine Komplikation beachten. Wir haben auf dem transzendenten Niveau auch die Möglichkeit, die Garben $\tilde{\mathcal{M}}_{\hat{\mathcal{O}}} = \varprojlim \tilde{\mathcal{M}}/N\tilde{\mathcal{M}}$ auf $\mathcal{S}_{K_f}(\mathbb{C})$ zu betrachten. Dann haben wir nur eine Inklusion

$$H^\bullet(\mathcal{S}_{K_f}(\mathbb{C}), \tilde{\mathcal{M}}_{\hat{\mathcal{O}}}) \subset \varprojlim H^\bullet(\mathcal{S}_{K_f}(\mathbb{C}), \tilde{\mathcal{M}}/N\tilde{\mathcal{M}}).$$

Der Quotient wird durch die Torsion in $H^{\bullet+1}(\mathcal{S}_{K_f}(\mathbb{C}), \tilde{\mathcal{M}}_{\hat{\mathcal{O}}})$ kontrolliert (siehe 1.1.2.).

Wir können auch die Kohomologie mit kompakten Trägern definieren und bekommen dann Abbildungen zwischen Galois $\times$ Hecke-Moduln

$$H_c^\bullet(\mathcal{S}_{K_f} \times_E \bar{\mathbb{Q}}, \tilde{\mathcal{M}}/N\tilde{\mathcal{M}}) \longrightarrow H^\bullet(\mathcal{S}_{K_f} \times_E \bar{\mathbb{Q}}, \tilde{\mathcal{M}}/N\tilde{\mathcal{M}}),$$

$$H_c^\bullet(\mathcal{S}_{K_f} \times_E \bar{\mathbb{Q}}, \tilde{\mathcal{M}}_{\hat{\mathcal{O}}}) \longrightarrow H^\bullet(\mathcal{S}_{K_f} \times_E \bar{\mathbb{Q}}, \tilde{\mathcal{M}}_{\hat{\mathcal{O}}}),$$

und

$$H_c^\bullet(\mathcal{S}_{K_f} \times_E \bar{\mathbb{Q}}, \tilde{\mathcal{M}}_\lambda) \longrightarrow H^\bullet(\mathcal{S}_{K_f} \times_E \bar{\mathbb{Q}}, \tilde{\mathcal{M}}_\lambda).$$

2.2.3.1. An dieser Stelle kann ich nochmals die allgemeine Zielsetzung andeuten: Wir wollen mit Hilfe der Hecke-Operatoren Projektoren Π konstruieren (d. h. $\Pi^2 = \Pi$ in der Wirkung auf allen obigen Kohomologiegruppen); sie definieren direkte Summanden, die wir mit $H_c^\bullet(\Pi), H^\bullet(\Pi)$ bezeichnen wollen. Diese Summanden interpretieren wir als gemischte Motive. Dabei interessiert uns ganz besonders der Fall, daß in den Jordan-Hölder Reihen dieser Summanden nur noch ein Isomorphietyp irreduzibler Moduln für die die Hecke-Algebra auftaucht. Solche Summanden interpretieren wir als gemischte Motive. Sie sind deswegen interessant, weil die Hecke-Algebra sie jetzt nicht weiter spaltet. Wir erhalten insbesondere einen Morphismus zwischen Galoismoduln

$$H_c^\bullet(\Pi) \otimes \bar{\mathbb{Q}}_\ell \longrightarrow H^\bullet(\Pi) \otimes \bar{\mathbb{Q}}_\ell,$$

und wir fragen uns, ob dies zu nicht spaltenden Sequenzen von Galoismoduln Anlaß gibt. Wir können zum Beispiel fragen, ob ein solcher Anteil gerade die Galoismodulsequenz zu einem kritischen Motiv ist. Dabei wird es wichtig sein, daß wir $H_!^\bullet(\Pi), H^\bullet(\Pi)/H_!^\bullet(\Pi)$ als Galoismodul identifizieren können. Für den ersten Modul soll dies durch das von Langlands initiierte Programm geschehen (siehe z. B. [Ko]; für ein konkretes Beispiel siehe 3.2.3.) — das ist hier nicht unser Problem. Für den zweiten geschieht dies durch den Satz von R. Pink, der weiter unten behandelt werden wird und der eine Reduktion des Problems auf kleinere Gruppen ermöglicht.

Um diese Frage behandeln zu können, erinnern wir uns an die lange exakte Sequenz (**), die sich aus der Borel-Serre-Kompaktifizierung ergab, und die den obigen Quotienten als Teil der Kohomologie des Randes identifiziert.

Damit haben wir den Rahmen der algebraischen Geometrie verlassen. Wenn z. B. $\mathcal{F} = \tilde{\mathcal{M}}_{\mathcal{O}}/N\tilde{\mathcal{M}}_{\mathcal{O}}$, dann sind die ersten beiden Moduln in der horizontalen Sequenz über den Vergleichssatz Galois $\times$ Hecke-Moduln, aber auf der Kohomologie des dritten Terms — der Kohomologie des Randes — haben wir zunächst keine Aktion der Galoisgruppe, weil diese Kohomologie nur im topologischen Kontext definiert ist.

Wir werden sehen, daß sich dieses Problem mit Hilfe der Theorie der kanonischen Modelle für die Baily-Borel-Kompaktifizierung behandeln läßt (siehe 2.2.4).

2.2.3.2. Bevor ich das diskutiere, will ich noch ein paar allgemeine Bemerkungen zur Kohomologie des Randes machen, die in meinem Manuskript [Ha-E] detailliert erläutert werden.

Die Borel-Serre-Kompaktifizierung ist eine Mannigfaltigkeit mit Ecken. Sie hat eine Stratifizierung,- d.h. eine disjunkte Zerlegung in Teile-, deren Strata (die einzelnen Teile) den Konjugationsklassen der über $\mathbb{Q}$ definierten parabolischen Untergruppen entsprechen.

Ist $\mathcal{S}_{K_f}^{[Q]} \subset \partial\mathcal{S}_{K_f}^{\wedge\wedge}$ ein Randstratum, das einer Konjugationsklasse $[Q]$ entspricht, so ist es in der Regel nicht abgeschlossen. In seinem Abschluß liegen die Randstrata $\mathcal{S}_{K_f}^{[Q']}$ mit $[Q'] \subset [Q]$.

Es gibt eine Spektralsequenz, welche die Kohomologie des Randes

$$H^\bullet(\partial\mathcal{S}_{K_f}^{\wedge\wedge}, \tilde{\mathcal{M}}_{\mathcal{O}})$$

aus der Kohomologie der Randstrata

$$H^\bullet(\mathcal{S}_{K_f}^{[Q]}, \tilde{\mathcal{M}}_{\mathcal{O}})$$

berechnet.

Ist $Q \in [Q]$ und $M = Q/U_Q$ der Levi-Quotient von Q, dann läßt sich die Kohomologie des Randstratums aus einer Spektralsequenz mit E_2-Term

$$H^\bullet(\mathcal{S}^M, H^\bullet(\widetilde{\Gamma_{U_Q}, \tilde{\mathcal{M}}_{\mathcal{O}}}))$$

berechnen, wobei $\mathcal{S}^M$ eine disjunkte Vereinigung von lokal symmetrischen Räumen der Form

$$M(\mathbb{Q})\backslash M(\mathbb{A})/K^M_\infty \cdot K^M_f$$

oder

$$\Gamma_M^{(\underline{m}_f)}\backslash M_\infty/K^M_\infty \times \underline{m}_f K^M_f/K^M_f$$

ist, auf denen die rechtsstehende Garbe definiert werden kann. Wenn wir als Koeffizienten-Modul Vektorräume über L haben, dann können wir das noch ein wenig anders schreiben, nämlich

$$H^\bullet(\mathcal{S}^M, H^\bullet(\widetilde{\mathfrak{u}_Q, \mathcal{M}}))$$

und dann degeneriert die Spektralsequenz (siehe [Ha-E], 1.6.2).

Generell kann man also sagen, daß sich die Kohomologie der Randstrata als Kohomologie von arithmetischen Gruppen zu kleineren reduktiven Gruppen schreiben läßt.

Wir sehen jetzt wieder das obige Problem: Die lokal symmetrischen Räume $\mathcal{S}^M$ gehören jetzt nicht mehr zu einem hermitesch, symmetrischen Gebiet. Wir haben also keine Aktion der Galoisgruppe auf den Kohomologiegruppen.

2.2.4. *Die Baily-Borel Kompaktifizierung.* Jetzt komme ich zur Diskussion der Baily-Borel-Kompaktifizierung und dem Vergleich zwischen ihr und der Borel-Serre-Kompaktifizierung

Wir hatten gesehen, daß wir X_∞ als die Menge der parabolischen Untergruppen vom Typ μ interpretieren können, die zu ihrer konjugierten Untergruppe in Opposition liegen. Diese Menge hat eventuell mehrere Zusammenhangskomponenten. Man kann X_∞ kompaktifizieren, indem man die Komponenten in $\mathcal{P}_\mu$ abschließt und dann die disjunkte Vereinigung bildet.

Sei jetzt X^0_∞ eine Komponente. Wir wollen uns den Abschluß $\bar{X}^0_\infty$ davon in $\mathcal{P}_\mu(\mathbb{C})$ ansehen. Ein Punkt $P \in \bar{X}_\infty$ ist auch eine parabolische Untergruppe, die aber jetzt nicht mehr zu $\overline{P}$ in Opposition ist.

Sind P_1, P_2 zwei beliebige parabolische Untergruppen (vom gleichen Typ), so nennt man die $G(\mathbb{C})$ Konjugationsklasse des Paares (P_1, P_2) auch ihre relative Position. Wenn T ein maximaler Torus ist, dann hat jede solche relative Position einen Vertreter mit $P_1, P_2 \supset T$. Darauf operiert dann noch die Weylgruppe W. Sind W_1, W_2 die Weylgruppen der halbeinfachen Anteile von P_1, P_2, dann wird die Menge der relativen Positionen durch die Menge der Doppelklassen

$$W_1\backslash W/W_2$$

gegeben.

Ich will beschreiben, wie dies in dem Spezialfall der symplektischen Gruppe aussieht. Die parabolische Untergruppe vom Typ μ hat als halbeinfachen Anteil gerade das Diagramm

$$\underset{\alpha_1}{0} \;—\; 0 \;—\; 0 \;—\cdots \qquad \cdots—\; \underset{\alpha_{n-1}}{0}$$

Folgen wir Bourbaki, so können wir die einfachen Wurzeln so darstellen:

$$\alpha_1 = \varepsilon_1 - \varepsilon_2, \ldots, \alpha_{n-1} = \varepsilon_{n-1} - \varepsilon_n, \alpha_n = 2\varepsilon_n,$$

wobei $\varepsilon_1, \ldots, \varepsilon_n$ Einheitsvektoren in einem euklidischen Vektorraum sind (siehe [Bou], Planche III). Dann besteht die Weylgruppe aus den Abbildungen

$$\varepsilon_i \mapsto \pm\ \varepsilon_{\sigma(I)},$$

wobei σ eine Permutation ist, und die Vorzeichenfolge beliebig ist.

Eine parabolische Untergruppe P vom Typ μ ist durch die Bedingung

$$\Delta_P = \{\alpha \mid \langle \mu, \alpha \rangle \geq 0\}$$

gegeben, wobei μ durch $\langle \mu, \alpha_i \rangle = 0$ für $i = 1, \ldots, n-1$ und $\langle \mu, \alpha_n \rangle = 1$ gegeben ist. Dann ist die Weylgruppe W_1 dazu die Weylgruppe von A_{n-1}, also gleich S_n; und sie wird durch die Permutationen $\varepsilon_i \to \varepsilon_{\sigma(i)}$ gegeben. Dann ist klar, daß wir ein Vertretersystem von $W_1 \backslash W / W_1$ durch die Elemente

$$w_\nu : \begin{cases} \varepsilon_i \mapsto \varepsilon_i & i = 1, \ldots, \nu \\ \varepsilon_i \mapsto -\varepsilon_i & i = \nu + 1, \ldots, n \end{cases}$$

bekommen. Dann sind also P, $w_\nu P w_\nu^{-1}$ Vertreter der relativen Positionen von zwei parabolischen Untergruppen des Typs μ.

Das Element w_0 liefert uns die Opposition, das Element w_n liefert die Gleichheit.

Es sei jetzt für jedes $\nu \geq 1$ die parabolische Untergruppe Q_ν diejenige Gruppe, die dem "Ausstreichen" der Wurzeln α_ν entspricht. Das Dynkin-Diagramm der Gruppe M_ν ist dann

$$\begin{array}{ccccccccccccccc} \circ & - & \circ & - & \circ & \cdots & \circ & & \circ & - & \circ & - & \cdots & \circ & = & \circ \\ \alpha_1 & & & & & & \alpha_{\nu-1} & & \alpha_{\nu+1} & & & & & & & \alpha_n . \end{array}$$

Das unipotente Radikal U_ν von Q_ν hat als Wurzeluntergruppen diejenigen U_α mit

$$\alpha = \begin{cases} \varepsilon_i - \varepsilon_j & i \leq \nu\,,\ j \geq \nu + 1 \\ \varepsilon_i + \varepsilon_j & i < j \text{ und } i \leq \nu \\ 2\varepsilon_i & i \leq \nu \end{cases}$$

(siehe [Bou], Planche III). Es ist klar, daß dieses unipotente Radikal unter w_ν invariant ist. Also folgt

$$P \text{ und } w_\nu P w_\nu^{-1} \text{ enthalten } U_\nu .$$

Betrachten wir dann den reduktiven (Levi-) Quotienten $M_\nu = Q_\nu / U_\nu$, so sehen wir, daß

$$M_\nu = M_{\nu,\mathrm{lin}}^{(1)} \cdot M_{\nu,h}^{(1)} \cdot G_m^2,$$

wobei der lineare Anteil $M_{\nu,\mathrm{lin}}^{(1)}$ dem linken Teil und der hermitesche Anteil $M_{\nu,h}^{(1)}$ dem rechten Teil des Dynkin-Diagramms entspricht. Bildet man jetzt

$$P \cap Q_\nu \bmod U_\nu = P^{[\nu]}\ , w_\nu\ P w_\nu^{-1} \cap Q_\nu \bmod U_\nu = \bar{w}_\nu\ P^{[\nu]} \bar{w}_\nu^{-1},$$

so sehen wir, daß

$$P^{[\nu]} \quad \text{und} \quad \bar{w}_\nu\, P^{[\nu]}\, \bar{w}_\nu^{1}$$

parabolische Untergruppen in M_ν sind. Diese parabolischen Untergruppen zerfallen gemäß der obigen Produktzerlegung, und man sieht leicht:
(i) Für $\nu < n$ ist der erste Faktor ganz $M^{(1)}_{\nu,\mathrm{lin}}$, und im zweiten Faktor haben wir ein Paar opponierender Gruppen.
(ii) Für $\nu = n$ ist

$$P = Q_n = w_n\, P\, w_n^{-1}.$$

Bevor ich fortfahre, bemerke ich noch, daß P und $w_\nu\, P\, w_\nu^{-1}$ offensichtlich ein noch viel größeres unipotentes Radikal enthalten. Es sei $Q_{[1,\nu]}$ die parabolische Untergruppe, die als halbeinfachen Anteil gerade die Wurzeln $\alpha_{\nu+1}, \ldots, \alpha_n$ hat. Dann ist

$$Q_{[1,1]} = Q_1 \supset Q_{[1,2]} \cdots \supset Q_{[1,\nu]},$$

und entsprechend natürlich

$$U_1 \subset U_{[1,2]} \subset \cdots \subset U_{[1,\nu]};$$

und wir bemerken, daß

$$P \cap w_\nu\, P\, w_\nu^{-1} \supset U_{[1,\nu]}.$$

Wir wenden die obigen Betrachtungen jetzt an, um den Rand $\bar{X}^0_\infty$ einer Komponente $X^0_\infty \subset X_\infty \subset \mathcal{P}_\mu(\mathbb{C})$ zu verstehen.

Dann können die beiden parabolischen Untergruppen $P, \bar{P} \in \bar{X}_\infty \setminus X^0_\infty$ in den Positionen "ν", mit $\nu = 1, \ldots, n$ liegen. Sie bestimmen eine eine über $\mathbb{R}$-definierte parabolische Untergruppe $Q \in [Q_\nu]$, so daß P und $\bar{P}$ das unipotente Radikal U_Q von Q enthalten. Wir definieren also

$$\bar{X}^Q_\infty = \left\{ P \in \bar{X}_\infty \mid P \text{ und } \bar{P} \text{ enthalten } U_Q \right\}$$

und

$$\bar{X}^{[Q_\nu]}_\infty = \bar{X}^{[\nu]}_\infty = \text{Bahn von } \bar{X}^Q_\infty \text{ unter } G_\infty.$$

Die Menge $\bar{X}^Q_\infty$ können wir jetzt gut verstehen, denn P und $\bar{P}$ definieren nach den obigen Überlegungen ein Paar opponierender parabolischer Untergruppen in

$$P^{M_h}_\mu(\mathbb{C}),$$

wobei $M_h \subset M = Q/U$ der hermitesche Anteil von M ist. Diese bestimmen P und $\bar{P}$. Wir haben also, daß als Menge unter der Operation von Q_∞ gilt

$$\bar{X}^Q_\infty \simeq X^{M_h}_\infty$$

und

$$\bar{X}^{[\nu]}_\infty \text{ ist eine } G_\infty - \text{Bahn.}$$

Wir finden also, daß

$$\bar{X}_\infty \setminus X_\infty = \bigcup_\nu X^{[\nu]}_\infty,$$

und daß $X_\infty^{[\nu]}$ ein Faserbündel ist, dessen Basis gerade $\mathcal{P}_\nu(G_{\mathbb{R}})(\mathbb{R})$, die Mannigfaltigkeit der über $\mathbb{R}$ definierten parabolischen Untergruppen von Typ "ν", und dessen Faser ein hermitisches symmetrisches Gebiet zu einer Gruppe $M_h = M_h^{[\nu]}$ ist.

Wir betrachten nun eine Kongruenzuntergruppe $\Gamma \subset G(\mathbb{Q}) = GSp_n(\mathbb{Q})$, die auf X_∞^0 operiert. Dann bilden wir

$$X_\infty^0 \cup \bigcup_{\nu} \bigcup_{\substack{Q \text{ vom Typ } \nu \\ Q \text{ definiert über } \mathbb{Q}}} X_\infty^Q = X_\infty^\wedge.$$

Diesen Raum versieht man mit einer geeigneten Topologie und zeigt dann, daß

$$\Gamma \backslash X_\infty^\wedge$$

eine projektive algebraische Varietät ist (in diesem Fall die Satake Kompaktifizierung) (siehe [Ba-Bo]). Diese Varietät hat eine Stratifizierung, die man so sieht: Die hermiteschen Anteile werden mit wachsenden μ kleiner, die Teile mit grössern Indizes μ liegen also im Rand derjenigen mit kleineren μ.

2.2.5. *Der Vergleich.* Man kann dann den Zusammenhang mit der Borel-Serre-Kompaktifizierung sehr schön verstehen.

Bei der Borel-Serre-Kompaktifizierung bildet man

$$X_\infty \cup \bigcup_{\substack{Q \text{ parabolisch} \\ Q \text{ definiert über} \mathbb{Q}}} e(Q) = X_\infty^{\wedge\wedge},$$

wobei die $e(Q)$ in [Ha-E],1.5 genauer beschrieben werden. Dann ist

$$\Gamma \backslash X_\infty \hookrightarrow \Gamma \backslash X_\infty^{\wedge\wedge}$$

die Borel-Serre-Kompaktifizierung. Ich konstruiere eine Abbildung

$$\pi : \Gamma \backslash X_\infty^{\wedge\wedge} \longrightarrow \Gamma \backslash X_\infty^\wedge.$$

Ich schränke die Betrachtung auf das Stratum zu einer parabolischen Untergruppe Q vom Typ ν ein und konzentriere mich auf eine Komponente von X_∞. Wenn $y \in \Gamma_Q \backslash e(Q)$ ($\Gamma_Q = Q(\mathbb{Q}) \cap \Gamma$) ist, dann gibt es genau einen maximalen Index ν, so daß Q in einer maximalen parabolischen Untergruppe Q' vom Typ ν enthalten ist.

Sei $M' = Q'/U_{Q'}$. Es sei $\Gamma_{M'}$ (bzw. $K_\infty^{M'}$) die Projektion von $\Gamma_{Q'} = \Gamma \cap Q'(\mathbb{Q})$ (bzw. $K_\infty \cap G'_\infty$) nach $M'(\mathbb{Q})$ (bzw. M'_∞). Wenn wir Γ genügend klein wählen, dann zerlegt $\Gamma_{M'}$ sich in

$$\Gamma_{M'} = \Gamma_{M_{\text{lin}}} \times \Gamma_{M_h} \subset M_{\text{lin}}^{(1)}(\mathbb{Q}) \times M_h^{(1)}(\mathbb{Q}).$$

Entsprechend zerlegt sich

$$K_\infty^{M'} \cap M_{\text{lin},\infty}^{(1)} \times M_{h,\infty}^{(1)} = K_{\text{lin},\infty}^{M_{\text{lin}}} \times K_{h,\infty}^{M_h}.$$

Der Quotient $\Gamma_{Q'} \backslash e(Q')$ ist dann ein Faserbündel mit Faser $\Gamma_{Q'} \cap U_{Q'}(\mathbb{Q}) \backslash U_{Q',\infty}$ und Basis

$$\Gamma_{M'} \backslash M_{\text{lin},\infty}^{(1)} \times M_{h,\infty}^{(1)} / K_{\text{lin},\infty}^{M_{\text{lin}}} \times K_{h,\infty}^{M_h} = \Gamma_{M_{\text{lin}}} \backslash X_\infty^{M_{\text{lin}}} \times \Gamma_{M_h} \backslash X_\infty^{M_h}.$$

Der Punkt y liegt nun nicht in $\Gamma_{Q'}\backslash e(Q')$ (es sei denn, es ist $Q = Q'$), aber man kann die obige Faserung ausdehnen zu einer Faserung über der (relativen) Borel-Serre Kompaktifizierung $\overline{\Gamma_{M^{(1)}_{\rm lin}}\backslash X_\infty^{M^{(1)}_{\rm lin}}}$, und dieses Faserbündel enthält dann auch $\Gamma_Q\backslash e(Q)$. Also können wir den Punkt y zu einem Punkt

$$\bar{y} = (y_{\rm lin}, y_h) \in \overline{\Gamma_{M^{(1)}_{\rm lin}}\backslash X_\infty^{M^{(1)}_{\rm lin}}} \times \Gamma_{M_h}\backslash X_\infty^{M^{(1)}_h}$$

projizieren. Die zweite Komponente davon ist aber ein Punkt im Rand von $\Gamma\backslash X_\infty^\wedge$, und das ist das Bild von y unter π.

Die Abbildung π ist also über den einzelnen Strata von $\Gamma\backslash X_\infty^\wedge$ eine Faserung, die durch das folgende Diagramm beschrieben wird:

$$\begin{array}{ccccc} \Gamma_Q\backslash e(Q)^* & \xrightarrow{\pi_u} & \overline{\Gamma_{M_{\rm lin}}\backslash X^{M^{(1)}_{\rm lin}}} & \times & \Gamma_{M_h}\backslash X^{M^{(1)}_h} \\ & & \downarrow \pi_M & & \\ & & \Gamma_{M_h}\backslash X^{M^{(1)}_h} & & , \end{array} \qquad (Diag)$$

wobei der $*$ andeutet, daß wir die oben angesprochene Erweiterung der Faserung betrachten. Der Quotient $\Gamma_{M_h}\backslash X^{M^{(1)}_h}$ ist dann natürlich wieder eine quasiprojektive Varietät.

Wenn wir jetzt das Diagramm

$$\begin{array}{ccc} \Gamma\backslash X_\infty & \xrightarrow{i} & \Gamma\backslash X_\infty^{\wedge\wedge} \\ j \searrow & & \swarrow \pi \\ & \Gamma\backslash X_\infty^\wedge & \end{array}$$

betrachten und uns eine Garbe $\mathcal{F} = \tilde{\mathcal{M}}$ oder $\tilde{\mathcal{M}}_{\mathcal{O}}$ oder $\tilde{\mathcal{M}}_{\mathcal{O}}/N\tilde{\mathcal{M}}_{\mathcal{O}}$ vorgeben, dann können wir $j_!(\mathcal{F})$ und $j_*(\mathcal{F})$ betrachten. Wir müssen nur beachten, daß jetzt j_* nicht mehr exakt ist; also betrachten wir statt dessen $R^\bullet j_*(\mathcal{F})$. Dann haben wir eine lange exakte Sequenz

$$\begin{array}{ccccc} H^\bullet(\Gamma\backslash X_\infty^\wedge, j_!(\mathcal{F})) & \to & H^\bullet(\Gamma\backslash X_\infty^\wedge, R^\bullet j_*(\mathcal{F})) & \to & H^\bullet(\Gamma\backslash X_\infty^\wedge, R^\bullet j_*(\mathcal{F})/j_!(\mathcal{F})) \\ \| & & \| & & \\ H_c^\bullet(\Gamma\backslash X_\infty, \mathcal{F}) & \to & H^\bullet(\Gamma\backslash X_\infty, \mathcal{F}), & & \end{array}$$

die ganz ähnlich ausssieht, wie die entsprechende Sequenz bei der Borel-Serre-Kompaktifizierung. Wir haben jetzt aber den Vorteil, daß wir es mit Garben auf (bislang noch komplexen) algebraischen Varietäten zu tun haben.

Der Komplex von Garben $R^\bullet j_*(\mathcal{F})/j_!(\mathcal{F})$ ist im Innern $\Gamma\backslash X_\infty$ Null, er ist also auf den Rand konzentriert. Man kann ihn auch auf den einzelnen Randstrata berechnen. Es ist natürlich

$$R^\bullet j_*(\mathcal{F}) = R^\bullet \pi_*(R^\bullet i_*(\mathcal{F})).$$

Die Berechnung der $Rj_*(\mathcal{F})$ ergibt sich dann ganz einfach aus der Beschreibung der Fasern. Wir haben die Faserung (*Diag*) und daher eine Spektralfolge

$$R^\bullet \pi_*(i_*(\mathcal{F})) = R^\bullet \pi_{M,*}(R^\bullet \pi_{U,*}(\mathcal{F})).$$

Wir erinnern uns jetzt daran, daß $\mathcal{F}$ aus einem Γ-Modul entsteht. Dann ist

$$R^\bullet \pi_{U,*}(\mathcal{F}) = H^\bullet(\widetilde{\Gamma_{U_Q},\mathcal{F}}),$$

wobei jetzt rechts ein Komplex von Garben auf

$$\overline{\Gamma_{M_{\text{lin}}}\backslash X^{M^{(1)}_{\text{lin}}} \times \Gamma_{M_h}\backslash X^{M^{(1)}_h}}$$

steht, der aus einem Komplex $H^\bullet(\Gamma_{U_Q},\mathcal{F})$ von $\Gamma_{M_{\text{lin}}} \times \Gamma_{M_h}$-Moduln entsteht.

Es ist dann klar, daß

$$R^\bullet_{\pi_{M,*}}(R^\bullet \pi_{U,*}(\mathcal{F}))$$

ein Komplex von Garben auf $\Gamma_{M_h}\backslash X^{M^{(1)}_h}$ ist, der aus einem Komplex von Γ_{M_h}-Moduln entsteht, wobei dieser Komplex von Γ_{M_h} -Moduln gerade die Kohomologie von $\Gamma_{M_{\text{lin}}}$ mit Koeffizienten $H^\bullet(\Gamma_{U_Q},\mathcal{F})$ ist.

Wir wollen jetzt den speziellen Fall betrachten, daß $\mathcal{F} = \mathcal{M}$ ist, d. h. von einer rationalen Darstellung der Gruppe $G/\mathbb{Q}$ herrührt. Dann habe ich in [Ha-E] gezeigt, daß der Komplex von Garben $H^\bullet(\widetilde{\Gamma_{U_Q},\mathcal{M}})$ als Komplex von $\Gamma_{M_{\text{lin}}} \times \Gamma_{M_h}$-Moduln gleich dem Komplex

$$H^\bullet(\widetilde{\mathfrak{u}_Q,\mathcal{M}})$$

mit Nullen als Randoperatoren ist, wobei das jetzt ein Komplex von Garben ist, der aus M-Moduln entsteht.

Nach einem Satz von Kostant kennt man die Zerlegung des M-Moduls $H^\bullet(\mathfrak{u}_Q,\mathcal{M})$ in Irreduzible. Dazu nehme ich an, daß $\mathcal{M}$ irreduzibel vom höchsten Gewicht μ ist. Dann zerlegt sich die Kohomologie des unipotenten Radikals wie folgt in irreduzible Moduln:

$$H^\bullet(\mathfrak{u}_Q,\mathcal{M}) = \bigoplus_{w\in W^Q} H^{\ell(w)}(\mathfrak{u}_Q,\mathcal{M})(w\cdot\mu). \tag{Kost}$$

Dabei ist W^Q das System der Kostant-Vertreter von $W_M\backslash W$. Sie sind dadurch gekennzeichnet, daß $w\cdot\mu = (\mu+\rho)^w - \rho$ auf M ein dominantes Gewicht ist. Der w entsprechende Summand ist gerade der irreduzible Modul vom Gewicht $w\cdot\mu$, und $\ell(w)$ ist die Länge von w.

Dann ist klar, daß für jedes w auch die Kohomologie

$$H^\bullet(\Gamma_{M_{\text{lin}}}\backslash X^{M^{(1)}_{\text{lin}}}, H^{\ell(w)}(\widetilde{\mathfrak{u}_Q,\mathcal{M}})(w\cdot\mu))$$

ein M_h-Modul ist. Die Operation wird durch die Operation von M_h auf der zweiten Komponente induziert.

Also ist in diesem Fall

$$R^\bullet \pi_{M,*}(\tilde{\mathcal{M}}) = \bigoplus_{w\in W^P} H^\bullet(\Gamma_{M_{\text{lin}}}\backslash X^{M^{(1)}_{\text{lin}}}, \widetilde{H^\bullet(\mathfrak{u}_Q,\mathcal{M})(w\cdot\mu)}).$$

Man sieht jetzt das Ziel schon ein wenig näher: Wir wollen auf dem Randterm der langen exakten Sequenz, die sich aus der Borel-Serre-Kompaktifizierung ergibt, auch Galois-Operationen einzuführen. Bis jetzt haben wir gesehen, daß wir die Kohomologie des Randes durch eine Spektralsequenz erhalten, in denen die Kohomologiegruppen der

Randstrata der Borel-Serre-Kompaktifizierung auftauchen. Diese Kohomologiegruppen können wir nun durch

$$H^{\bullet}(\Gamma\backslash X_{\infty}^{\wedge}, R^{\bullet}j_{*}(\tilde{\mathcal{M}})/j_{!}(\tilde{\mathcal{M}}))$$

ersetzen. Darauf wollen wir nach Tensorierung mit $\mathbb{Q}_\ell$ eine Operation der Galoisgruppe definieren.

2.2.6. *Das kanonische Modell der Baily-Borel Kompaktifizierung.* Wir haben oben erläutert, wie man auf dem Niveau der algebraischen Geometrie über $\mathbb{C}$ eine Kompaktifizierung

$$\mathcal{S}_{K_f}(\mathbb{C}) \xrightarrow{j_{\mathbb{C}}} \mathcal{S}_{K_f}^{\wedge}(\mathbb{C})$$

konstruiert. Was man jetzt benötigt, ist ein kanonisches Modell dieser Kompaktifizierung über dem Körper E und eine Beschreibung der Randstrata. Dies findet man in [P1]. Dann wird man versuchen die topologisch definierte Garbe

$$R^{\bullet}j_{*}(\tilde{\mathcal{M}})/j_{!}(\tilde{\mathcal{M}}) \otimes \mathbb{Q}_\ell,$$

die auf dem Randstrata lebt, als ℓ-adische Garbe zu beschreiben. Das geschieht durch den Satz von R. Pink in [P2], der in 2.2.10 erläutert wird.

Ich will versuchen, diese Resultate — zumindest im Spezialfall der symplektischen Gruppe — zu erläutern. Dazu muß ich nochmal auf die Definition der Shimura-Varietät eingehen und kurz die Rolle des Homomorphismus

$$h : \mathbb{S}_{\mathbb{R}} \longrightarrow G_{\mathbb{R}}$$

diskutieren.

2.2.6.1. *Abschweifung: Die Rolle von h.* Wir haben gesehen, daß die komplexe Struktur auf X_∞ nur von $Ad \circ h$ abhängt.

Die Pointe ist, daß das kanonische Modell $\mathcal{S}_{K_f}^{G,h}$ zu dieser Varietät durchaus von h abhängt und nicht nur von dem gröberen Datum, nämlich der komplexen Struktur. Dies will ich am Beispiel der zyklotomischen Shimura-Varietät erläutern. Wir wählen für $G/\mathbb{Q}$ die Gruppe $G_m/\mathbb{Q}$. Dann haben wir uns ein

$$h : \mathbb{S}_{\mathbb{R}} \longrightarrow G_{m,\mathbb{R}}$$

vorzugeben. Das ist offensichtlich von der Form

$$h(z) = (z\,\bar{z})^n$$

mit $n \in \mathbb{Z}$.

Nach den getroffenen Konstruktionen ist

$$\mathcal{S}_{K_f}^{G,h}(\mathbb{C}) = \mathbb{Q}^*\backslash\tilde{X}_\infty \times I_{\mathbb{Q},f}/K_f,$$

wobei $\tilde{X}_\infty = \mathbb{R}^*/\mathbb{R}^*_{>0}$ mit der offensichtlichen komplexen Struktur ist. Ist K_f zum Beispiel als volle Kongruenzuntergruppe mod N definiert, dann ist die rechte Seite gerade

$$(\mathbb{Z}/N\mathbb{Z})^*.$$

Wenn wir nun sagen wollen, was das kanonische Modell dieser Shimura Varietät ist, dann müssen wir sagen, wie die Galoisgruppe $\mathrm{Gal}(\bar{\mathbb{Q}}/\mathbb{Q})$ auf dieser Menge operiert. Ich nenne das Resultat: Wir haben

$$(\mathbb{Z}/N\,\mathbb{Z})^* = \mathrm{Gal}(\mathbb{Q}(\sqrt[N]{1})/\mathbb{Q})$$

und $\sigma \in \mathrm{Gal}(\bar{\mathbb{Q}}/\mathbb{Q})$ operiert durch Multiplikation mit $\bar{\sigma}^n$ auf $(\mathbb{Z}/N\,\mathbb{Z})^*$, wobei $\bar{\sigma}$ das Bild von σ in $\mathrm{Gal}(\mathbb{Q}(\sqrt[N]{1})/\mathbb{Q})$ ist. Wählen wir also insbesondere $n = 0$, so wird die Operation von Galois trivial.

Ich möchte ein zweites Beispiel behandeln. Da wähle ich $G/\mathbb{Q} = G_m^2/\mathbb{Q}$. Dann ist

$$h : \mathbb{S}_{\mathbb{R}} \longrightarrow G^2_{m,\mathbb{R}}$$

durch

$$h : z \longmapsto \left((z\,\bar{z})^{n_1}, (z\,\bar{z})^{n_2}\right)$$

gegeben. Es wird

$$S^G_{K_f}(\mathbb{C}) = \left(\mathbb{Q}^*\backslash(\{\pm 1\} \times I_{\mathbb{Q}_f}/K_f)\right)^2$$

und unter der gleichen Annahme an K_f wie oben folgt, daß diese Menge

$$(\mathbb{Z}/N\,\mathbb{Z})^* \times (\mathbb{Z}/N\,\mathbb{Z})^*.$$

Es ist dann klar, daß $\mathrm{Gal}(\mathbb{Q}(\sqrt[N]{1})/\mathbb{Q}) = (\mathbb{Z}/N\mathbb{Z})^*$ darauf durch

$$\sigma \times (x, y) \longmapsto (\sigma^{n_1} x, \sigma^{n_2} y)$$

operiert.

Dieses zweite Beispiel ist für uns von großer Bedeutung beim Verständnis der Theorie der kanonischen Modelle von Baily-Borel-Kompaktifizierungen. Das werden wir am folgenden Beispiel sehen.

2.2.7. *Das kanonische Modell der Baily-Borel Kompaktifizierung im Fall* $G/\mathbb{Q} = GL_2/\mathbb{Q}$. Wir betrachten die Gruppe $GL_2/\mathbb{Q}$ und als K_f die volle Kongruenzuntergruppe mod N. Für

$$h : \mathbb{S}_{\mathbb{R}} \longrightarrow GL_{2,\mathbb{R}}$$

nehmen wir das Bewährte. Wenn man jetzt

$$S^G_{K_f}(\mathbb{C})$$

analysiert, dann bekommt man

$$S^G_{K_f}(\mathbb{C}) = \bigcup_{\nu \in (\mathbb{Z}/N\,\mathbb{Z})^*} \Gamma^{(\nu)}\backslash H,$$

dabei sind die $\Gamma^{(\nu)}$ volle Kongruenzuntergruppen mod N von Stabilisatoren geeigneter Gitter (z. B. $\mathbb{Z}(1,0) + \mathbb{Z}(0,\nu) \subset \mathbb{Q}^2$). Die Quotienten $\Gamma^{(\nu)}\backslash H$ haben endlich viele Spitzen. Diese Spitzen entsprechen eineindeutig den Bahnen von $\Gamma^{(\nu)}$ auf der Menge der über $\mathbb{Q}$ definierten parabolischen Untergruppen von $GL_2/\mathbb{Q}$, d. h. den Bahnen von $\Gamma^{(\nu)}$ auf $\mathbb{P}^1(\mathbb{Q})$. Will man diese Menge der Bahnen beschreiben, so kann man zunächst

$$\mathrm{Red} : \mathbb{P}^1(\mathbb{Q}) \longrightarrow \mathbb{P}^1(\mathbb{Z}/N\,\mathbb{Z})$$

betrachten. Die obige Kongruenzuntergruppen operieren auf der rechten Seite trivial.

Die Bahnen von $\Gamma^{(\nu)}$ auf dem Fasern sind leicht bestimmt. So ist zum Beispiel die Faser von ∞ durch alle rationalen Zahlen $r = a/c$ mit $(a, m) = 1$ und $c \equiv 0 \bmod m$ und den Punkt ∞ gegeben. Zwei solche Zahlen r und r' sind genau dann unter $\Gamma(m)$ konjugiert, wenn $a \equiv \pm a' \bmod m$. Also ist die Faser $(\mathbb{Z}/N\,\mathbb{Z})^*/\{\pm 1\}$, wenn wir uns auf eine Komponente beschränken. Das führt uns zu der folgenden Beschreibung der Menge der Spitzen:

Man bemerkt zunächst, daß

$$B(\mathbb{A}_f)\backslash G(\mathbb{A}_f)/K_f = B(\mathbb{Z}/N\,\mathbb{Z})\backslash GL_2(\mathbb{Z}/N\,\mathbb{Z}) = \mathbb{P}^1(\mathbb{Z}/N\,\mathbb{Z}).$$

Wir liften die Elemente $u \in \mathbb{P}^1(\mathbb{Z}/N\,\mathbb{Z})$ zu Elementen $B_u \subset GL_2/\mathbb{Q}$ und setzen

$$B_u/U_u = M_u = G_m \times G_m,$$

wobei die Identifizierung so vorgenommen wird, daß das Zentrum auf die Diagonale geht, und so daß für $(x, y) \in G_m \times G_m$ der Wert der einfachen positiven Wurzel gerade x/y ist.

Dann ist die Menge der Spitzen

$$\bigcup_{u \in G(\mathbb{Q})\backslash G(\mathbb{A}_f)/K_f} M_u(\mathbb{Q})\backslash M_u(\mathbb{A})/M^0_{u,\infty} \cdot \{\pm 1\} \times K_f^M = \bigcup_u \mathcal{S}_u,$$

wobei $K_f^M \subset M_u(\mathbb{A}_f) = I_{\mathbb{Q},f}$ das Produkt der beiden vollen Kongruenzuntergruppen mod N ist, und $\{\pm 1\} \subset M_{u,\infty}$ aus den beiden Elementen $\{+1, +1\}$ und $\{-1, -1\} \in \mathbb{R}^* \times \mathbb{R}^*$ besteht. Die Gruppe K_f^M ist das von $B_u(\mathbb{A}_f) \cap K_f$ in $M_u(\mathbb{A}_f)$. Die einzelne Menge $\mathcal{S}_u$ hat dann die Gestalt

$$\mathcal{S}_u = (\mathbb{Z}/N\,\mathbb{Z})^* \times (\mathbb{Z}/N\,\mathbb{Z})^*/\{\pm 1\}.$$

Einem Element $x \in \mathcal{S}_u$, $x = (a, b)$, wird dann durch den folgenden Prozeß eine Spitze zugeordnet. Wir schreiben

$$(a, b) = (ab, 1) \cdot (\frac{1}{b}, b).$$

Dem Element $(ab, 1)$ wird diejenige Spitze auf der $ab \in (\mathbb{Z}/N)^*$ entsprechenden Komponente zugeordnet, die durch die Konjugationsklasse B_u gegeben ist. Diese Spitze wird dann noch geändert in die dem Element $\pm b^{-1} \in (\mathbb{Z}/N\,\mathbb{Z})^*/\{\pm 1\}$ entsprechende Spitze in der gleichen Komponente.

Nachdem wir diese Beschreibung der Menge der Spitzen gefunden haben, müssen wir die Aktion der Galoisgruppe darauf beschreiben. Sie läßt die einzelnen $\mathcal{S}_u$ invariant. Ich deute dann die $\mathcal{S}_u$ als die Menge der komplexen Punkte einer zyklotomischen Shimura-Varietät.

Wir wählen $G/\mathbb{Q} = G_m \times G_m$ dann ist $\tilde{X}_\infty = \{\pm\} \times \{\pm\}$. Die Gruppe Ξ besteht aus den beiden Elementen $(1, 1), (-1, -1)$ (siehe 2.1.3). Diese Wahl von Ξ wird uns dadurch diktiert, daß für $K_\infty \subset Gl_2(\mathbb{R})$ der Durchschnitt mit T_∞ gerade $T^0_\infty \cdot \{(-1, -1)\}$ ist. Dann ist

$$\mathcal{S}_u = G(\mathbb{Q})\backslash(\tilde{X}_\infty \times G(\mathbb{A}_f))/(\Xi \times K_f).$$

Wenn wir jetzt die Operation der Galoisgruppe auf $\mathcal{S}_u$ beschreiben wollen, dann brauchen wir nur noch den Homomorphismus h anzugeben. Interpretiert man die Resultate in [De-Ra], so sieht man, daß man für h den Homomorphismus $z \mapsto (z\bar{z}, 1)$ nehmen muß.

Diese Antwort ist nun prototypisch und auch genau von der Form, wie wir sie in allgemeineren Fällen brauchen.

2.2.8. *Die allgemeine symplektische Gruppe.* Ich erläutere den Fall der Gruppe $G = GSp_n/\mathbb{Q}$. Wir haben gesehen, daß die Strata den Typen maximal parabolischer Untergruppen entsprechen. Eine solche parabolische Untergruppe Q hat einen reduktiven Quotienten $M = Q/U$, und der ist bis auf Isogenie das Produkt des linearen Anteils und des hermiteschen Anteils

$$M_{\text{lin}} \cdot M_h,$$

wobei ich gleich noch genauer sagen werde, wie sich der zweidimensionale Torus im Zentrum dieser Gruppe auf die Faktoren aufteilt.

Wir gehen von der Standarddarstellung von GSp_n aus. Wir denken uns GSp_n als die Gruppe die Ähnlichkeit der schiefsymmetrischen Form

$$< e_i, f_j >= \delta_{ij}$$

auf

$$\mathbb{Q}^{2n} = \mathbb{Q}e_1 \oplus \ldots \oplus \mathbb{Q}e_n \oplus \mathbb{Q}f_n \oplus \ldots \oplus \mathbb{Q}f_1$$

realisiert. Dann entspricht der Auswahl einer maximal parabolischen Untergruppe $Q(= Q_\nu)$ die Vorgabe des isotropen Teilraums $< e_1, \ldots, e_\nu >$. Der reduktive Anteil von Q ist dann die Untergruppe

$$\begin{pmatrix} A & & 0 \\ & B & \\ & & \lambda^t A^{-1} \end{pmatrix} \subset GSp_n,$$

wobei B eine symplektische Ähnlichkeit auf $< e_{\nu+1}, \ldots e_n, f_n, \ldots f_{\nu+1} >$ mit Multiplikator λ ist. Jetzt sei M_{lin} die Untergruppe der Elemente mit $B = 1$, und M_h sei die Gruppe aus denjenigen Matrizen, für die $A = \lambda(B) \cdot Id$. Dann steht im unteren Teil die Identität.

Jetzt definieren wir die Abbildung

$$h_Q : \mathbb{S}_{\mathbb{R}} \longrightarrow (M_h)_{\mathbb{R}}$$

durch

$$h_Q : z \in \mathbb{C}^* \longmapsto \begin{pmatrix} z\bar{z} &&&&&&&&& \\ & \ddots &&&&&&&& \\ && z\bar{z} &&&&&&& \\ &&& z &&&&&& \\ &&&& \ddots &&&&& \\ &&&&& z &&&& \\ &&&&&& 1 &&& \\ &&&&&&& 1 && \\ &&&&&&&& \ddots & \\ &&&&&&&&& 1 \end{pmatrix},$$

wobei das mittlere Stück fehlt, falls $n = \nu$, und wobei es die schon in 2.1.1.1 gegebene Form hat, falls $\nu < n$. Insbesondere sind die z im mittleren Teil 2×2 Matrizen.

Jetzt bekommt man die Beschreibung des des Randstratums vom Typ "ν". Es ist eine Vereinigung von Shimura-Varietäten zur Gruppe M_h; die Vereinigung wird über die Doppelklassen $Q(\mathbb{A}_f)\backslash G(\mathbb{A}_f)/K_f$ gebildet. Für einen Repräsentanten $\underline{g}_f$ einer Doppelklasse sei $K_f^{M_h}(\underline{g}_f)$ die Projektion von $Q(\mathbb{A}_f) \cap \underline{g}_f K_f \underline{g}_f^{-1}$ in die Gruppe M_h (wir teilen durch das unipotente Radikal und durch M_{lin}). Im Fall $n = \nu$ müssen wir die Gruppe Ξ wie bei der Gl_2 modifizieren. Dann ist das Randstratum gleich

$$\bigcup_{\underline{g}_f \in Q(\mathbb{A}_f)\backslash G(\mathbb{A}_f)/K_f} S^{(M_h, h_Q)}_{K_f^{M_h}(\underline{g}_f)}.$$

Es ist das Hauptresultat in [P1], daß eine solche Beschreibung eines Randstratums als Vereinigung von Shimura-Varietäten zu kleineren Gruppen allgemein möglich ist.

Genau diese Beschreibung des Randstratums ermöglicht es uns, die Garbenkomplexe

$$R^\bullet j_*(\mathcal{M}_{\mathbb{Q}_\ell}) = R^\bullet j_{*,\text{ét}}(\mathcal{M}_{\mathbb{Q}_\ell})$$

zu berechnen.

2.2.9. *Die kanonische Konstruktion von ℓ-adischen Garben.* Wir haben schon gesehen, wie wir aus einer rationalen Darstellung der zugrunde liegenden Gruppe $G/\mathbb{Q}$

$$\rho : G/\mathbb{Q} \longrightarrow GL(\mathcal{M})$$

eine λ-adische Garbe $\tilde{\mathcal{M}}_\lambda$ auf $S^G_{K_f,\text{ét}}$ bekommen. Dies ist im wesentlichen die einzige Konstruktionsmöglichkeit von Garben, die wir in diesem Fall kennen. Wir werden darauf als die kanonische Konstruktion referieren.

Ich möchte diese Konstruktion noch an einigen Beispielen illustrieren. Wir betrachten die zyklotomische Shimura-Varietät

$$G = G_m/\mathbb{Q} \qquad \text{und} \qquad h : \mathbb{S}_{\mathbb{R}} \longrightarrow G_{m,\mathbb{R}},$$

wobei h die Norm ist.

Eine rationale Darstellung von G_m ist durch eine ganze Zahl ν gegeben, und zwar durch $x \to x^\nu$. Diese ganze Zahl definiert uns für jedes K_f eine $\mathbb{Z}_\ell$-Garbe $\mathcal{M}_\nu$ auf $S^G_{K_f}$.

Wie bekommen wir diese Garbe? Wir wählen für K_f die Kongruenzuntergruppe mod N und schreiben $\mathcal{S}_N^G = \mathcal{S}_{K_f}^G$. Dann ist

$$\mathcal{S}^G(\bar{\mathbb{Q}}) = (\mathbb{Z}/N\mathbb{Z})^*;$$

und darauf operiert die Galoisgruppe über

$$\mathrm{Gal}(\bar{\mathbb{Q}}/\mathbb{Q}) \longrightarrow \mathrm{Gal}(\mathbb{Q}(\sqrt[N]{1})/\mathbb{Q}) = (\mathbb{Z}/N\mathbb{Z})^*$$

und dann durch Multiplikation. Es ist also $\mathcal{S}_N^G/\mathbb{Q} = \mathrm{Spec}(\mathbb{Q}(\sqrt[N]{1}))/\mathbb{Q}$. Eine ℓ-adische Garbe auf $\mathrm{Spec}(\mathbb{Q}(\sqrt[N]{1}))$ ist ein $\mathbb{Z}_\ell \times \mathrm{Gal}(\bar{\mathbb{Q}}/\mathbb{Q}(\sqrt[N]{1}))$-Modul.

Wir erinnern uns daran, daß wir für die Konstruktion der Garbe ein Gitter in dem Darstellungsraum wählen mußten. Wir wählen hier das Gitter $\mathbb{Z} \subset \mathbb{Q}$. Wählen wir dann Potenzen ℓ^k von ℓ und gehen wir zur entsprechenden Überlagerung

$$\mathcal{S}_{\ell^k N}^G \longrightarrow \mathcal{S}_N^G$$

über, dann wird $\mathcal{M}_\nu/\ell^k\mathcal{M}_\nu$ auf $\mathcal{S}_{\ell^k N}^G$ die triviale Garbe $\mathbb{Z}/\ell^k\mathbb{Z}$, und die Galoisgruppe $(\mathbb{Z}/\ell^k\mathbb{Z})^*$ der Überlagerung operiert auf $\mathbb{Z}/\ell^k\mathbb{Z}$ durch Multiplikation mit x^ν. Das zeigt uns, daß wir beim Übergang zum Limes die Garbe

$$\mathbb{Z}_\ell(\nu) \mid \mathcal{S}_N^G$$

aus der rationalen Darstellung $x \to x^\nu$ bekommen.

Bemerkung: Man muß bei der ganzen Diskussion berücksichtigen, daß man eine Konvention treffen muß: nämlich den Reziprozitätsmorphismus der Klassenkörpertheorie zu fixieren. Wir haben gesehen, daß der Zahl ν der Galoismodul $\mathbb{Z}_\ell(\nu)$ zugeordnet wird, der das Gewicht -2ν hat. Man kann der Zahl ν aber auch eine Hodge-Struktur auf $\mathbb{Q}$ zuordnen, weil man durch Komposition von ν mit h eine Darstellung von $\mathbf{S}_{\mathbb{R}}$ auf $\mathbb{Q} \otimes_{\mathbb{Q}} \mathbb{C} = \mathbb{C}$ bekommt, die durch

$$z \longmapsto \{x \mapsto (z\,\bar{z})^\nu x\}$$

gegeben wird. Wir müssen uns dann dazu durchringen, dieser Darstellung eine Hodge-Struktur vom Gewicht -2ν zuzuordnen, obwohl die Restriktion dieser Darstellung auf $\mathbb{R}^*$ durch $x \to x^{2\nu}$ gegeben ist. Daran muß man sich gewöhnen. Wahrscheimlich ist dies der Grund dafür, daß Deligne in [De-Sh2] sich dazu entschlossen hat, für den Reziprozitätsisomorphismus das Inverse zu dem üblichen Homomorphismus zu wählen.

Als zweites Beispiel betrachte ich die Darstellung von GL_2 auf $\mathcal{M}_n$. Das sind die homogenen Polynome in zwei Variablen vom Grad n. Die Operation sei durch

$$\sigma P = \begin{pmatrix} a & b \\ c & d \end{pmatrix} P(X,Y) = P(aX + cY, bX + dY)$$

gegeben. Diese Operation kann man dann aber noch um eine Potenz der Determinante twisten. Sei $\mathcal{M}_n[\nu]$ der Modul $\mathcal{M}_n$ mit der Operation

$$\sigma P = (aX + cY, bX + dY) \cdot \det(\sigma)^\nu.$$

Man erhält so also ein System von Garben $\mathcal{M}_n \otimes [\nu]_\ell$ auf $\mathcal{S}_{K_f}^G$. Bei festem n und variablem ν unterscheiden sie sich um Twistungen mit $\mathbb{Q}_\ell(\ )$ oder $\mathbb{Z}_\ell(\ )$.

Ich erinnere nun daran, daß Deligne in [De-Mf] noch eine andere Konstruktion von Garben auf den $\mathcal{S}_{K_f}^G$ gegeben hat. Er geht davon aus, daß $\mathcal{S}_{K_f}^G$ ein Modulproblem für elliptische Kurven mit Niveaustruktur löst. (Das ist sowieso die Quelle für die ganze Theorie.) Dann hat man über $\mathcal{S}_{K_f}^G$ die universelle elliptische Kurve

$$\mathcal{E} \xrightarrow{\pi} \mathcal{S}_{K_f}^G.$$

Man kann dann die ℓ-adische Garbe $R^1\pi_*(\mathbb{Z}_\ell)$ auf $\mathcal{S}_{K_f}^G$ betrachten, und es stellt sich heraus, daß

$$R^1\pi_*(\mathbb{Z}_\ell) = \mathcal{M}_1 \otimes [-1]_\ell.$$

(Dazu muß man sich nur ganz genau die Definitionen ansehen.)

Bildet man dann Faserprodukte von $\mathcal{E}$, und nimmt man die entsprechenden direkten Bilder, dann kann man die $\mathcal{M}_n \otimes [-n]_\ell$ als direkte Summanden darin entdecken. Dazu siehe auch [De-Mf].

2.2.9.1. *Das Gewicht.* Wir nehmen an, daß der G-Modul $\mathcal{M}$ absolut irreduzibel ist. Dann operiert die multiplikative Gruppe G_m über die Einbettung nach $\mathbb{S}_{\mathbb{R}}$ und Komposition mit h durch einen Charakter $\omega(\mathcal{M})$ auf $\mathcal{M}$. Wir schreiben $\omega(\mathcal{M})(x) = x^{-w(\mathcal{M})}$. Wir nennen $w(\mathcal{M})$ das Gewicht des Moduls. Man erwartet, daß die ℓ-adische Garbe $\tilde{\mathcal{M}}_\ell$ rein von diesem Gewicht $w(\mathcal{M})$ ist. Das heißt, wenn $y \in \mathcal{S}_{K_f}^G(F)$ ein Punkt mit Werten in einem Zahlkörper F ist, dann ist der Halm $\tilde{\mathcal{M}}_{\ell,y}$ ein $\mathrm{Gal}(\bar{\mathbb{Q}}/F)$-Modul, und es gilt für jede Stelle $\mathfrak{p}$, an der die Darstellung unverzweigt ist, daß die Eigenwerte des inversen Frobenius $\Phi_{\mathfrak{p}}^{-1}$ algebraische Zahlen sind, deren sämtliche archimedischen Absolutbeträge $p^{w(\mathcal{M})/2}$ sind (siehe [De-Wel]).

Wir wollen sagen, daß das Paar (G, h) die Bedingung (W) erfüllt, wenn die obige Aussage gilt. Diese Bedingung ist konsistent mit den Ideen von Deligne, daß man die Garben $\mathcal{M}_{\mathbb{C}}$ als Variation von Hodge-Strukturen interpretieren kann. (Siehe 2.1.1. Bemerkung) Diese Hodge-Strukturen erfüllen dann die analoge Gewichtsbedingung.

Es ist klar, daß (W) gilt, wenn wir es mit einer zyklotomischen Shimura-Varietät zu tun haben. Ich zkizziere noch kurz ein Argument für die Gültigkeit von (W) für die obigen Moduln $\mathcal{M}_n \otimes [-n]$: Es ist klar, daß $w(\mathcal{M}_n \otimes [-n])_\ell = n$. Im Fall $n = 1$ haben wir gesehen, daß ein Halm von $\mathcal{M}_1 \otimes [-1]_\ell$ gerade die erste ℓ-adische Kohomologiegruppe der Faser von $\mathcal{E}$ über dem Punkt ist; und die Bedingung (W) ist dann gerade das klassische Theorem von Hasse. Für größere Werte von n folgt die Behauptung aus den Überlegungen in 4.2.1. (siehe [De-Mf]).

R. Pink behandelt einige allgemeinere Fälle in seiner Arbeit [P2]. Die Bedingung (W) sollte sicher immer dann gelten, wenn $\mathcal{S}^G$ eine modulare Interpretation zuläßt.

2.2.10. *Die direkten Bilder auf den Randstrata als ℓ-adische Garben.* Es sei Q eine maximal parabolische Untergruppe, U_Q ihr unipotentes Radikal und $M = Q/U_Q$. Wir haben bis auf Isogenie eine Zerlegung $M = M_{\mathrm{lin}} \cdot M_h$ in den linearen und den hermiteschen Anteil. Dabei kann man M_h minimal mit den folgenden Eigenschaften wählen:

(1) M_h ist über $\mathbb{Q}$ definiert.

(2) Der Homomorphismus h_Q (siehe [P1],4.7.) faktorisiert über $M_{h,\infty}$.

Die Abbildung
$$h_Q \circ i : G_m \longrightarrow \mathbb{S}_{\mathbb{R}} \longrightarrow M_{h,\mathbb{R}}$$
faktorisiert über das Zentrum von $M_{h,\mathbb{R}}$. Wir definieren für ein Element $\underline{g}_f \in Q(\mathbb{A}_f)\backslash G(\mathbb{A}_f)/K_f$ die Gruppe$K_f^M(\underline{g}_f)$ als die Projektion von $Q(\mathbb{A}_f) \cap \underline{g}_f K_f \underline{g}_f^{-1}$ nach $M(\mathbb{A}_f)$, und K_∞^M sei die entsprechende Projektion von $K_\infty \cap Q_\infty$ nach M_∞. Dann seien $K_f^{M_{\text{lin}}}(\underline{g}_f), K_\infty^{M_{\text{lin}}}$ die Durchschnitte von $K_f^M(\underline{g}_f), K_\infty^M$ mit $M_{\text{lin}}(\mathbb{A}_f)$, $M_{\text{lin},\infty}$, und $K_f^{M_h}(\underline{g}_f), K_\infty^{M_h}$ seien die Projektionen von $K_f^M(\underline{g}_f), K_\infty^M$ nach $M_h(\mathbb{A}_f)$, $M_{h,\infty}$.

Dann haben wir den

Satz (R. Pink, [P2]): *Die Einschränkung von $R^\bullet j_*(\tilde{\mathcal{M}}_\lambda)$ auf ein Stratum $\mathcal{S}^{M_h}_{K_f(\underline{g}_f)}$ wird durch die kanonische Konstruktion aus dem M_h-Modul*
$$H^\bullet(M_{\text{lin}}(\mathbb{Q})\backslash M_{\text{lin}}(\mathbb{A})/K_\infty^{M_{\text{lin}}} \times K_f^{M_{\text{lin}}}(\underline{g}_f), H^\bullet(\widetilde{\mathfrak{u}_Q, \mathcal{M}}))$$
gewonnen.

Setzen wir jetzt
$$\mathcal{S}^{M_h}_{K_f,\text{total}} = \bigcup_{\underline{g}_f \in Q(\mathbb{A}_f)\backslash G(\mathbb{A}_f)/K_f} \mathcal{S}^{(M_h,h_Q)}_{K_f^{M_h}(\underline{g}_f)},$$
dann werden die Kohomologiegruppen
$$H^\bullet(\mathcal{S}^{M_h}_{M_f,\text{total}}, R^\bullet j_*(\tilde{\mathcal{M}}_\lambda))$$
$\mathcal{H}(G(\mathbb{A}_f)//K_f) \times \mathrm{Gal}(\overline{\mathbb{Q}}/E)$-Moduln.

Wenn wir zum Limes über immer kleinere Niveaus übergehen, dann erhalten wir einen $G(\mathbb{A}_f) \times \mathrm{Gal}(\overline{\mathbb{Q}}/E)$-Modul, und der ist dann offensichtlich gerade
$$\mathrm{Ind}_{Q(\mathbb{A}_f)}^{G(\mathbb{A}_f)} H^\bullet(\mathcal{S}^{M_h}, R^\bullet j_*(\tilde{\mathcal{M}}_\lambda)),$$
wobei $\mathcal{S}^{M_h} = \mathcal{S}^{(M_h,h_Q)}$ gerade die Shimura Varietät zu M_h ist.

2.2.10.1. *Beispiele:* Wir wenden jetzt den Satz von Pink auf den Fall $GL_2/\mathbb{Q}$ an. Als rationale Darstellung nehmen wir den oben definierten Modul $\mathcal{M}_n \otimes [-n]$.

Wir haben den Rand von $\mathcal{S}^\wedge_{K_f}$ als Vereinigung von zyklotomischen Shimura-Varietäten geschrieben
$$\bigcup_{\mathfrak{u} \in \mathbb{P}^1(\mathbb{Z}/N\mathbb{Z})} \mathcal{S}^{M_\mathfrak{u}}.$$
Um $R^0 j_*(\widetilde{\mathcal{M}_n \otimes [-n]})_\ell$ und $R^1 j_*(\tilde{\mathcal{M}}_n)_\ell$ zu berechnen, müssen wir feststellen, wie $M_\mathfrak{u}$ auf $H^0(\mathfrak{u}, \mathcal{M})$ und $H^1(\mathfrak{u}, \mathcal{M})$ operiert; das geschieht durch die beiden Charaktere
$$x \longmapsto \begin{pmatrix} x & 0 \\ 0 & 1 \end{pmatrix} \longmapsto x^0 \qquad \text{auf} \qquad H^0(\mathfrak{u}, \mathcal{M})$$
$$x \longmapsto \begin{pmatrix} x & 0 \\ 0 & 1 \end{pmatrix} \longmapsto x^{-n-1} \qquad \text{auf} \qquad H^1(\mathfrak{u}, \mathcal{M}).$$

Wir hatten oben genauer gesehen, wie die über $\mathbb{Q}$ definierten irreduziblen Komponenten von $\mathcal{S}^{M_n}$ aussehen, wenn wir für K_f die volle Kongruenzuntergruppe mod N nehmen. Sie sind alle gleich $\mathrm{Spec}(\mathbb{Q}(\sqrt[N]{1}))$. Dann folgt, daß

$$\begin{aligned} R^0 j_*(\mathcal{M}_n \otimes [-n]_\ell) \mid \mathrm{Spec}(\mathbb{Q}(\sqrt[N]{1})) &= \mathbb{Q}_\ell(0) \mid \mathrm{Spec}(\mathbb{Q}(\sqrt[N]{1})) \\ R^1 j_*(\mathcal{M}_n \otimes [-n]_\ell) \mid \mathrm{Spec}(\mathbb{Q}(\sqrt[N]{1})) &= \mathbb{Q}_\ell(-n-1) \mid \mathrm{Spec}(\mathbb{Q}(\sqrt[N]{1})). \end{aligned}$$

Es ist klar, daß wir für $(\ell, N) = 1$ genauer zeigen können

$$\begin{aligned} R^0 j_*(\widetilde{\mathcal{M}_n \otimes [-n]_{\mathbb{Z}_\ell}}) \mid \ldots &= \mathbb{Z}_\ell(0) \\ R^1 j_*(\widetilde{\mathcal{M}_n \otimes [-n]_{\mathbb{Z}_\ell}}) \mid \ldots &= \mathbb{Z}_\ell(-n-1) + \text{torsion}, \end{aligned}$$

wobei der Hecke-Operator T_ℓ auf der Torsion nilpotent operiert (siehe auch [Ha-M], 5.7.).

Als zweites Beispiel studiere ich wieder die symplektische Gruppe $G = GSp_n/\mathbb{Q}$. Ich möchte das niedrigste Stratum behandeln. Das hat die Dimension 0. Der hermitesche Anteil der zugehörigen parabolischen Untergruppe ist G_m, der lineare Anteil ist die Gruppe Gl_n. Wir haben oben die Shimura-Varietät beschrieben. Es ist wieder eine zyklotomische Shimura-Varietät.

Wir nehmen zusätzlich noch an, daß $K_f = K_f^0$ die standard-maximal kompakte Untergruppe ist. Dann besteht dieses Randstratum nur aus einem Punkt $p = \mathrm{Spec}(\mathbb{Q})$.

Wenn wir uns einen irreduziblen Modul $\mathcal{M}$ für GSp_n geben, dann ist der Halm von

$$R^\bullet j_*(\mathcal{M})|_p$$

im transzendenten Kontext berechnet einfach

$$H^\bullet(GL_n(\mathbb{Z}), H^\bullet(\mathfrak{u}_Q, \mathcal{M})) = H^\bullet(GL_n(\mathbb{Z})\backslash X^{M_{\mathrm{lin}}}, \widetilde{H^\bullet(\mathfrak{u}_Q; \mathcal{M})}).$$

Wenn wir dies nun mit $\mathbb{Q}_\ell$ tensorieren, dann wird dieser Halm ein Galoismodul. Frage: welcher?

Die Kohomologie $H^\bullet(\mathfrak{u}_Q, \mathcal{M})$ ist ein M-Modul, wobei $M = Q/U_Q$. Wir haben dann eine Operation von G_m auf $H^\bullet(\mathfrak{u}_Q, \mathcal{M})$, die sich aus der Komposition $G_m \to S_{\mathbb{R}} \xrightarrow{h_Q} M_{\mathbb{R}}$ ergibt; und unter dieser Aktion zerlegen wir in Gewichtsräume

$$H^\bullet(\mathfrak{u}, \mathcal{M}) = \bigoplus_{\nu \in \mathbb{Z}} H^\bullet(\mathfrak{u}, \mathcal{M})(\nu).$$

Die Gewichtsräume sind immer noch $GL_n(\mathbb{Z})$-Moduln.

Dann zerlegt sich $Rj_{*,\text{ét}}(\mathcal{M}_\ell)$ nach Gewichten, die Summanden sind

$$H^\bullet(GL_n(\mathbb{Z})\backslash X^{M_{\mathrm{lin}}}, \widetilde{H^\bullet(\mathfrak{u}, \mathcal{M})(\nu)}) \otimes \mathbb{Q}_\ell(\nu),$$

und die Galoisgruppe operiert auf dem linken Faktor des Tensorproduktes trivial.

2.2.10.2. *Erste Anwendungen.* Dieser Satz von Pink ist die Voraussetzung für die modulare Konstruktion von gemischten Motiven und Erweiterungen von endlichen Galoismoduln. Er hat aber auch eine Reihe von anderen Anwendungen, auf die ich kurz eingehen möchte.

Wir wollen jetzt annehmen, daß (*W*) für G und alle M_h, die in den Randstrata auftreten, gilt.

Wenn wir dann den Modul $H^\bullet(\mathfrak{u}_Q, \mathcal{M})$ nach Kostant in irreduzible Moduln zerlegen, dann erhalten wir (wir lassen die Niveaus in der Notation weg)

$$R^\bullet j_*(\tilde{\mathcal{M}})_\lambda \mid \mathcal{S}^{M_h} = \bigoplus_w H^\bullet\left(M_{\mathrm{lin}}(\mathbb{Q})\backslash M_{\mathrm{lin}}(\mathbb{A})/K_\infty^{M_{\mathrm{lin}}}, H^\bullet(\widetilde{\mu_Q, \mathcal{M}_\lambda})(w\cdot\mu)\right).$$

Der Satz von Pink liefert

2.2.10.3. Korollar. *Wenn die Annahme (W) gilt, dann hat der von w herrührende Beitrag rein vom Gewicht* $-\delta_Q(w\cdot\mu) = -\langle h_Q \circ i, w\cdot\mu\rangle$.

Diese Information kann man ausnutzen, um gewisse Verschwindungssätze herzuleiten, wie sie z. B. beim Beweis der Vermutung von Zucker benutzt werden, und man kann das Auftreten von Polen bei Eisensteinreihen in gewissen Fällen ausschließen (siehe 2.3.3.).

Man kann nämlich statt der Erweiterung $R^\bullet j_*(\tilde{\mathcal{M}}_\lambda)$ auch die mittlere Erweiterung

$$j_{!,*}(\mathcal{M}_\lambda)$$

betrachten, die durch geeignetes Abschneiden des Komplexes $R^\bullet j_*(\tilde{\mathcal{M}}_\lambda)$ gewonnen wird. Genauer betrachtet man die schrittweise Baily-Borel Kompaktifizierung, wobei man Strata immer größerer Kodimension hinzufügt:

$$\mathcal{S}^G_{K_f} \overset{j_1}{\hookrightarrow} \mathcal{S}^{G,\wedge,1}_{K_f} \overset{j_2}{\hookrightarrow} \mathcal{S}^{G,\wedge,2}_{K_f} \ldots \mathcal{S}^{G,\wedge,n}_{K_f} = \mathcal{S}^{G,\wedge}_{K}.$$

Und wenn $c_1 < c_2 < \ldots$ die Kodimension dieser Strata sind, dann ist

$$j_{!,*}(\tilde{\mathcal{M}}_\lambda) = \tau_{<c_n} R^\bullet j_{n,*} \tau_{<c_{n-1}} R^\bullet j_{n-1,*} \ldots \tau_{<c_1} R^\bullet j_{1,*}(\tilde{\mathcal{M}}_\lambda)$$

(siehe [Fkl]).

Nach einem tiefliegenden Satz von O. Gabber ist dann $j_{!,*}(\tilde{\mathcal{M}}_\lambda)$ rein, d. h. wenn man zur Kohomologie übergcht, dann ist der Halm

$$\mathcal{H}^p(j_{!,*}(\tilde{\mathcal{M}}_\lambda))_y$$

ein Modul für die Galoisgruppe $\mathrm{Gal}(\overline{\mathbb{Q}}/\mathbb{Q}(y))$; die Eigenwerte der Frobenii $\Phi_\mathfrak{p}^{-1}$ haben algebraische Eigenwerte vom Absolutbetrag $N\mathfrak{p}^{i/2}$ mit einer ganzen Zahl i und $i \leq p$. Das ergibt die folgende Anwendung. Wir betrachten eine maximale parabolische Untergruppe Q. Ich zerlege den reduktiven Quotienten $M = Q/U_Q$ wieder in den linearen und den hermiteschen Anteil.

Natürlich haben wir eine Abbildung

$$\mathcal{H}^p j_{!,*}(\mathcal{M}) \longrightarrow R^p j_*(\mathcal{M}),$$

und wir kennen den Halm $R^p j_*(\mathcal{M})_y$ in einem Punkt $y \in \mathcal{S}^{M_h}(\overline{\mathbb{Q}})$. Er ist

$$\bigoplus_w H^\bullet\left(M_{\mathrm{lin}}(\mathbb{Q})\backslash M_{\mathrm{lin}}(\mathbb{A})/K_\infty^{M_{\mathrm{lin}}}, H^{\ell(w)}(\mathfrak{u}_Q, \mathcal{M}_\lambda)(w\cdot\mu)\right).$$

Ich mache nun eine Annahme, die mir aus meinen vagen Vorstellungen von der Definition der mittleren Erweiterung her plausibel erscheint. Der Modul

$$H_!^\nu\left(M_{\mathrm{lin}}(\mathbb{Q})\backslash M_{\mathrm{lin}}(\mathbb{A})/K_\infty^{M_{\mathrm{lin}}}, H^{\ell(w)}(\mathfrak{u}_Q,\mathcal{M}_\lambda)(w\cdot\mu)\right)$$

im Halm $R^{\nu+\ell(w)}j_*(\mathcal{M}_\lambda)_y$ ist im Bild von $j_{!,*}(\mathcal{M})_y$ enthalten, falls

$$\nu+\ell(w)<\operatorname{codim}\mathcal{S}^{M_h}=\frac{1}{2}\left(\dim X^{M_{\mathrm{lin}}}+\dim\mathfrak{u}_Q+1\right),$$

wobei die Kodimension die komplexe Kodimension ist. Das ist natürlich klar, wenn die halbeinfache Gruppe $G^{(1)}/\mathbb{Q}$ vom $\mathbb{Q}$-Rang 1 ist, denn dann folgt dies direkt aus der Abschneideregel, die die mittlere Erweiterung definiert. Ich nehme hier jetzt an, daß diese Abschneideregel sich im allgemeinen zumindest auf die innere Kohomologie der Faser übertragen läßt.

Wenn wir dann auch noch (*W*) haben, dann folgt:

2.2.10.4. Satz: *Falls*

$$H_!^\bullet\left(M_{\mathrm{lin}}(\mathbb{Q})\backslash M_{\mathrm{lin}}(\mathbb{A})/K_\infty^{M_{\mathrm{lin}}}, H^{\ell(w)}(\mathfrak{u}_Q,\mathcal{M}_\lambda)(w\cdot\mu)\right)\neq(0)$$

dann ist

$$\delta_Q(w\cdot\mu)\neq-\langle i\circ h_Q,\rho_Q\rangle-w(\mathcal{M}),$$
$$\ell(w)\neq\frac{1}{2}\dim\mathfrak{u}_Q$$

und es gilt

$$\delta_Q(w\cdot\mu)>-\langle i\circ h_Q,\rho_Q\rangle-w(\mathcal{M})\Longleftrightarrow\ell(w)<\frac{1}{2}\dim\mathfrak{u}_Q.$$

Dies ergibt sich nun sehr schön aus dem Reinheitssatz von O. Gabber:

Zu dem Element w gibt es ein komplementäres Element w', so daß ww' maximale Länge hat, d. h. es führt Q in seine opponierende Gruppe über. Für eines dieser Elemente — es heiße w_1 — gilt dann

$$\ell(w_1)\leq\frac{1}{2}\dim\mathfrak{u}_Q.$$

Dann gibt es einen Grad ν, der kleiner gleich $\frac{1}{2}\dim X^{M_{\mathrm{lin}}}$ ist, so daß

$$H_!^\nu\left(M_{\mathrm{lin}}(\mathbb{Q})\backslash M_{\mathrm{lin}}(\mathbb{A})/K_\infty^{M_{\mathrm{lin}}}, H^{\ell(w_1)}(\mathfrak{u}_Q,\mathcal{M})(w_1\cdot\mu)\right)\neq 0.$$

Fassen wir dies jetzt als Halm im Punkt y auf, dann wird dieser nach Tensorierung mit $\overline{\mathbb{Q}}_\lambda$ zu einem Galoismodul. Weil er im Bild von $\mathcal{H}^{\ell(w_1)+\nu}Rj_{*,!}(\mathcal{M}_\lambda)$ liegt, ist sein Gewicht nach Gabber $\leq\nu+\ell(w_1)+w(\mathcal{M})$ und nach Pink gleich $-\delta_Q(w_1\cdot\mu)$. Also haben wir

$$-\delta_Q\langle w_1\cdot\mu\rangle\leq\ell(w_1)+\nu+w(\mathcal{M}).$$

Es gilt die Dimensionsrelation

$$2\langle i \circ h_Q, \rho_Q \rangle = \dim X^{M_{\rm lin}} + \dim \mathfrak{u}_Q + 1 = 2\mathrm{codim} S^{M_h}.$$

Aus ihr, der vorangehenden Ungleichung und

$$\ell(w_1) + \nu < \frac{1}{2}(\dim X^{M_{\rm lin}} + \dim \mathfrak{u}_Q + 1)$$

folgt

$$\delta_Q(w_1 \cdot \mu) > -\langle i \circ h_Q, \rho_Q \rangle - w(\mathcal{M}).$$

Wenn wir jetzt noch die Dualitätsrelation

$$\delta_Q(w' \cdot \mu) + \delta(w \cdot \mu) = -2\langle i \circ h_Q, \rho_Q \rangle - 2w(\mathcal{M})$$

heranziehen, dann ergeben sich die beiden ersten Behauptungen unmittelbar. Aber es folgt auch, daß dasjenige Element w_1 aus der Menge $\{w, w'\}$, für das $\ell(w_1) \leq \frac{1}{2} \dim \mathfrak{u}_Q$ gilt, auch dasjenige ist, mit

$$\delta_Q(w_1 \cdot \mu) > -\langle i \circ h_Q; \rho_Q \rangle - w(\mathcal{M}).$$

Dieser Satz ist mit dem Ergebnis von Casselman in [Ca], Prop. 2.5. zu vergleichen, er impliziert fast schon die Vermutung von Zucker (siehe [Lo-Ra]). Wir setzen hier allerdings (*W*) voraus.

2.3. Die Eisensteinklassen

2.3.1. *Allgemeine Tatsachen.* Ich will mit einigen allgemeinen Überlegungen beginnen. Wir gehen von einer beliebigen reduktiven Gruppe $G/\mathbb{Q}$ aus. Wir wählen ein $K_\infty \subset G_\infty$ und ein $K_f \subset G(\mathbb{A}_f)$ und wir betrachten

$$G(\mathbb{Q}) \backslash G_\infty / K_\infty \times G(\mathbb{A}_f)/K_f = S_{K_f}.$$

Dies betten wir in die Borel-Serre-Kompaktifizierung ein:

$$i : S_{K_f} \longrightarrow S_{K_f}^{\wedge\wedge}.$$

Ich habe im vorangehenden Abschnitt den Rand der Borel-Serre-Kompaktifizierung beschrieben. Ich hatte dort gesagt, daß

$$S_{K_f}^{\wedge\wedge} \setminus S_{K_f} = \partial S_{K_f} = \bigcup_Q Y^{[Q]},$$

wobei $[Q]$ die Konjugationsklassen rationaler parabolischer Untergruppen durchläuft. Ich wähle als ein System von Repräsentanten rationaler parabolischer Untergruppen diejenigen, die eine feste minimale parabolische Untergruppe enthalten.

$$Y^{[Q]} = \bigcup_{Q(\mathbb{A}_f) \backslash G(\mathbb{A}_f)/K_f} Q(\mathbb{Q}) \backslash Q(\mathbb{A})(1)/K_\infty^Q \times K_f^Q(\underline{g}_f)$$

(siehe [Ha-E],1.5).

Wenn man $Y^{[Q]}$ abschließt, so besteht dies aus $Y^{[Q]}$ und der Vereinigung der $Y^{[Q']}$ mit $[Q'] \subset [Q]$. Es gibt eine Spektralsequenz

$$H^\bullet(\Delta, \mathcal{H}^\bullet(\mathcal{M})) \Longrightarrow H^\bullet(\partial S_{K_f}, \mathcal{M}),$$

wobei Δ das Simplex der Konjugationsklassen rationaler parabolischer Untergruppen ist, und $\mathcal{H}^\bullet$ das Garbendatum der Kohomologiegruppen der Randstrata ist.

(Die Ecken des Simplex entsprechen den maximal parabolischen Untergruppen. Einer Ecke Q ordnet man die offene Teilmenge $U_Q \subset \Delta$ zu, die man erhält, wenn man die gegenüberliegende Seite herausnimmt. Ist dann Q beliebig parabolisch und $Q = Q_1 \cap \ldots \cap Q_r$ die Darstellung als Durchschnitt maximal parabolischer Untergruppen, dann setzen wir $U_Q = U_{Q_1} \cap \ldots \cap U_{Q_r}$ und

$$\mathcal{H}^\bullet(\tilde{\mathcal{M}})(U_Q) = H^\bullet(Y^{[Q]}, \tilde{\mathcal{M}}).)$$

Es ist jetzt besser zum Limes über immer kleinere K_f überzugehen; dann werden die Kohomologiegruppen $G(\mathbb{A}_f)$-Moduln. Wir deuten das in der Notation dadurch an, daß wir K_f weglassen. Dann wird

$$H^\bullet(Y^{[Q]}, \tilde{\mathcal{M}}) = \mathrm{Ind}_{Q(\mathbb{A}_f)}^{G(\mathbb{A}_f)} H^\bullet(S^M, \widetilde{H^\bullet(\mathfrak{u}, \mathcal{M})}),$$

wobei M der reduktive Levi-Quotient Q ist. Dann können wir in

$$H^\bullet(S^M, \widetilde{H^\bullet(\mathfrak{u}, \mathcal{M})} \otimes \mathbb{C})$$

die cuspidale Kohomologie

$$H^\bullet_{\mathrm{cusp}}(S^M, \widetilde{H^\bullet(\mathfrak{u}, \mathcal{M})} \otimes \mathbb{C})$$

mit Hilfe einer transzendenten Definition auszeichnen (Siehe [Bo], 5.4.)

Borel zeigt, daß es einen natürlichen Schnitt

$$H^\bullet_{\mathrm{cusp}}(S^M, \widetilde{H^\bullet(\mathfrak{u}, \mathcal{M})} \otimes \mathbb{C}) \longrightarrow H^\bullet_c(S^M, \widetilde{H^\bullet(\mathfrak{u}, \mathcal{M})} \otimes \mathbb{C})$$

gibt, und das impliziert:

Wir haben für jede maximal parabolische Untergruppe $[Q]$ *eine Inklusion*

$$H^\bullet_{\mathrm{cusp}}(Y^{[Q]}, \tilde{\mathcal{M}} \otimes \mathbb{C}) \longrightarrow H^\bullet(\partial S, \tilde{\mathcal{M}} \otimes \mathbb{C}).$$

(Wir repräsentieren eine cuspidale Differentialform auf $Y^{[Q]}$ durch eine Form mit kompaktem Träger, die wir dann als Form auf dem ganzen Rand auffassen können.)

2.3.2. *Eisensteinklassen auf Shimura Varietäten.* Jetzt nehme ich an, daß $G/\mathbb{Q}$ zu einer Shimura-Varietät führt. Ich fixiere eine maximal parabolische Untergruppe Q mit reduktivem Quotienten M. Ferner nehme ich an, daß die folgende Bedingung gilt:

Es gibt eine interne Charakterisierung des Untermoduls

$$H^\bullet_{\mathrm{cusp}}(S^M, \widetilde{H^\bullet(\mathfrak{u}, \mathcal{M})} \otimes \mathbb{C}) \subset H^\bullet(S^M, \widetilde{H^\bullet(\mathfrak{u}, \mathcal{M})} \otimes \mathbb{C}) \qquad (IC)$$

mit Hilfe der Hecke-Algebra.

Das impliziert, daß $H^{\bullet}_{\text{cusp}}(\mathcal{S}^M, H^{\bullet}(\mathfrak{u}, \widetilde{\mathcal{M}}) \otimes \mathbb{C})$ über $\bar{Q}$ definiert ist.

In 2.2.10. wurde erläutert, daß auf

$$H^{\bullet}(\mathcal{S}^M, H^{\bullet}(\widetilde{\mathfrak{u}, \mathcal{M}}) \otimes \bar{\mathbb{Q}}_\lambda) = H^{\bullet}(\mathcal{S}^{M_h}, R^{\bullet} j_*(\tilde{\mathcal{M}}_\lambda))$$

eine Operation der Galoisgruppe definiert ist. Dann habe ich nach meiner obigen Annahme (*IC*) auch eine Operation der Galoisgruppe auf

$$H^{\bullet}_{\text{cusp}}(\mathcal{S}^M, H^{\bullet}(\widetilde{\mathfrak{u}, \mathcal{M}_\lambda})) \subset H^{\bullet}(\partial\mathcal{S}, \tilde{\mathcal{M}}_\lambda),$$

und ich kann das inverse Bild dieses Moduls in $H^{\bullet}(\mathcal{S}^{G,\wedge}(\mathbb{C}), Rj_*(\tilde{\mathcal{M}}_\lambda)) = H^{\bullet}(\mathcal{S}^G(\mathbb{C}), \mathcal{M}_\lambda)$ betrachten. Nennen wir es

$$H^{\bullet}_{Q,\text{cusp}}(\mathcal{S}^{G,\wedge}(\mathbb{C}), Rj_*(\tilde{\mathcal{M}}_\lambda)).$$

Wir bekommen dann eine exakte Sequenz von Galoismoduln

$$\begin{aligned} 0 \to H^{\bullet}_!(\mathcal{S}^G \times_{\mathbb{Q}} \overline{\mathbb{Q}}, \mathcal{M}_\lambda) \to H^{\bullet}_{Q,\text{cusp}}(\mathcal{S}^{G,\wedge} \times_{\mathbb{Q}} \overline{\mathbb{Q}}, Rj_*(\tilde{\mathcal{M}}_\lambda)) \\ \to \text{Bild}\,(r) \cap H^{\bullet}_{\text{cusp}}(Y^{[Q]}, \tilde{\mathcal{M}}_\lambda) \to 0. \end{aligned}$$

Es taucht dann die Frage auf, dieses Bild zu beschreiben. Um dies zu tun, macht man einen Ansatz mit der Theorie der Eisensteinreihen, d. h. man arbeitet auf transzendentem Niveau.

Wir haben

$$\begin{aligned} H^{\bullet}_{\text{cusp}}(Y^{[Q]}, \mathcal{M}) &= \text{Ind}_{Q(\mathbb{A}_f)}^{G(\mathbb{A}_f)} H^{\bullet}_{\text{cusp}}(\mathcal{S}^M, H^{\bullet}(\widetilde{\mathfrak{u}, \mathcal{M}})) \\ &= \bigoplus_{w \in W^Q} \text{Ind}_{Q(\mathbb{A}_f)}^{G(\mathbb{A}_f)} H^{\bullet}_{\text{cusp}}(\mathcal{S}^M, H^{\ell(w)}(\widetilde{\mathfrak{u}, \mathcal{M}})(w \cdot \mu)). \end{aligned}$$

Die $M(\mathbb{A}_f)$-Moduln auf der rechten Seite zerlegen wir in isotypische Komponenten und erhalten

$$\bigoplus_{w \in W^Q} \bigoplus_{\pi_f} \text{Ind}_{Q(\mathbb{A}_f)}^{G(\mathbb{A}_f)} H^{\bullet}_{\text{cusp}}(\mathcal{S}^M, H^{\ell(w)}(\widetilde{\mathfrak{u}, \mathcal{M}})(w \cdot \mu))(\pi_f).$$

Hier muß man benutzen, daß man auf $H^{\bullet}_! \otimes \mathbb{C}$ stets ein positiv definites Skalarprodukt hat, das $M(\mathbb{A}_f)$-invariant ist. Und daraus folgt, daß der $M(\mathbb{A}_f)$-Modul $H^{\bullet}_!$ ein halbeinfacher $M(\mathbb{A}_f)$-Modul ist.

Sei jetzt Bild(r_Q) das Bild von der oben definierten Gruppe $H^{\bullet}_{Q,\text{cusp}}$. Es ist die Aufgabe der Theorie der Eisensteinreihen, dieses Bild zu bestimmen und genauer gesagt, soll sie auch noch einen Schnitt

$$\text{Eis} : \text{Bild}(r_Q)_{\mathbb{C}} \longrightarrow H^{\bullet}_{Q,\text{cusp}}(\mathcal{S}^{G,\wedge}, R^{\bullet} j_*(\tilde{\mathcal{M}})_{\mathbb{C}})$$

liefern.

Ich will kurz erläutern, welche Informationen die Theorie der Eisensteinreihen in diesem Fall liefert. Beweise für meine Behauptungen — sie werden weiter unten formuliert — sind nur in Spezialfällen aufgeschrieben (siehe [Ha-GL2] für die Gruppe

GL_2/F (F beliebiger Zahlkörper) und in [Ha-GU] für die Gruppen vom Typ $GU(2,1)$. In [Ha-Bom] ist der Fall der Gruppen vom $\mathbb{Q}$-Rang 1 behandelt, aber dort wird noch nicht die Sprache der Darstellungstheorie benutzt. Es ist geplant, diese Dinge allgemein in einem Buch mit J. Schwermer darzustellen.

Zur Formulierung des Ergebnisses brauche ich noch einige Vorbereitungen. In unserem Fall ist die Konjugationsklasse $[Q]$ selbstopponierend. Es gibt also ein $w_0 \in W^Q$, das Q in die opponierende Gruppe abbildet. Dann gibt es zu $w \in W^Q$ immer ein w' mit $w\,w' = w_0$.

Wir gruppieren jetzt die Summe auf der rechten Seite noch ein wenig um

$$\bigoplus_{\{w,w'\}} \bigoplus_{\{\pi_f, w_0\cdot\pi_f\}} \Big(\mathrm{Ind}_{Q(\mathbb{A}_f)}^{G(\mathbb{A}_f)} H^\bullet_{\mathrm{cusp}}(S^M, H^{\ell(w)}(\mathfrak{u},\mathcal{M})(w\cdot\mu))(\pi_f)$$
$$\oplus \mathrm{Ind}_{Q(\mathbb{A}_f)}^{G(\mathbb{A}_f)} H^\bullet_{\mathrm{cusp}}(S^M, H^{\ell(w')}(\mathfrak{u},\mathcal{M})(w'\cdot\mu))(w_0\cdot\pi_f)\Big).$$

Wir wollen das ein wenig abkürzend notieren, indem wir $\{\pi_f, w_0\cdot\pi_f\} = \bar{\pi}_f$ setzen. Den induzierten Modul bezeichnen wir mit $I^\bullet(\pi_f)$. Dann bekommen wir

$$\bigoplus_{w,w'} \bigoplus_{\bar{\pi}_f} (I^\bullet(\pi_f) \oplus I^\bullet(w_0\cdot\pi_f)).$$

Wir können die Paare $\{\pi_f, w_0\cdot\pi_f\}$ noch anordnen. Dazu erinnern wir uns an die Funktion $\delta_Q(w\cdot\mu) = \langle i\circ h_Q, w\cdot\mu\rangle$ und an das Gewicht $w(\mathcal{M})$ der Darstellung $\mathcal{M}$ (siehe 2.2.9.1.). Man hat eine "Dualitätsrelation"

$$\delta(w'\cdot\mu) + \delta(w\cdot\mu) = -2\langle i\circ h_Q, \rho_Q\rangle - 2w(\mathcal{M}).$$

Wir haben in 2.2.10.2. gesehen, daß der Fall

$$\delta_Q(w\cdot\mu) = -\langle i\circ h_Q, \rho_Q\rangle - w(\mathcal{M})$$

unter den gegebenen Umständen nicht vorkommt. (Das folgt auch aus der Tatsache, daß die L^2-Kohomologie in diesem Fall endliche Dimension hat (Borel-Casselman)).

Wir ordnen $\{\pi_f, w_0\cdot\pi_f\}$ so an, daß $\delta(w\cdot\mu) < -\langle i\circ h_Q, \rho_Q\rangle - w(\mathcal{M})$ und $\delta(w'\cdot\mu)\rangle > -\langle i\circ h_Q, \rho_Q\rangle - w(\mathcal{M})$. Dann gilt

(1) *Das Bild* $\mathrm{Bild}(r_Q)$ *ist mit der direkten Summenzerlegung verträglich, d. h.*

$$\mathrm{Bild}(r_Q) = \bigoplus_{\{w,w'\}} \bigoplus_{\bar{\pi}_f} \mathrm{Bild}(r_Q) \cap (I^\bullet(\pi_f) \oplus I^\bullet(w_0\cdot\pi_f)).$$

(2) *Es ist*

$$\mathrm{Bild}(r_Q)(\pi_f) = \mathrm{Bild}(r_Q) \cap (I^\bullet(\pi_f) \oplus I^\bullet(w_0\cdot\pi_f)) = I^{\bullet,\prime}(\pi_f) \oplus J^\bullet(w_0\cdot\pi_f),$$

wobei $I^{\bullet,\prime}(\pi_f)$ *und* $J^\bullet(w_0\cdot\pi_f)$ *orthogonale Komplemente voneinander bezüglich einer nicht entarteten Paarung zwischen den Summanden sind (cup-Produkt auf der Kohomologie des Randes). Der Modul* $J^\bullet(w_0\cdot\pi_f)$ *ist ein Quotient von* $I^\bullet(\pi_f)$*, genauer gilt* $I^\bullet(\pi_f)/I^{\bullet,\prime}(\pi_f) = J^\bullet(w_0\cdot\pi_f)$.

(3) *Es gibt einen über $\mathbb{C}$ definierten mit der $G(\mathbb{A}_f)$-Modulstruktur verträglichen Schnitt*

$$\mathrm{Eis} : \mathrm{Bild}(r_Q)(\pi_f) \otimes \mathbb{C} \longrightarrow H^\bullet(\mathcal{S}^G(\mathbb{C}), \mathcal{M}_\mathbb{C}).$$

(4) *Der Modul $I^{\bullet,\prime}(\pi_f) \otimes \mathbb{C}$ ist stets ungleich Null.*
(5) *Die Frage, ob $J^\bullet(w_0 \cdot \pi_f) \neq 0$ ist, hängt davon ab, ob eine gewisse L-Funktion zu der automorphen Form π auf $M(\mathbb{A})$, deren endliche Komponente π_f ist, an einer bestimmten kritischen Stelle einen Pol hat.*

Wenn dies der Fall ist, dann ist der Modul

$$\mathrm{Eis}(J^\bullet(w_0 \cdot \pi_f)) \subset H^\bullet_{(2)}(\mathcal{S}^G(\mathbb{C}), \tilde{\mathcal{M}}_\mathbb{C}),$$

d. h. er besteht aus quadratintegrierbaren Klassen.

2.3.3. *Das Gewichtespiel.* Ich kann mich nicht davon enthalten, an dieser Stelle wieder einmal ein kleines Spiel mit Gewichten anzustellen.

Wir machen wieder die Annahme (W); dann kennen wir die Gewichte der Galoismoduln

$$I^{m+\nu+\ell(w)}(\pi_f) \otimes \bar{\mathbb{Q}}_\ell \subset$$
$$\mathrm{Ind}_{Q(\mathbb{A}_f)}^{G(\mathbb{A}_f)} H^m_{\mathrm{cusp}}\left(\mathcal{S}^{M_h} \times_\mathbb{Q} \bar{\mathbb{Q}}, H^\nu_{\mathrm{cusp}}\left(\mathcal{S}^{M_{\mathrm{lin}}}, \widetilde{H^{\ell(w)}(\mathfrak{u}, \mathcal{M})(w \cdot \mu)_\lambda}\right)\right),$$

denn die Garbe im Argument ist eine Garbe vom Gewicht $-\delta_Q(w \cdot \mu)$ (dabei können wir dort auch den Index "cusp" weglassen), und wenn wir bezüglich M^h die cuspidale Kohomologie nehmen, dann erhalten wir das Gewicht

$$m - \delta(w \cdot \mu).$$

Wir bemerken, daß für ein geeignetes m diese cuspidale Kohomologie nicht verschwindet, falls nur

$$H^\nu_{\mathrm{cusp}}(\mathcal{S}^{M_{\mathrm{lin}}}, H^{\ell(w)}(\mathfrak{u}, \mathcal{M})) \neq 0 \qquad (NN(w,\nu))$$

gilt. Dann ist nach der Aussage (4) oben auch

$$I^{m+\nu+\ell(w),\prime}(\pi_f) \otimes \bar{\mathbb{Q}}_\lambda \neq 0,$$

und die Klassen aus diesem Modul können wir zu globalen Klassen liften. Der Modul $H^{m+\nu+\ell(w)}(\mathcal{S}^\wedge, Rj_*(\mathcal{M}_\lambda))$ ist ein gemischter Galoismodul, und daher sind nach Deligne (Siehe [De-We2]) die dort auftretenden Gewichte immer größer oder gleich $m+\nu+\ell(w)+w(\mathcal{M})$. Also ist

$$m + \nu + \ell(w) + w(\mathcal{M}) \leq -\delta_Q(w \cdot \mu) + m,$$

d. h. wir bekommen unter der Annahme $NN(w,\nu)$ die Ungleichung

$$\nu + \ell(w) \leq -\delta_Q(w \cdot \mu) - w(\mathcal{M}). \qquad (oben)$$

Diese Ungleichung ist am schärfsten, wenn wir für ν den Index $\nu_{\max}$ einsetzen. Das ist der größte Index der ($NN(w,\nu)$) erfüllt.

Das obige Argument ist dual zu dem Argument in 2.2.10., es liefert die gleichen Konsequenzen, wir benutzen hier nicht den Reinheitssatz von Gabber sondern die etwas schwächeren Aussagen aus [De-We2]. Dafür werfen wir eine Tatsache aus der Theorie der Eisensteinkohomologie in die Waagschale.

Wenn jetzt auch noch $J^\bullet(w_0 \cdot \pi_f) \neq 0$, d. h. wenn wir einen von Null verschiedenen Untermodul im Bild von r_Q haben, der z. B. in

$$H^m_{\text{cusp}}\left(\mathcal{S}^{M_h}, H^{\nu'}_{\text{cusp}}(\mathcal{S}^{M_{\text{lin}}}, H^{\ell(w')}(\mathfrak{u}, \mathcal{M})_\lambda(w' \cdot \mu))\right)(\pi_f)$$

sitzt, dann ist mit $w' = w_0 \cdot w$

$$\nu' + \ell(w') \leq -\delta_Q(w' \cdot \mu). \qquad (unten)$$

Hier durchläuft ν' nicht mehr alle Indizes.

Addieren wir diese beiden Ungleichungen, so erhalten wir

$$\nu_{\max} + \nu' + \ell(w) + \ell(w') \leq 2\langle i \circ h_Q, \rho_Q\rangle.$$

Zu dem Grad $\nu_{\max}$ gibt es auch den Grad $\nu_{\min}$; das ist der kleinste Grad, in dem cuspidale Kohomologie in $H^\bullet_{\text{cusp}}(\mathcal{S}^{M_{\text{lin}}}, H^{\ell(w')}(\mathfrak{u}, \mathcal{M})_\lambda(w' \cdot \mu)))(\pi_f)$ auftaucht. Es ist auf Grund der Poincaré-Dualität

$$\nu_{\max} + \nu_{\min} + \ell(w) + \ell(w') = \dim S^{M_{\text{lin}}} + \dim U_Q = 2\langle i \circ h_Q, \rho_Q\rangle - 1.$$

Das zeigt, daß in den Ungleichungen (*oben*) mit $\nu_{\max}$ und (*unten*) mit $\nu_{\min}$ eine der beiden Ungleichungen eine Gleichung sein muß, und daß in der anderen die linke Seite gerade um 1 kleiner ist. Dann ist aber klar, daß die Ungleichung (*unten*) eine Gleichung ist. Das sieht man, wenn man das Argument mit dem Reinheitssatz von Gabber aufgreift; dort haben wir gerade die umgekehrte Ungleichung gezeigt. Wir sehen also auch noch, daß $\nu' = \nu_{\min}$. Das heißt, wir erhalten, daß der Modul $J^\bullet(w_0 \cdot \pi_f)$ nur im niedrigst möglichen Grad $\neq 0$ sein kann, d. h.

$$J^\bullet(w_0 \cdot \pi_f) \subset H^\bullet\left(\mathcal{S}^{M_h}(\mathbb{C}), H^{\nu_{\min}}_{\text{cusp}}\left(\mathcal{S}^{M_{\text{lin}}}, H^{\ell(w')}(\widetilde{\mathfrak{u}, \mathcal{M}})(w' \cdot \mu)\right)\right).$$

Ich bin bislang gar nicht auf die aktuelle Konstruktion der Eisensteinreihen eingegangen. Sie sind durch eine Summation definiert, die nach Einführung eines komplexen Parameters konvergent gemacht und dann meromorph fortgesetzt wird. Die Frage, ob $J^\bullet(\pi_f) \neq 0$, hängt dann von dem Auftreten von Polen im konstanten Term der Eisensteinreihe ab, und somit vom Auftreten von Polen in gewissen, der automorphen Form π auf M zugeordneten L-Funktionen. Das obige Argument mit den Gewichten liefert uns nun Möglichkeiten das Auftreten von Polen in gewissen Fällen auszuschließen.

2.3.4. *Die allgemeine Zielsetzung.* Ich will an dieser Stelle auf einem relativ allgemeinen Niveau erklären, welches meine Ziele sind. Ich habe das schon in 2.2.3. kurz angedeutet; ich kann sie jetzt aber viel genauer formulieren. Anschließend an diese allgemeine Diskussion werde ich dann mehrere Beispiele durchrechnen. (siehe 3.1.4, 3.1.5 und 3.2.7.)

Eine fundamentale Frage, die sich in dieser Situation stellt, ist die Frage nach der "algebraischen Natur" oder der "arithmetischen Natur"des Schnitts

$$\text{Eis} : I^{\bullet,\prime}(\pi_f)_{\mathbb{C}} \oplus J^\bullet(\pi_f)_{\mathbb{C}} \longrightarrow H^\bullet_{Q,\text{cusp}}(\mathcal{S}^{G,\wedge}, R^\bullet j_*(\tilde{\mathcal{M}})_{\mathbb{C}}).$$

Ich möchte wissen, ob dieser Schnitt über $\bar{\mathbb{Q}}$ oder genauer über dem Definitionskörper $\mathbb{Q}(\pi_f)$ der obigen $M(\mathbb{A}_f)$-Moduln definiert ist. (Eine genaue Formulierung findet man in meiner Arbeit [Ha-GL2], 4.2.1 Cor.). Wenn dieser Schnitt über über diesem Körper definiert ist, dann gehe ich zur ganzzahligen Kohomologie über, und untersuche die Frage, ob dieser Schnitt auch in der ganzzahligen Kohomologie definiert ist. Dies wird in Beispielen in [Ha-M], Chap VI und in der Diplomarbeit von Ch. Kaiser [Kai] untersucht.

Wenn man die erste Frage angreifen will, so hat man eine bekannte Methode. Man muß feststellen, ob es Verkettungsoperatoren

$$T_1 : I^{\bullet,\prime}(\pi_f)_{\mathbb{C}} \longrightarrow H_!^{\bullet}(\mathcal{S}(\mathbb{C}), \tilde{\mathcal{M}}_{\mathbb{C}})$$

$$T_2 : J^{\bullet}(\pi_f)_{\mathbb{C}} \longrightarrow H_!^{\bullet}(\mathcal{S}(\mathbb{C}), \tilde{\mathcal{M}}_{\mathbb{C}})$$

gibt. Wenn es diese nicht gibt, dann zeigt das bekannte Argument von Manin-Drinfeld (siehe [Ha-GL2], 4.3), daß der Schnitt über $\bar{\mathbb{Q}}$ oder besser über $\mathbb{Q}(\pi_f)$ definiert ist.

Wir sagen jetzt, daß wir im $\mathcal{MD}$-Fall sind, wenn

$$\mathrm{Hom}_{G(\mathbb{A}_f)}(I^{\bullet,\prime}(\pi_f)_{\mathbb{C}} \oplus J^{\bullet}(\pi_f)_{\mathbb{C}}, H_!^{\bullet}(\mathcal{S}^G(\mathbb{C}), \mathcal{M}_{\mathbb{C}})) = 0,$$

wobei wir nur Homomorphismen zulassen, die die Graduierung respektieren.

Ich habe in mehreren Arbeiten Fälle studiert, in denen $\mathcal{MD}$ gilt, und ich habe gezeigt, daß man daraus Rationalitätsaussagen für spezielle Werte von L-Funktionen gewinnen kann ([Ha-GL2], [Ha-GLn]).

Hier interessiert es mich nun, Fälle zu finden, in denen $\mathcal{MD}$ nicht gilt. Ich werde eine Reihe von Beispielen dafür diskutieren. Ich will das Problem in diesem sehr allgemeinen Kontext analysieren. Zunächst stelle ich fest, daß sowohl die Aussage $J^{\bullet}(w_0 \cdot \pi_f) \neq 0$ als auch die Aussage

$$\mathrm{Hom}_{G(\mathbb{A}_f)}(I^{\bullet}(\pi_f), H_!^{\bullet}(\mathcal{S}^G(\mathbb{C}), \mathcal{M}_{\mathbb{C}})) \neq 0$$

implizieren, daß $I^{\bullet}(\pi_f)$ einen nicht trivialen unitarisierbaren Quotientenmodul besitzt. In einem festen Grad q ist $I^q(\pi_f)$ ein Tensorprodukt von lokalen Moduln

$$I^q(\pi_f) = \bigotimes_p I(\pi_p),$$

und es ist klar, daß $J^{\bullet}(w_0 \cdot \pi_f) \neq 0$ oder (non $\mathcal{MD}$) die lokale Bedingung

Für alle p hat $I(\pi_p)$ einen nichttrivialen unitarisierbaren Quotienten (*locu Q*)

erzwingt (Für ein Beispiel siehe 3.2.2.) Dieser Quotient heiße $J(\pi_p)$ wir setzen $J(\pi_f) = \otimes J(\pi_p)$. Er ist dann automatisch irreduzibel. Wir nehmen jetzt an, daß (*locu Q*) erfüllt ist.

In dieser Theorie der Eisensteinreihen wird gezeigt, daß $J^{\bullet}(w_0 \cdot \pi_f) \neq 0$ genau dann gilt, wenn eine Eisensteinreihe, die zu der zu π_f gehörenden automorphen Form π auf $M(\mathbb{A})$ gebildet ist, an einem bestimmten kritischen Argument einen Pol hat. Das hängt davon ab, ob der konstante Term der Eisensteinreihe einen Pol hat. Dieser konstante Term ist im wesentlichen (bis auf einen holomorphen Faktor) ein Produkt von endlich vielen Faktoren der Form

$$\frac{L(\pi, r, s)}{L(\pi, r, s+1)}.$$

Das sind die L-Funktionen im Sinne von Langlands (siehe [La]). Wir können unsere Daten so normieren, daß das kritische Argument gerade $s = 0$ ist.

In den Fällen, die ich kenne, und in denen (*locu* Q) gilt, ist einer der Faktoren von der Form

$$\frac{\zeta(1+s)}{\zeta(2+s)},$$

wobei $\zeta(s)$ die Riemannsche Zetafunktion ist. Sie produziert einen Pol erster Ordnung bei $s = 0$. Dann bedeutet dies aber nicht unbedingt, daß wirklich ein Pol auftritt. Es ist immer noch möglich, daß einer der anderen Faktoren

$$L(\pi, r, 0) = 0.$$

Dann kürzt sich der Pol heraus, und das impliziert dann, daß

$$H^q(\mathcal{S}^G(\mathbb{C}), \tilde{\mathcal{M}}) \longrightarrow I^q(\pi_f)$$

surjektiv ist. (Wir haben schon weiter oben gesehen, daß Pole sowieso nur unter gewissen extremen Bedingungen auftreten.)

Es kommt auch vor, daß sich der Pol der Zetafunktion gegen den lokalen Verkettungsoperator wegkürzt; dafür verweise ich auf ([Ha-GL2], S. 83 - 84).

Mich interessiert es nun besonders, Situationen zu betrachten, in denen zwar (*locu* Q) gilt, aber dennoch kein Pol auftritt.

Wir nehmen auch noch an, daß der unitarisierbare Quotient $J(\pi_f) = \otimes J(\pi_p)$ in $H^q_!(\mathcal{S}^G(\mathbb{C}), \tilde{\mathcal{M}})$ mit positiver Multiplizität auftritt. Diese sei $m_q(\pi_f)$.

Wir gehen dann zu einem endlichen Niveau K_f über. Wir können mit Hilfe der Hecke-Algebra einen Untermodul $H^q(\pi_f)^{K_f}$ auszeichnen, der in einer exakten Sequenz sitzt

$$0 \longrightarrow (J(\pi_f)^{K_f})^{m_q(\pi_f)} \longrightarrow H^q(\pi(\pi_f))^{K_f} \longrightarrow I^q(\pi_f)^{K_f} \longrightarrow 0.$$

Dazu braucht man nur ein geeignetes Idempotent im Zentrum.

Jetzt besitzt $I^q(\pi_f)^{K_f}$ noch einen Hecke-äquivarianten Homomorphismus auf $J(\pi_f)^{K_f}$. Wir nehmen jetzt an, daß es eine Unteralgebra $\mathcal{H}_J(G(\mathbb{A}_f)//K_f)$ in $\mathcal{H}(G(\mathbb{A}_f)//K_f)$ gibt, die den Kern $I^{q,\prime\prime}(\pi_f)$ von

$$I^q(\pi_f)^{K_f} \longrightarrow J(\pi_f)^{K_f}$$

annulliert und auf $J(\pi_f)^{K_f}$ irreduzibel operiert. Dann können wir $H^q(\pi_f)^{K_f}$ noch weiter zerlegen in

$$H^q(\pi_f)^{K_f} = M^q(\pi_f)^{K_f} \oplus I^{q,\prime\prime}(\pi_f)^{K_f},$$

wobei jetzt $M^q(\pi_f)^{K_f}$ in einer kurzen exakten Sequenz

$$0 \longrightarrow (J(\pi_f)^{K_f})^{m_q(\pi_f)} \longrightarrow M^q(\pi_f)^{K_f} \longrightarrow J(\pi_f)^{K_f} \longrightarrow 0$$

sitzt.

Diesen direkten Summanden $M^q(\pi_f)^{K_f}$, den wir mit Hilfe der Hecke-Algebra durch geeignete Projektoren (die nicht notwendig zentral sind) definieren können, interpretieren wir nun als gemischtes Motiv. Dies werde ich später in den Beispielen teilweise noch genauer erläutern, hier gehe ich nur auf die ℓ-adische Realisierung ein.

Wenn wir zur étalen Kohomologie übergehen, d. h. wir bilden $M^q(\pi_f)^{K_f} \otimes \bar{\mathbb{Q}}_\lambda$, dann wird dies ein Modul für die Galoisgruppe. Es ist dann klar, daß die Galoisoperation die exakte Sequenz respektiert. Weil aber der Hecke-Modul im Sockel — der Modul $(J(\pi_f)_\lambda^{K_f})^{m_q(\pi_f)}$— und der auf dem Deckel—die Kopie von $J(\pi_f)_\lambda$ auf der rechten Seite— isomorph sind, kann die Hecke-Algebra diese Sequenz von Galoismoduln nicht spalten.

Wir können also zusammenfassend sagen:

Wenn wir (locuQ) haben, und trotzdem kein Pol der Eisensteinreihe auftritt, d. h. $H^q(\mathcal{S}^G(\mathbb{C}), \mathcal{M}) \to I^q(\pi_f)$ ist surjektiv, dann haben wir Chancen, gemischte Motive zu konstruieren.

Oben habe ich erklärt, daß das Verschwinden des Pols unter Umständen durch das Verschwinden einer L-Funktion $L(\pi, r, s)$ bei $s = 0$ verursacht wird. In den Beispielen werden wir sehen, daß diese L-Funktion ihrerseits die L-Funktion eines reinen Motivs ist. Es ist das Motiv, das dem Sockel zugeordnet ist. Wir bekommen also eine Erweiterung des Motivs, das zum Deckel gehört, durch das Motiv zum Sockel. Solche Erweiterungen werden nach der Vermutung von Beilinson-Deligne durch das Verschwinden der L-Werte erzwungen. Ich hoffe, daß die später in den Beispielen konstruierten Motive unter gewissen Voraussetzung kritisch sind im Sinne von Scholl sind (siehe 1.2.10.).

Die folgende Überlegung ist außerordentlich spekulativ. Weil wir von der cuspidalen Kohomologie am Rand ausgehen, können die Pole der Eisensteinreihen höchstens Pole erster Ordnung sein. Das impliziert, daß schon eine Nullstelle erster Ordnung in einem der weiteren Faktoren den Pol kürzt, und es kommt auf die Verschwindungsordnung gar nicht an. Es scheint mir durchaus eine sinnvolles Problem zu sein, auch Eisensteinklassen zu nicht cuspidalen Klassen oder zu kleineren parabolischen Untergruppen zu untersuchen. Dann kann es vielleicht passieren, daß Pole höherer Ordnung auftreten, die dann mit Nullstellen von L-Funktionen konkurrieren. Dann kommt es auf die Ordnungen dieser Nullstellen an, und vielleicht kann man Erweiterungen von Motiven konstruieren, die von Nullstellen höherer als erster Ordnung herkommen.

Schließlich möchte ich noch ganz kurz etwas zu dem Fall sagen, in dem $\mathcal{MD}$ gilt. Dann ist der Eisensteinschnitt rational (im Sinne von [Ha-GL2]), und wir interessieren uns für seine arithmetischen Eigenschaften. Die Anwendungen, die ich dabei im Sinn habe, gehen in die gleiche Richtung wie oben. In diesem Fall sieht man, daß die Hecke-Algebra die exakte Sequenz von Galoismoduln

$$0 \to H_!^q(\mathcal{S}_{K_f}^G \times_E \bar{\mathbb{Q}}, \tilde{\mathcal{M}}_\lambda) \to H^q(\mathcal{S}_{K_f}^G \times_E \bar{\mathbb{Q}}, \tilde{\mathcal{M}}_\lambda)(\pi_f) \to I^{q,\prime}(\pi_f)_\lambda^{K_f} \to 0$$

spaltet. Man bekommt eine direkte Summe von Galoismoduln. Das ist aber nicht mehr notwendig so, wenn man zur ganzzahligen Kohomologie übergeht. Als Resultat erhofft man sich die Konstruktion von exakten Sequenzen von Galoismoduln mod p^δ, die nicht spalten, und deren Existenz durch Teilbarkeiten von L-Werten durch hohe Potenzen von p vorausgesagt werden. Damit ist die Situation völlig analog zu der oben diskutierten: das Verschwinden von L-Werten erlaubt die Konstruktion von Erweiterungen von Gakoismoduln, die $\bar{\mathbb{Q}}_\lambda$-Vektorräume sind; das Verschwinden modulo Potenzen von p liefert Erweiterungen von Torsionsmoduln. Das ist z.B. in [Ha-M], Chap. VI ausführlich behandelt worden. (siehe auch [Ha-P])

Kapitel III
Die Beispiele

3.1. Die projektive symplektische Gruppe $PGSp_2$.
Ich betrachte den Vektorraum $V = \mathbb{Q}^4 = \mathbb{Q}e_1 \oplus \mathbb{Q}e_2 \oplus \mathbb{Q}f_2 \oplus \mathbb{Q}f_1$ mit der üblichen symplektischen Form $< e_i, f_j >= \delta_{ij}$. Es sei $G/\mathbb{Q}$ die projektive Gruppe zur Gruppe der symplektischen Ähnlichkeiten dieser Form. (Der Übergang zur projektiven Gruppe wird vorgenommen, weil sich dann einige technische Vereinfachungen ergeben. Die folgenden Überlegungen sind aber mutatis mutandis auch allgemein gültig.)

Wir wählen den Standardtorus

$$T = \left\{ \begin{pmatrix} t_1 & & & 0 \\ & t_2 & & \\ & & t_3 & \\ 0 & & & t_4 \end{pmatrix} \mid t_1 t_4 = t_2 t_3 \right\} \bmod G_m.$$

Er ist in der Boreluntergruppe B der oberen Dreiecksmatrizen enthalten. Wir haben dann als einfache Wurzeln und fundamentale Gewichte

$$\beta = t_1/t_2, \quad \alpha = t_2/t_3, \quad 2\gamma_\beta = t_1/t_4, \quad \gamma_\alpha = t_1/t_3$$

was dann im Dynkin-Diagramm so aussieht:

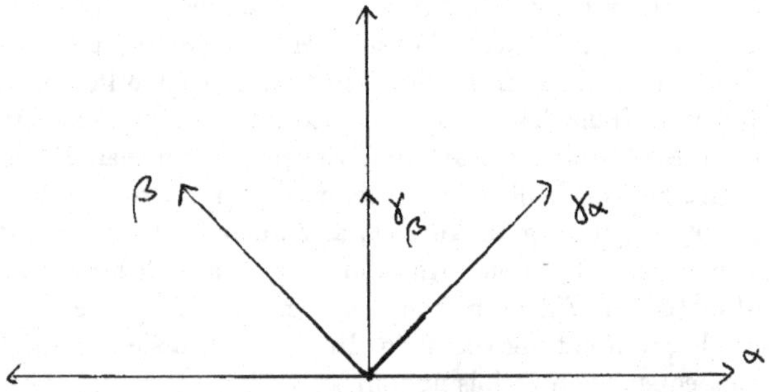

Es sei Δ die Menge der Wurzeln, und es seien P_α, P_β die beiden maximal parabolischen Untergruppen oberhalb von B; dabei gibt der Index jeweils an, welche Wurzeln hinzukommen. Es ist dann so, daß P_α der Stabilisator der Fahne
$0 \subset \langle e_1 \rangle \subset \langle e_1, e_2, f_2 \rangle \subset V$ ist, und P_β ist der Stabilisator von $\langle e_1, e_2 \rangle \subset V$. Man überzeugt sich leicht davon, daß die Levi-Untergruppe M_α, M_β von P_α, P_β, die durch den Torus T ausgewählt werden, von der Form

$$M_\alpha = GL_2$$
$$M_\beta = PGL_2 \times G_m$$

sind.

Das unipotente Radikal U_{P_α} ist eine Heisenberg-Gruppe und U_{P_β} ist abelsch.

Wir betrachten jetzt die zugehörige Shimura-Varietät. Dabei will ich jetzt auch noch annehmen, daß $K_f = K_f^0$ die standard maximal kompakte Untergruppe ist. Dann haben wir das Diagramm, das die Borel-Serre Kompaktifizierung mit der Baily-Borel Kompaktifizierung vergleicht (siehe 2.2.4.). Das sieht dann so aus (wir lassen den Index K_f^0 in der Notation weg):

$$\begin{array}{ccccccccc}
\mathcal{S}(\mathbb{C}) & \xrightarrow{i} & \mathcal{S}^{\wedge\wedge}(\mathbb{C}) & = & \mathcal{S}(\mathbb{C}) & \cup & \Gamma_\alpha\backslash e(Q_\alpha) & \cup & \underbrace{\Gamma_\beta\backslash e(Q_\beta)\cup\Gamma_B\backslash e(B)} \\
 & \searrow^{j} & \downarrow & & & & \downarrow \pi_\alpha & & \downarrow \pi_\beta \\
 & & \mathcal{S}^{\wedge}(\mathbb{C}) & = & \mathcal{S}(\mathbb{C}) & \cup & \mathcal{S}^{M_\alpha}(\mathbb{C}) & \cup & \mathcal{S}^{M_\beta}(\mathbb{C})
\end{array}$$

wobei $\mathcal{S}^{M_\alpha}(\mathbb{C}) = (\mathbb{P}^1 \setminus \{\infty\})(\mathbb{C})$ und $\mathcal{S}^{M_\beta}(\mathbb{C})$ einfach ein Punkt ist.

Die Theorie der kanonischen Modelle für die Baily-Borel Kompaktifizierung zeigt uns, wie wir die beiden Randstrata als komplexe Punkte von Shimura-Varietäten über $\mathbb{Q}$ interpretieren können: Das eindimensionale Stratum $\mathcal{S}^{M_\alpha}/\mathbb{Q}$ ist die zu $GL_2(\mathbb{Z})$ gehörige Shimura-Varietät und $\mathcal{S}^{M_\beta} = \mathrm{Spec}(\mathbb{Q})$.

Ich will nun die allgemeinen Überlegungen aus dem vorangehenden Abschnitt (insbesondere 2.3.4.) auf das nulldimensionale Stratum anwenden. Das andere Stratum verdient natürlich auch die gleiche Aufmerksamkeit.

Wir geben uns jetzt noch eine irreduzible Darstellung $\mathcal{M}$ mit dem höchsten Gewicht

$$\mu = n_\alpha\gamma_\alpha + n_\beta\gamma_\beta.$$

Damit das eine Darstellung der projektiven symplektischen Gruppe wird, muß $n_\beta \equiv 0 \bmod 2$ gelten. Wir wenden den Satz von Pink an, um den Halm $Rj_*(\mathcal{M}_\ell)$ in $\mathcal{S}^{M_\beta} = \{pt\}$ zu berechnen. Zunächst berechnen wir die M_β-Moduln $H^\bullet(\mathfrak{u}_\beta, \mathcal{M})$. Die Kostant-Vertreter in der Weylgruppe sind

$$1\,,\ w_\alpha\,,\ w_\alpha w_\beta\,,\ w_\alpha w_\beta w_\alpha,$$

und wir haben die beiden Kocharaktere

$$\begin{array}{ccccc}
\beta^\vee & : & G_m & \longrightarrow & T \\
\beta^\vee & : & x & \longmapsto & \begin{pmatrix} x & & & 0 \\ & x^{-1} & & \\ & & x & \\ 0 & & & x^{-1} \end{pmatrix} \\
\chi_\beta & : & G_m & \longrightarrow & T \\
\chi_\beta & : & x & \longmapsto & \begin{pmatrix} x & & & 0 \\ & x & & \\ & & 1 & \\ 0 & & & 1 \end{pmatrix}
\end{array}$$

Die gesuchten Moduln sind durch die folgende Tabelle gegeben:

	1	w_α	$w_\alpha w_\beta$	$w_\alpha w_\beta w_\alpha$
$\langle\beta^\vee, w(\mu+\rho)-\rho\rangle$	n_β	$2n_\alpha+n_\beta+2$	$2n_\alpha+n_\beta+2$	n_β
$\langle\chi_\beta, w(\mu+\rho)-\rho\rangle$	$n_\alpha+\frac{n_\beta}{2}$	$\frac{n_\beta}{2}-1$	$-\frac{n_\beta}{2}-2$	$-n_\alpha-\frac{n_\beta}{2}-3$

Wir erinnern uns daran, daß $M_\beta = PGL_2 \times G_m$. Die erste Zeile liefert uns die Einschränkung der Darstellung auf PGL_2; der Eintrag ist das höchste Gewicht (die Einträge in der ersten Zeile sind gerade). Die zweite Zeile liefert den Charakter auf dem Faktor G_m. Wenn wir den Satz von Pink anwenden, dann können wir hier ausnutzen, daß das Randstratum nur aus einem Punkt besteht, d. h. wir haben $\underline{g}_f = 1$. Es ist $K_f^{M_\beta}(1) = PGL_2(\hat{\mathbb{Z}}) \times \hat{\mathbb{Z}}^*$ und $K_\infty^{M_\beta} = (O(2)/\pm Id) \times \mathbb{R}_{>0}^* = \overline{O(2)} \times \mathbb{R}_{>0}^*$ (man muß bedenken, daß K_∞ in $PGSp_2(\mathbb{R})$ zusammenhängend ist, aber daß K_∞ dennoch im Faktor $PGL_2(\mathbb{R})$ von $M_{\beta\infty}$ eine nicht zusammenhängende Gruppe ausschneidet). Setzen wir jetzt

$$X^{M_\beta} = M_{\beta,\infty}/K_\infty^{M_\beta} = PGL_2(\mathbb{R})/\overline{O(2)} \times \{\pm 1\} = X^{M_\beta^{(1)}} \times \{\pm 1\},$$

dann wird

$$\Gamma_{M_\beta}\backslash X^{M_\beta} = PGL_2(\mathbb{Z})\backslash X^{M_\beta^{(1)}}.$$

Also bekommen wir

$$R^\bullet j_*(\mathcal{M})\,|S^{M_\beta} = \bigoplus_w H^\bullet\left(PGL_2(\mathbb{Z})\backslash X^{M_\beta}, H^{\ell(w)}(\mathfrak{u}_\beta, \mathcal{M})(w\cdot\mu)\right).$$

Um diese Halme nach Tensorierung mit $\mathbb{Q}_\ell$ als Galoismoduln zu beschreiben, müssen wir sie einfach mit $\mathbb{Q}_\ell(\nu)$ tensorieren, wobei ν der jeweilige Eintrags in der zweiten Zeile ist.

In dieser Kohomologiegruppe ist die cuspidale Kohomologie gerade gleich der inneren Kohomologie; unsere Bedingung (*IC*) aus 2.3.2. ist also erfüllt.

Ich will diesen speziellen Fall nun unter den allgemeinen Gesichtspunkten des vorangehenden Abschnittes diskutieren. Dazu muß ich aber die Hecke-Algebra etwas genauer in Augenschein nehmen.

3.1.2. ***Die Hecke-Algebra.*** Hier will ich aber noch einen Schritt weiter gehen und die ganzzahlige Kohomologie als Modul über der Hecke-Algebra betrachten. Dazu wählen wir in $\mathcal{M}$ ein $\mathbb{Z}$-Gitter $\mathcal{M}_{\mathbb{Z}}$ aus. Wir lokalisieren an einer Primzahl p, die wir nach und nach einigen Einschränkungen unterwerfen werden. Mit $\mathbb{Z}_{(p)}$ bezeichnen wir den lokalen Ring bei p in $\mathbb{Q}$.

Wir wählen unser Gitter so, daß $\mathcal{M}_{\mathbb{Z}_{(p)}}$ unter dem ausgewählten Torus $T(\mathbb{Z}_p)$ in $G(\mathbb{Z}_p)$ die direkte Summe seiner Gewichtsräume ist.

Wir wollen uns die Hecke-Operatoren auf $H^\bullet(S_{K_f}(\mathbb{C}), \mathcal{M}_{\mathbb{Z}_{(p)}})$ etwas genauer ansehen. Wir haben die Problematik schon früher angedeutet. Wenn wir mit $\mathbb{Q}_p$ tensorieren, dann haben wir eine Operation der Algebra der Doppelklassen

$$\mathcal{H}_{K_f} = \mathcal{C}_c^\infty(K_f \backslash G(\mathbb{A})/K_f)$$

auf der Kohomologie, die durch die Faltung gegeben wird. Diese Algebra ist ein Tensorprodukt lokaler Algebren

$$\mathcal{H}_{K_f} = \bigotimes_q \mathcal{C}_c^\infty(G(\mathbb{Z}_q)\backslash G(\mathbb{Q}_q)/G(\mathbb{Z}_q)),$$

wobei q über alle Primzahlen läuft. Die früheren Überlegungen zeigen uns, daß wir keine Probleme haben, die Operation der $\mathcal{H}_q$ mit $q \neq p$ auf der ganzzahligen Kohomologie zu definieren. Aber bei der Operation von $\mathcal{H}_p = \mathcal{C}(G(\mathbb{Z}_p\backslash G(\mathbb{Q}_p)/G(\mathbb{Z}_p))$ müssen wir aufpassen. Eine ziemlich sorgfältige Diskussion, was dann zu tun ist, findet man z. B. in meinem Manuskript [Ha-M], 5.5. Dort wird zwar nur der Fall $G = GL_2$ behandelt, es ist aber klar, was man im vorliegenden Fall zu tun hat.

Wir haben die beiden Doppelklassen

$$G(\mathbb{Z}_p)\begin{pmatrix} p & & & \\ & p & & \\ & & 1 & \\ & & & 1 \end{pmatrix}G(\mathbb{Z}_p) \quad , \quad G(\mathbb{Z}_p)\begin{pmatrix} p^2 & & & \\ & p & & \\ & & p & \\ & & & 1 \end{pmatrix}G(\mathbb{Z}_p) \quad ,$$

deren charakteristische Funktionen wir ξ_α und ξ_β nennen wollen. Sie erzeugen bekanntlich die lokale Hecke-Algebra $\mathcal{H}_p$. (Man kann sich merken, welche welche ist, wenn man bedenkt, daß

$$\beta\begin{pmatrix} p & & & \\ & p & & \\ & & 1 & \\ & & & 1 \end{pmatrix} = 1 \quad , \quad \alpha\begin{pmatrix} p & & & 0 \\ & p & & \\ & & 1 & \\ 0 & & & 1 \end{pmatrix} = p$$

und

$$\beta\begin{pmatrix} p^2 & & & \\ & p & & \\ & & p & \\ & & & 1 \end{pmatrix} = p \quad , \quad \alpha\begin{pmatrix} p^2 & & & \\ & p & & \\ & & p & \\ & & & 1 \end{pmatrix} = 1$$

ist.)

Durch die Faltung mit diesen Funktionen erhalten wir Endomorphismen $*\xi_\alpha$, $*\xi_\beta$ auf allen möglichen Kohomologiegruppen, wenn wir nur vorher mit $\mathbb{Q}$ tensorieren, d. h. auf

$$H^\bullet(\mathcal{S}(\mathbb{C}), \mathcal{M}_\mathbb{Q}) \quad , \quad H^\bullet(\mathcal{S}^\wedge(\mathbb{C}), Rj_*(\mathcal{M}_\mathbb{Q})) \quad , \quad H^\bullet(\mathcal{S}^\wedge_\infty(\mathbb{C}), Rj_*(\mathcal{M}_\mathbb{Q}))$$

usw.. Wir bekommen auch Endomorphismen auf der p-adischen Kohomologie, die mit der Operation der Galoisgruppe vertauschen.

Wenn man dann die Überlegungen aus [Ha-M], 5.5., anwendet, dann findet man heraus, daß die modifizierten Operatoren

$$T_{p,\alpha} = p^{n_\alpha + \frac{1}{2} n_\beta} * \xi_\alpha \quad , \quad T_{p,\beta} = p^{n_\alpha + n_\beta} * \xi_\beta$$

in natürlicher Weise auf der ganzzahligen Kohomologie operieren.

Um die Vorfaktoren herauszufinden, muß man wissen, wie die Elemente

$$\begin{pmatrix} p & & & \\ & p & & \\ & & 1 & \\ & & & 1 \end{pmatrix} \quad \text{und} \quad \begin{pmatrix} p^2 & & & \\ & p & & \\ & & p & \\ & & & 1 \end{pmatrix}$$

auf den Gewichtsräumen von $\mathcal{M}_{\mathbb{Z}_{(p)}}$ operieren und dann die höchste negative Potenz von p wegmultiplizieren. Die auftretenden Gewichte sind von der Form $\mu - r_\alpha \alpha - r_\beta \beta$, und die höchste negative Potenz tritt auf, wenn wir im Gewichtsraum

$$-\mu = -n_\alpha \gamma_\alpha - n_\beta \gamma_\beta = -n_\alpha(\alpha + \beta) - n_\beta(\frac{1}{2}\alpha + \beta) = (-n_\alpha - \frac{1}{2} n_\beta)\,\alpha + (-n_\alpha - n_\beta)\,\beta$$

sind. Es ist

$$(-\mu)\begin{pmatrix} p & & & \\ & p & & \\ & & 1 & \\ & & & 1 \end{pmatrix} = p^{-n_\alpha - \frac{1}{2} n_\beta} \quad , \quad (-\mu)\begin{pmatrix} p^2 & & & 0 \\ & p & & \\ & & p & \\ 0 & & & 1 \end{pmatrix} = p^{-n_\alpha - n_\beta};$$

und das zeigt, daß wir die richtigen Vorfaktoren haben. Wir nennen die Hecke-Operatoren $T_{p,\alpha}, T_{p,\beta}$ die normalisierten Hecke- Operatoren.

Ich will jetzt die Operation dieser beiden Hecke-Operatoren auf

$$H_!^\bullet(\Gamma_{M_\beta} \backslash X^{M_\beta}, H^\bullet(\mathfrak{u}_\beta, \mathcal{M})) \subset R^\bullet j_*(\mathcal{M}) \mid S^{M_\beta}$$

studieren. Hier muß man ein wenig aufpassen. Die Gruppe $M_\beta = PGL_2 \times G_m$ ist der reduktive Anteil einer parabolischen Untergruppe von G. Dann hat man für jede Stelle p eine Einbettung der lokalen Hecke-Algebra zu G in die lokale Hecke-Algebra zu M_β. Dabei gehen die unverzweigten Hecke-Operatoren (diejenigen die unter K_p^0 biinvariant sind) in die unverzweigten Hecke-Operatoren über. Wir können also die obigen Hecke-Operatoren auch als Hecke-Operatoren auf M_β interpretieren. (siehe auch Anhang (comment on induction)). Da unsere maximal kompakte Untergruppe K_p^0 hier die standard maximal kompakte Untergruppe ist, die in der $M_\beta(\mathbb{A}_f)$ die Untergruppe $PGL_2(\hat{\mathbb{Z}}) \times \hat{\mathbb{Z}}^*$ induziert, kommt es hier nun im wesentlichen nur auf den ersten Faktor an; wir haben es mit der Kohomologie von $PGL_2(\mathbb{Z})$ mit Koeffizienten in einem $PGL_2(\mathbb{Z})$-Modul zu tun. Der fragliche $PGL_2(\mathbb{Z})$-Modul ist durch den oberen Eintrag in der Tabelle bestimmt. Diese Kohomologie ist dann ein Modul für die Hecke Algebra der PGL_2 (oder PGL_2) und als solcher zerfällt sie in eine direkte Summe von Eigenräumen

$$H_!^\bullet(\Gamma_{M_\beta} \backslash X^{M_\beta}, H^\bullet(\mathfrak{u}_\beta, \mathcal{M})) \otimes \bar{\mathbb{Q}} = \bigoplus_{\sigma_f} H_!^\bullet(\Gamma_{M_\beta} \backslash X^{M_\beta}, H^\bullet(\mathfrak{u}_\beta, \mathcal{M}))(\sigma_f),$$

wobei die Eigenräume hier eindimensional sind, denn die Gruppe $K_\infty^{M_\beta}$ hat zwei Komponenten (siehe 3.1.). Dabei ist σ_f die endliche Komponente von bestimmten automorphen Darstellungen von $PGL_2(\mathbb{A})$. Weiter unten werden wir sehen, daß wir noch mit einer Potenz des Tate-Charakters multiplizieren müssen, wenn wir auf M_β arbeiten.

Wenn wir die Operatoren der Hecke-Algebra betrachten, so müssen wir wieder unterscheiden, ob wir die Faltungsoperatoren oder die normalisierten Hecke-Operatoren betrachten. Wir studieren zunächst die Faltungsoperatoren. Die Darstellungen zerfallen in Tensorprodukte

$$\sigma_f = \bigotimes_p \sigma_p,$$

und die σ_p können wir als unitär induzierte Moduln beschreiben

$$\sigma_p = \mathrm{Indunit}_{B(\mathbb{Q}_p)}^{PGL_2(\mathbb{Q}_p)} \quad \mu_p,$$

wobei $\mu_p : \left\{\begin{pmatrix} t_p & 0 \\ 0 & 1 \end{pmatrix}\right\} \to \bar{\mathbb{Q}}^*$ ein unitärer Charakter ist. Weil er auch noch unverzweigt ist, ist er durch den Wert auf $\begin{pmatrix} p & 0 \\ 0 & 1 \end{pmatrix}$ bestimmt. Wir setzen $\mu_p\begin{pmatrix} p & 0 \\ 0 & 1 \end{pmatrix} = \eta_p$. Zu der Doppelklasse

$$\bar{\xi}_\alpha = PGL_2(\mathbb{Z}_p)\begin{pmatrix} p & 0 \\ 0 & 1 \end{pmatrix} PGL_2(\mathbb{Z}_p)$$

gehört ein Faltungsoperator auf der Kohomologie, und der hat auf der Komponente σ_f den Eigenwert

$$\sqrt{p}\left(\eta_p + \frac{1}{\eta_p}\right).$$

Wenn ich den normalisierten Hecke-Operator betrachte, dann muß ich noch mit einer Potenz von p multiplizieren. Nach den Regeln, die ich im Fall der symplektischen Gruppe und auch in meinem Manuskript erläutert habe, ist der Exponent gerade die Hälfte der oberen Zahl in der Tabelle. Wenn wir also z. B. für $w = w_\alpha w_\beta$ nehmen, d. h. wir haben als Koeffizientenmodul $H^2(\mathfrak{u}_\beta, \mathcal{M})$, dann ist die fragliche Potenz $p^{n_\alpha + \frac{1}{2}n_\beta + 1}$. Der normalisierte Hecke-Operator hat dann also den Eigenwert

$$p^{n_\alpha + \frac{1}{2}n_\beta + \frac{3}{2}}\left(\eta_p + \frac{1}{\eta_p}\right);$$

und dieser Eigenwert ist eine ganze algebraische Zahl. Das System dieser Eigenwerte bestimmt dann die isotypische Komponente σ_f.

Wir müssen jetzt bedenken, daß in dieser Situation unsere Kohomologiegruppe die Kohomologie eines Randstratums von der Shimura-Varietät zu $PGSp_2/\mathbb{Q}$ ist. Also operiert darauf auch die Hecke-Algebra zu dieser Gruppe. Unser Problem ist, die Eigenwerte der Hecke-Operatoren $T_{p,\alpha}$ und $T_{p,\beta}$ durch σ_p auszudrücken. Um dies zu tun muß ich von der oben erwähnten Abbildung der Hecke-Algebra zu G in die Hecke-Algebra zu M_β ausgehen.

Für mich ist der einfachste Weg, diese Frage zu beantworten, sie in einem etwas abstrakteren Zusammenhang zu behandeln.

Ich gehe zum Limes über immer kleinere Gruppen K_f über. Dann ist

$$\varinjlim_{K_f} H^\bullet(S^G_{K_f}, \mathcal{M})$$

ein $G(\mathbb{A}_f)$-Modul. Dasselbe gilt für die Kohomologie der Randstrata; und dort haben wir für die Struktur als $G(\mathbb{A}_f)$-Moduln nach allgemeinen Prinzipien

$$\varinjlim H(S^{M_\beta}_{K_f}, Rj_*(\mathcal{M})) = \mathrm{Ind}_{P_\beta(\mathbb{A}_f)}^{G(\mathbb{A}_f)} H^\bullet(M_\beta(\mathbb{Q})\backslash M_\beta(\mathbb{A})/K_\infty^{(M_\beta)}, H^\bullet(\mathfrak{u}_\beta, \mathcal{M})),$$

wobei wir setzen

$$H^\bullet(M_\beta(\mathbb{Q})\backslash M_\beta(\mathbb{A})/K_\infty^{M_\beta}, H^\bullet(\mathfrak{u}_\beta, \mathcal{M})) = \varinjlim_{K_f^{M_\beta}} H^\bullet(M_\beta(\mathbb{Q})\backslash M_\beta(\mathbb{A})/K_\infty^{M_\beta} K_f^{M_\beta}, H^\bullet(\mathfrak{u}_\beta, \mathcal{M})),$$

und wobei wir jetzt die gewöhnliche Induktion betrachten. Dann sehen wir — zumindest wenn wir uns auf $H_!^\bullet$ einschränken —, daß wir eine Zerlegung bekommen

$$\bigoplus_{\pi_f^{(\beta)}} \mathrm{Ind}_{P_\beta(\mathbb{A}_f)}^{G(\mathbb{A}_f)} H_!^\bullet(M_\beta(\mathbb{Q})\backslash M_\beta(\mathbb{A})/K_\infty^{M_\beta}, H^\bullet(\mathfrak{u}_\beta, \mathcal{M}))(\pi_f^{(\beta)}),$$

wobei die $\pi_f^{(\beta)}$ als $M_\beta(\mathbb{A}_f)$- und daher auch als $P_\beta(\mathbb{A}_f)$-Moduln zu interpretieren sind. Wenn wir dann die unter K_f^0 invarianten Klassen betrachten, dann sehen wir, daß wir nur diejenigen $\pi_f^{(\beta)}$ zu betrachten haben, die überall unverzweigt sind.

Nun erinnern wir uns daran, daß

$$M_\beta = PGL_2 \times G_m$$

und unser irreduzibler $M_\beta(\mathbb{A}_f)$-Modul ist

$$\pi_f^{(\beta)} = \sigma_f \otimes \chi_f,$$

wobei χ_f ein Charakter und σ_f die zu dem Eigenwert des Hecke-Operators gehörige Darstellung ist. Es bleibt eigentlich nur die Frage zu klären, was χ_f ist. Der Charakter χ_f muß unverzweigt sein, und wir kennen den Typ von χ_f. Dieser Typ ist durch die Operation des zentralen Torus von M_β auf $H^\bullet(\mathfrak{u}_\beta, \mathcal{M})$ bestimmt ist, d. h. durch die Operation von

$$\chi_\beta(G_m) = \left\{ \begin{pmatrix} t & & & \\ & t & & \\ & & 1 & \\ & & & 1 \end{pmatrix} \right\}$$

und ist somit durch den Eintrag in der zweiten Zeile der Tabelle gegeben.

Also sehen wir, daß

$$\chi_f = \begin{cases} |\ |_f^{-n_\alpha - \frac{n_\beta}{2}} & w = 1 \\ |\ |_f^{-\frac{n_\beta}{2}+1} & w = w_\alpha \\ |\ |_f^{\frac{n_\beta}{2}+2} & w = w_\alpha w_\beta \\ |\ |_f^{n_\alpha + \frac{n_\beta}{2}+3} & w = w_\alpha w_\beta w_\alpha \end{cases}$$

Wir betrachten jetzt den Fall $w = w_\alpha w_\beta$. Wir müssen die Operation der Hecke-Operatoren $T_{\alpha,p}$, $T_{\beta,p}$ auf

$$\mathrm{Ind}_{P_\beta(\mathbb{Q}_p)}^{G(\mathbb{Q}_p)} \sigma_p \otimes |\ |_p^{\frac{n_\beta}{2}+2}$$

bestimmen. Wir gehen zur unitären Induktion über. Dann schreibt sich der Modul als

$$\mathrm{Indunit}_{P_\beta(\mathbb{Q}_p)}^{G(\mathbb{Q}_p)} \sigma_p \otimes |\ |_p^{\frac{n_\beta+1}{2}}.$$

Diesen Modul können wir jetzt als unitär induzierten Modul von der Borel-Untergruppe bekommen. Es war

$$\sigma_p = \mathrm{Indunit}_{B(\mathbb{Q}_p)}^{PGL_2(\mathbb{Q}_p)} \mu_p,$$

und dann wird der ganze Modul

$$\mathrm{Indunit}_{B(\mathbb{Q}_p)}^{G(\mathbb{Q}_p)} \mu_p \circ \alpha \cdot (|\ |_p \circ \gamma_\alpha)^{\frac{n_\beta+1}{2}},$$

wobei wir jetzt daran erinnern, daß α und γ_α Charaktere sind, und μ_p, $|\ |_p$ als Charaktere auf $G_m(\mathbb{Q}_p) = \mathbb{Q}_p^*$ zu interpretieren sind.

Wenn man jetzt die Wirkung der Hecke-Operatoren $*\xi_{\alpha,p}$, $*\xi_{\beta,p}$ auf einer induzierten Darstellung beschreiben will, also auf

$$\mathrm{Indunit}_{B(\mathbb{Q}_p)}^{G(\mathbb{Q}_p)} \chi$$

mit einem unverzweigten Charakter

$$\chi : T(\mathbb{Q}_p) \longrightarrow \mathbb{C}^*,$$

dann schreibt man den Charakter in der Form

$$\chi = \alpha \otimes \omega_\alpha + \beta \otimes \omega_\beta,$$

wobei $\omega_\alpha, \omega_\beta \in \mathbb{C}^*$ und

$$\chi(t) = \omega_\alpha^{\mathrm{ord}_p(\alpha(t))} \cdot \omega_\beta^{\mathrm{ord}_p(\beta(t))},$$

oder anders gesagt

$$\chi : \begin{pmatrix} p & & & \\ & p & & \\ & & 1 & \\ & & & 1 \end{pmatrix} \longmapsto \omega_\alpha$$

$$\chi : \begin{pmatrix} p^2 & & & \\ & p & & \\ & & p & \\ & & & 1 \end{pmatrix} \longmapsto \omega_\beta .$$

Dann gilt nach den klassischen Formeln für sphärische Funktionen für eine erzeugende Funktion

$$\Psi_p \in \left(\text{Indunit}_{B(\mathbb{Q}_p)}^{G(\mathbb{Q}_p)} \chi\right)^{G(\mathbb{Z}_p)},$$

daß

$$\Psi_p * \xi_{\alpha,p} = p^{\frac{3}{2}} \left(\omega_\alpha + \frac{\omega_\beta}{\omega_\alpha} + \frac{\omega_\alpha}{\omega_\beta} + \frac{1}{\omega_\alpha}\right) \cdot \Psi_p$$

$$\Psi_p * \xi_{\beta,p} = p^2 \left(\omega_\beta + \frac{\omega_\alpha^2}{\omega_\beta} + \frac{\omega_\beta}{\omega_\alpha^2} + \frac{1}{\omega_\beta}\right) \cdot \Psi_p .$$

Wenden wir das auf unsere isotypische Komponente in der Randkohomologie an, dann finden wir, daß

$$\chi_p = \mu_p \circ \alpha \cdot (| \;|_p \circ \gamma_\alpha)^{\frac{n_\beta+1}{2}} = \alpha \otimes p^{-\frac{n_\beta+1}{2}} + \beta \otimes \eta_p \cdot p^{-\frac{n_\beta+1}{2}} .$$

3.1.2.1. Wir wollen jetzt gleich die Formeln für die normalisierten Eigenwerte angeben. Sie sind:

$T_{p,\alpha}$ hat auf $H^1_!(\Gamma_{M_\beta}\backslash X^{M_\beta}, H^2(\mathfrak{u}_\beta,\mathcal{M}))(\sigma_f)$ den Eigenwert

$$p^{n_\alpha+1} + p^{n_\alpha+\frac{n_\beta}{2}+\frac{3}{2}}(\eta_p + \frac{1}{\eta_p}) + p^{n_\alpha+n_\beta+2};$$

$T_{p,\beta}$ hat auf dem gleichen Raum den Eigenwert

$$p^{n_\alpha+\frac{n_\beta}{2}+\frac{3}{2}}(\eta_p + \frac{1}{\eta_p}) + p^{n_\alpha+\frac{3n_\beta}{2}+\frac{5}{2}}(\eta_p + \frac{1}{\eta_p}).$$

Ich möchte diese Rechnungen mit der folgenden Bemerkung abschließen. Die obigen Eigenwerte sind nach Konstruktion ganze algebraische Zahlen, denn wir haben die Hecke-Operatoren so konstruiert, daß sie auf der ganzzahligen Kohomologie operieren. Es ist nun aber so, daß der Term

$$p^{n_\alpha+\frac{n_\beta}{2}+\frac{3}{2}}(\eta_p + \frac{1}{\eta_p})$$

gerade der normalisierte Eigenwert des PGL_2-Hecke-Operators auf der Kohomologie des Randes ist. Dieser Eigenwert ist eine Einheit bei p, wenn σ_f bei p gewöhnlich ist. Dann sehen wir, daß dann auch die Eigenwerte von $T_{\alpha,p}$ und $T_{\beta,p}$ Einheiten sind.

3.1.3. *Die Eisensteinklassen.* Ich ändere die Notation ein wenig und setze

$$H^\bullet(\tilde{X}^{M_\beta}, H^\bullet(\mathfrak{u}_\beta,\mathcal{M})) = \varinjlim_{K_f^{M_\beta}} H^\bullet\left(M_\beta(\mathbb{Q})\backslash M_\beta(\mathbb{A})/K_\infty^{M_\beta} K_f^{M_\beta}, H^\bullet(\mathfrak{u}_\beta,\mathcal{M})\right),$$

und ich fixiere eine isotypische Komponente

$$\pi_f = \sigma_f \otimes \chi_f = \sigma_f \otimes |\ |_f^{\frac{n_\beta}{2}+2},$$

die überall unverzweigt sei (d. h. ich erinnere mich daran, daß meine offene kompakte Untergruppe K_f^0 ist). Wir nehmen an, da sie in

$$H_!^1(\tilde{X}^{M_\beta}, H^2(\mathfrak{u}_\beta, \mathcal{M}))(\pi_f)$$

sitzt. Nach unseren allgemeinen Prinzipien müssen wir jetzt auf π_f noch das Element $w_0 = w_\alpha w_\beta w_\alpha$ anwenden. Dann erhalten wir einen zweiten Modul

$$H_!^1(\tilde{X}^{M_\beta}, H^1(\mathfrak{u}_\beta, \mathcal{M}))(w_0 \cdot \pi_f),$$

wobei jetzt $w_0 \cdot \pi_f = \sigma_f \otimes |\ |_f^{1-\frac{n_\beta}{2}}$. Nach den allgemeinen Prinzipien, die ich im vorangehenden Abschnitt erläutert habe, interessiert uns das Bild der globalen Kohomologie geschnitten mit der direkten Summe der beiden isotypischen Beiträge

$$\text{Bild}(r) \cap \text{Ind}_{P_\beta(\mathbf{A}_f)}^{G(\mathbf{A}_f)} \left(H_!^1(\tilde{X}^{M_\beta}, H^1(\mathfrak{u}_\beta, \mathcal{M}))(w_0 \cdot \pi_f) \oplus H_!^1(\tilde{X}^{M_\beta}, H^2(\mathfrak{u}_\beta, \mathcal{M}))(\pi_f)\right),$$

und danach ist dieses Bild von der Form

$$J^2(\pi_f) \oplus I^{3,\prime}(\pi_f),$$

wobei $J^2(\pi_f) \subset H_!^1(\tilde{X}^{M_\beta}, H^1(\mathfrak{u}_\beta, \mathcal{M}))(w_0 \cdot \pi_f)$ ein unitärer Modul ist, der aus einer Kopie eines Quotienten von

$$I(\pi_f) = \text{Ind}_{P_\beta(\mathbf{A}_f)}^{G(\mathbf{A}_f)} \pi_f$$

besteht oder gleich Null ist.

Ich will jetzt die Frage diskutieren, unter welchen Bedingungen $J^2(\pi_f) \neq 0$ sein kann. Ich spiele zunächst einmal das "Gewichtespiel". Wir nehmen an, daß wir Klassen

$$0 \neq J^2(\pi_f) \subset H_!^1(\tilde{X}^{M_\beta}, H^1(\mathfrak{u}_\beta, \mathcal{M}))$$

haben. Die rechte Seite ist als Galoismodul gerade

$$H_!^1(\tilde{X}^{M_\beta}, H^1(\mathfrak{u}_\beta, \mathcal{M})) \otimes \mathbb{Q}(\frac{n_\beta}{2} - 1).$$

Die Moduln $\mathcal{M} = \mathcal{M}(\mu)$ sind vom Gewicht Null, weil sie von einer Darstellung der projektiven Gruppe herrühren, also haben wir in

$$H^2(\mathcal{S}^\wedge \times_{\mathbb{Q}} \bar{\mathbb{Q}}, \mathcal{M}(\mu)_\ell)$$

nur Gewichte ≥ 2. Wenn also $J(\pi_f) \neq 0$, dann muß gelten $2 - n_\beta \geq 2$, was heißt $n_\beta = 0$. Wie schon im vorangehenden Abschnitt gesagt wurde, ist das Auftreten von $J(\pi_f) \neq 0$ gleichbedeutend mit dem Auftreten von Polen in gewissen Ausdrücken in L-Funktionen. Das kann man in diesem Fall ganz explizit machen; ich gebe nur das Resultat an.

Dazu erinnere an die Darstellung der automorphen Form

$$\pi = \sigma \otimes |\ |^{\frac{n_\beta+1}{2}},$$

wobei σ eine automorphe Form auf der PGL_2 ist. Ihr ordnet man in der üblichen Weise eine L-Funktion zu, und zwar durch

$$L(\sigma,s)=\prod_p \frac{1}{(1-\eta_p p^{\frac{1}{2}}p^{-s})(1-\frac{1}{\eta_p}p^{\frac{1}{2}}p^{-s})},$$

wobei die Verschiebung um $\frac{1}{2}$ mit der motivischen Interpretation zu tun hat. (Es entspricht auch dem Unterschied zwischen unitärer und nichtunitärer Induktion.) Hier ist jetzt die kritische Gerade bei $Re(s)=1$ und die Funktionalgleichung lautet

$$L(\sigma,s)\sim L(\sigma,2-s),$$

wobei man noch bedenken muß, daß man "motivisch" die Paarung $M_\sigma\times M_\sigma\to\mathbb{Q}(-1)$ hat. Der konstante Term der Eisensteinreihe, der ja über das Auftreten von Polen in der Eisensteinreihe entscheidet (siehe [HC], Chap. V, Thm. 9), ist durch

$$\frac{L(\sigma,\frac{n_\beta}{2}+1+s)\cdot\zeta(n_\beta+1+2s)}{L(\sigma,\frac{n_\beta}{2}+2+s)\cdot\zeta(n_\beta+2+2s)}$$

ausgewertet bei $s=0$ gegeben (Siehe [Sch]). Hier ist wichtig, daß wir es mit einer total unverzweigten Situation zu tun haben. Wenn wir Verzweigungen zulassen, dann wird die Potenz des Tate-Charakters $|\ |$ mit einem Dirichlet-Charakter multipliziert und die ζ-Funktion durch eine Dirichletsche L-Funktion zu einem Charakter ersetzt.

Wir sehen also:

Wir haben $J^2(\pi_f)\neq 0$ genau dann, wenn $n_\beta=0$ und $L(\sigma,1)\neq 0$.

3.1.4. *Arithmetische Konsequenzen.* Die nächste Frage, die wir uns im allgemeinen Zusammenhang gestellt haben, war die Frage nach der Gültigkeit des Manin-Drinfeld-Argumentes.

Wir hatten dort schon gesehen, daß es nur dann verletzt sein kann, wenn der Modul

$$I(\pi_f)=\mathrm{Ind}_{P_\beta(\mathbb{A}_f)}^{G(\mathbb{A}_f)}\pi_f$$

einen unitarisierbaren Quotienten $\neq 0$ besitzt. Das ist nun genau dann der Fall, wenn für jedes p der Modul

$$I(\pi_p)=\mathrm{Ind}_{P_\beta(\mathbb{Q}_p)}^{G(\mathbb{Q}_p)}\pi_p$$

einen unitarisierbaren Quotienten besitzt. Dieses ist aber nach der lokalen Darstellungstheorie genau dann der Fall, wenn $n_\beta=0$ ist (auch hier ist wichtig, daß wir in der total unverzweigten Situation sind). Genau in diesem Fall besitzt der Modul $I(\pi_p)$ einen unitären Quotienten $J(\pi_p)$, der auch unendlich dimensional ist, und der einen unter $G(\mathbb{Z}_p)$ invarianten Vektor $\neq 0$ besitzt. Der Modul $J(\pi_f)=\otimes J(\pi_p)$. Wir bemerken, daß aus der lokalen Darstellungstheorie sehr leicht folgt, daß $J(\pi_f)^{K_f^0}=I(\pi_f)^{K_f^0}$

Ich führe jetzt die allgemeinen Überlegungen aus 2.3.4. in diesem konkreten Fall nochmal durch.

Interessant ist der Fall, daß kein Pol vorliegt, d. h. der Fall, in dem $L(\sigma,1)=0$. Dann ist das Bild der globalen Kohomologie der ganze Modul $I(\pi_f)$. Wenn wir also zu den K_f^0-invarianten Klassen übergehen, dann wird das Bild $J(\pi_f)^{K_f^0}$. Das Manin-Drinfeld-Prinzip kann nun falsch werden, weil dieser Modul in $H_!^3(\mathcal{S}^{G,K_f^0}(\mathbb{C}),\mathcal{M})$ auftauchen kann.

Die auftretenden σ auf PGL_2 entsprechen holomorphen Modulformen des Gewichts $2n_\alpha+4$ (Siehe Tabelle). Das Vorzeichen in der Funktionalgleichung für $L(\sigma,s)$ ist gleich $(-1)^{n_\alpha}$. Wenn also n_α ungerade ist, dann ist es -1, und wir sehen, daß dann

$$L(\sigma,1)=0,$$

und die Nullstellenordnung ist ungerade.

Im Fall, daß n_α ungerade ist, hat man die Saito-Kurakawa-Liftung, die den Modulformen σ vom Gewicht $2n_\alpha+4$ Siegelsche Modulformen vom Gewicht $n_\alpha+3$ zuordnet. Das liefert uns nach Piatetkii-Shapiro zwei Kopien von $J(\pi_f)$

$$\mathcal{SK}(\pi_f)\subset H_!^3(\mathcal{S}^{G,K_f^0}(\mathbb{C}),\mathcal{M}\otimes\mathbb{C}),$$

und Piatetkii-Shapiro zeigt, daß dies die einzigen Kopien dieses Moduls sind, d. h.

$$\mathrm{Hom}_{G(\mathbb{A}_f)}\left(J(\pi_f)\otimes\mathbb{C},H_!^3(\mathcal{S}^{G,K_f^0}(\mathbb{C}),\mathcal{M}\otimes\mathbb{C})\right)=\mathrm{Hom}_{G(\mathbb{A}_f)}\left(J(\pi_f)\otimes\mathbb{C},\mathcal{SK}(\pi_f)\right).$$

(Siehe [PS] ,[Za]) Diese Siegelschen Modulformen werden aus der Theorie der reduktiven dualen Paare erhalten. Ich werde im Anhang zeigen, wie man zumindest teilweise das Auftreten von $\mathcal{SK}(\pi_f)$ auch mit Hilfe der Spurformel verstehen kann.

Wir haben gesehen, daß dieser Modul $\mathcal{SK}(\pi_f)$ isotypisch ist. Er ist also schon über dem Definitionskörper von σ definiert, und wenn wir zur λ-adischen Kohomologie übergehen, dann wird $\mathcal{SK}(\pi_f)_\lambda$ ein Galoismodul (erst zum Definitionskörper absteigen und dann mit der λ-adischen Komplettierung tensorieren).

Man hat gewisse Informationen darüber, wie dieser Galoismodul aussehen könnte. Die Eigenwerte des inversen Frobenius Φ_p^{-1} an der Stelle p müssen aus der Menge

$$\{p,p^{\frac{3}{2}}\eta_p,p^{\frac{3}{2}}\eta_p^{-1},p^2\}$$

sein. Das folgt aus der Gleichung für den Frobenius über der Hecke-Algebra. Weil jetzt das Gewicht der Kohomologie in $H_!^3$ aber gerade 3 ist, darf er nur die beiden Werte $p^{\frac{3}{2}}\eta_p$ und $p^{\frac{3}{2}}\eta_p^{-1}$ nehmen. Er nimmt jeden Wert genau einmal an. Wenn wir die Kopie des Moduls $J(\pi_f)_\lambda$ in $H_!^1(\tilde{\mathcal{S}}^{M_\beta},H^2(\mathfrak{u}_\beta,\mathcal{M}))$ betrachten, dann nimmt der Frobenius immer den Eigenwert p^2 an (wenn ein Pol vorliegt, dann liegt $J(\pi_f)\subset H_!^2(\mathcal{S}^\wedge,\mathcal{M}_\lambda)$ vor und der Frobenius nimmt den Wert p).

Man sieht also, daß das Auftauchen von $\mathcal{SK}(\pi_f)\subset H_!^3$ einige bemerkenswerte Konsequenzen hat.

(1) ***Wir haben die 2-dimensionale λ-adische Darstellung der Galoisgruppe zu der Form σ, — die wir auf der Randkohomologie nicht sehen —, wiederentdeckt.***

(Dies wirft die Frage auf, ob sich in anderen Fällen die Möglichkeit der Konstruktion λ-adischer Darstellungen eröffnet.)

(2) *Den Modul $\mathcal{SK}(\pi_f)$ interpretieren wir jetzt als reines Motiv vom Rang 2 und vom Gewicht 3. Das Verschwinden von $L(\sigma,1)$ sollte die Existenz von nichttrivialen Extensionen in*

$$\mathrm{Ext}^1_{\mathcal{M}_{\text{mixed}}}(\mathbb{Q}(-2),\mathcal{SK}(\pi_f))$$

voraussagen. In der Kohomologie $H^3_!(S^{G,K_f^0}(\mathbb{C}),\mathcal{M})$ finden wir wie in 2.3.4. einen direkten Summanden $M^3(\pi_f)$, der in einer exakten Sequenz

$$0 \to \mathcal{SK}(\pi_f) \to M^3(\pi_f) \to J(\pi_f)^{K_f^0} \to 0$$

sitzt. Ich vermute, daß im Fall einer Nullstelle erster Ordnung dieses gemischte Motiv kritisch im Sinne der Formulierung von Tony Scholl ist.

Wir bekommen jetzt ein mit der Philosophie der Resultate von Gross-Zagier konsistentes Bild. Wenn die L-Funktion von ungerader Ordnung verschwindet, dann haben wir den Saito-Kurakawa-Modul $\mathcal{SK}(\pi_f)$. Er liefert uns eine Extension von Galoismoduln, oder eine gemischte Hodge-Struktur, die wahrscheinlich genau dann nicht spaltet, wenn $L'(\sigma,1) \neq 0$.

Man muß hier bedenken, daß wir im Birch und Swinnerton-Dyer Punkt sind. Der Wert der Hodge-de-Rham Extensionsklasse wird also durch eine Höhenpaarung gegeben.

Wenn die Nullstelle von gerader Ordnung ist, dann haben wir keine Liftung (siehe [PS]); aber dann sollte auch

$$\mathrm{Ext}^1_{\mathcal{M}_{\text{mixed}}}(\mathbb{Q}(-2),M_{\pi_f})$$

gerade Dimension haben. Dann sollten wir aber auch nicht erwarten, daß wir auf diese Weise die gemischten Motive konstruieren können.

Ich komme nun auf den zweiten in 2.3.4. diskutierten Aspekt zu sprechen, nämlich die Konstruktion von interessanten Sequenzen von Torsions-Galois-Moduln.

3.1.5. *Die Nenner der Eisensteinklassen.* Ich will den Fall diskutieren, daß $n_\beta > 0$. (Man kann allgemeiner den Fall betrachten, daß ein Pol vorliegt; da werden die Überlegungen ein wenig komplizierter.) Dann ist nach dem oben Gesagten, das Manin-Drinfeld-Argument anwendbar, und wir bekommen eine Spaltung unter der Hecke-Algebra. Wir kürzen jetzt im folgenden ab: $\mathcal{S} = \mathcal{S}^G_{K_f^0}$. Dann enthält $H^3(\mathcal{S}^\wedge \times_{\mathbb{Q}} \bar{\mathbb{Q}}, Rj_*(\tilde{\mathcal{M}}_\lambda))$ zu jedem Summanden $H^1(\Gamma_{M_\beta}\backslash X^{M_\beta}, H^2(\mathfrak{u}_\beta,\mathcal{M}))(\sigma_f)$ einen direkten Summanden $H^3_{\text{Eis}}(\sigma_f)$, der durch den Eisensteinschnitt gegeben wird. Ich schaue mir die ganzzahlige Kohomologie an. Wir wählen also ein Gitter $\mathcal{M}_{\mathbb{Z}} \subset \mathcal{M}$ mit den geforderten Eigenschaften (siehe 2.2.2.), und wir betrachten

$$H^3(\mathcal{S} \times_{\mathbb{Q}} \bar{\mathbb{Q}}, \tilde{\mathcal{M}}_{\mathcal{O}_\lambda}) = H^3(\mathcal{S}^\wedge \times_{\mathbb{Q}} \bar{\mathbb{Q}}, Rj_*(\tilde{\mathcal{M}}_{\mathcal{O}_\lambda})).$$

Der Halm $Rj_*(\tilde{\mathcal{M}}_{\mathcal{O}_\lambda})$ im Punkt $pt = \mathcal{S}^{M_\beta}$ ist dann die ganzzahlige Kohomologie des Randstratums zu β in der Borel-Serre-Kompaktifizierung, d. h.

$$Rj_*(\tilde{\mathcal{M}}_{\mathcal{O}_\lambda})\,|_{pt} = H^1(\Gamma_{M_\beta}\backslash X^{M_\beta}, H^2(\Gamma_{U_\beta},\mathcal{M}_{\mathcal{O}_\lambda})).$$

Uns interessiert zunächst nur das Bild davon in der rationalen Kohomologie. Wir wollen das

$$H^1_{\mathrm{ganz}}(\Gamma_{M_\beta}\backslash X^{M_\beta}, H^2(\mathfrak{u}_\beta, \mathcal{M}_\lambda))$$

nennen. Dies ist ein Hecke × Galoismodul. Wir wollen jetzt auch noch annehmen, daß unsere Darstellung σ_f in dieser ganzzahligen Kohomologie einen direkten Summanden abspaltet. Wir haben also

$$H^1_{\mathrm{ganz}}(\Gamma_{M_\beta}\backslash X^{M_\beta}, H^2(\mathfrak{u}_\beta, \mathcal{M}_\beta)) = \hat{\mathcal{O}}_\lambda \cdot \omega(\sigma_f) \oplus Y,$$

wobei Y ein Hecke-Modul ist (wir haben schon weiter oben gesehen, daß jeder Summand in der Kohomologie des Randstratums mit Multiplizität eins auftaucht). Dies erfordert, daß die Klasse σ bei P gewöhnlich ist. Wir haben in 3.1.2.1. gesehen, daß dann die Eigenwerte der Hecke-Operatoren $T_{\alpha,p}, T_{\beta,p}$ bei p Einheiten sind; und dies ist notwendig, wenn wir eine solche Spaltung erreichen wollen (siehe [Ha-M], Chap IV).

Auf die erzeugende Klasse $\omega(\sigma_f)$ können wir den Eisensteinschnitt anwenden. Dann ist

$$\mathrm{Eis}(\omega(\sigma_f)) \in H^3(\mathcal{S}^\wedge \times_{\mathbb{Q}} \bar{\mathbb{Q}}, Rj_*(\mathcal{M}_\lambda))$$

eine über $\bar{\mathbb{Q}}$ definierte Kohomologieklasse. Es stellt sich dann wieder die Frage nach dem Nenner $a(\sigma_f)$ dieser Eisensteinklasse. Mit welcher Potenz des uniformisierenden Elements ϖ_λ von $\hat{\mathcal{O}}_\lambda$ muß ich malnehmen, damit ich in $H^3_{\mathrm{ganz}}(\mathcal{S}^\wedge \times_{\mathbb{Q}} \bar{\mathbb{Q}}, Rj_*(\tilde{\mathcal{M}}_{\hat{\mathcal{O}}_\lambda}))$ lande?

Das Problem, das ich hier nun stellen möchte, ist dies: Wenn wir uns noch einmal den konstanten Term der Eisensteinreihe ansehen, dann taucht dort der Wert

$$\frac{L(\sigma, \frac{n_\beta}{2}+1)\cdot\zeta(n_\beta+1)}{L(\sigma, \frac{n_\beta}{2}+2)\cdot\zeta(n_\beta+2)}$$

auf. Man bemerkt nun, daß der Nenner aus kritischen Werten der L-Funktionen besteht. Wenn wir also durch geeignete Perioden $\Omega_\pm(\sigma)$ teilen (das Vorzeichen hängt von der Parität von $\frac{n_\beta}{2}$ ab), dann werden $L(\sigma, \frac{n_\beta}{2}+2)/\Omega_\pm(\sigma)$ algebraische Zahlen, die in dem Körper $\mathbb{Q}(\pi_f)$ liegen. Ich bemerke, daß ich auf Grund der oben gemachten Annahme über das ganzzahlige Abspalten von σ_f, die Perioden bis auf ein Element in $\hat{\mathcal{O}}_\lambda^*$ normieren kann. Also ist es sinnvoll, von der Ordnung

$$\mathrm{ord}_\lambda\left(\frac{L(\sigma, \frac{n_\beta}{2}+2)}{\Omega_\pm(\sigma)}\cdot\frac{\zeta(n_\beta+2)}{\pi^{n_\beta+2}}\right)$$

zu sprechen.

Die Frage ist, ob es eine Kopplung zwischen dieser Ordnung und der λ-Ordnung des Nenners der Eisensteinklasse gibt. Kann man unter Umständen, z. B. wenn ℓ — die unter λ liegende Primzahl— groß ist gegenüber $2n_\alpha + n_\beta$, sagen, daß sie gleich sind?

Wenn dies so wäre, dann könnte man versuchen, Verallgemeinerungen des Satzes von Herbrand-Ribet zu beweisen, indem man den Ansatz aus dem Kapitel VI in [Ha-M] übernimmt.

Man könnte dann vielleicht zeigen, daß es in der ganzzahligen Kohomologie

$$H^3_!(\mathcal{S}^\wedge \times_{\mathbb{Q}} \bar{\mathbb{Q}}, \tilde{\mathcal{M}}_\lambda)_{\mathrm{ganz}}$$

einen Untermodul

$$H^3_!(\mathcal{S}^\wedge \times_{\mathbb{Q}} \bar{\mathbb{Q}}, \tilde{\mathcal{M}}_\lambda)_{\text{ganz}}(\tau_f)$$

gibt, so daß die Hecke Eigenwerte (der normalisierten Hecke-Operatoren) darauf kongruent zu denen auf $H^1_{\text{ganz}}(\Gamma_{M_\beta}\backslash X^{M_\beta}, H^2(\mathfrak{u}_\beta, \mathcal{M}))(\sigma_f)$ modulo ϖ^δ_λ sind, wobei dies der besagte Nenner ist (Auch hier treten neue Schwierigkeiten beim Beweis wegen möglicher Torsion in $H^4_!$ auf.).

Jetzt kann man die Galoisdarstellung zu τ_f betrachten. Ich nehme an, daß sie vom Grad 4 ist. Die Darstellung τ_f ist überall unverzweigt, also lokal von der Form

$$\tau_f = \text{Ind}_{B(\mathbb{Q}_p)}^{G(\mathbb{Q}_p)} \chi_p,$$

wobei $\chi_p = \alpha \otimes \omega_{\alpha,p} + \beta \otimes \omega_{\beta,p}$. Wir twisten die Galoisdarstellung noch mit $\mathbb{Q}_\ell(-\frac{n_\beta}{2} - n_\alpha)$. (Das entspricht dem Übergang zu den normalisierten Eigenwerten der Hecke-Operatoren.) Auf den getwisteten Galoismoduln sollten dann die Eigenwerte des geometrischen Frobenius (nach den Vermutungen von Langlands) gerade die Werte

$$p^{\frac{n_\beta}{2}+n_\alpha+\frac{3}{2}}\omega_\alpha, \; p^{\frac{n_\beta}{2}+n_\alpha+\frac{3}{2}} \cdot \frac{\omega_\alpha^2}{\omega_\beta}, \; p^{\frac{n_\beta}{2}+n_\alpha+\frac{3}{2}} \cdot \frac{\omega_\beta}{\omega_\alpha^2}, \; p^{\frac{n_\beta}{2}+n_\alpha+\frac{3}{2}} \cdot \frac{1}{\omega_\alpha},$$

sein; und dies sind jetzt ganze algebraische Zahlen vom Absolutbetrag $p^{\frac{n_\beta}{2}+n_\alpha+\frac{3}{2}}$. (Dies sollte man erwarten wenn τ "generisch" ist (siehe 3.2.3.).

Wenn wir den Twist nun auch in der Kohomologie des Randstratum vornehmen, dann wird

$$H^1_!(\Gamma_{M_\beta}\backslash X^{M_\beta}, H^2(\mathfrak{u}_\beta, \tilde{\mathcal{M}}_{\hat{\mathcal{O}}_\lambda}))_{\text{ganz}} \otimes \mathbb{Z}_\ell(-\frac{n_\beta}{2} - 2) = \mathbb{Z}_\ell(-n_\beta - n_\alpha - 2).$$

Nach den in [Ha-M], Chap. VI, erläuterten Argumenten finden wir dann, daß die Klasse

$$\varpi^\delta_\lambda \text{Eis}(\omega(\sigma_f))$$

mod ϖ^δ_λ in dem Raum

$$H^3_!(\mathcal{S}^\wedge \times_{\mathbb{Q}} \bar{\mathbb{Q}}, \tilde{\mathcal{M}}_\lambda)_{\text{ganz}}(\tau_f) \otimes \hat{\mathcal{O}}_\lambda/\varpi^\delta_\lambda = H^3_!(\tau_f) \otimes \hat{\mathcal{O}}/\varpi^\delta_\lambda$$

liegt. Wenn dann verschiedene Dinge, die schief gehen können, nicht schief gehen, dann bekommen wir eine Hecke $\times$ Galois-Filtration dieses Moduls

$$\begin{array}{ccccccc} (0) & \subset & \text{Eis}(\omega(\sigma_f)) \cdot \hat{\mathcal{O}}_\lambda/\varpi^\delta_\lambda & \subset & X(\tau_f) & \subset & H^3_!(\tau_f) \otimes \hat{\mathcal{O}}_\lambda/\varpi^\delta_\lambda \\ & & \| & & & & \\ & & (\hat{\mathcal{O}}_\lambda/\varpi^\delta_\lambda)(-n_\beta - n_\alpha - 2) & & & & , \end{array}$$

wobei $X(\tau_f)$ ein freier $\hat{\mathcal{O}}_\lambda/\varpi^\delta_\lambda$-Modul vom Rang 3 ist. Er ist das orthogonale Komplement von $\text{Eis}(\omega(\sigma_f))$ bezüglich der Poincaré-Dualität. Der Quotient $H^3_!(\tau_f) \otimes (\hat{\mathcal{O}}_\lambda/\varpi^\delta_\lambda)/X(\tau_f)$ muß dann isomorph zu

$$(\hat{\mathcal{O}}_\lambda/\varpi^\delta_\lambda)(-n_\alpha - 1)$$

sein, denn nach dem Twisten geht die Paarung der Poincaré-Dualität über in

$$H_!^3(\tau_f) \times H_!^3(\tau_f) \longrightarrow \mathbb{Q}_\ell(-2n_\alpha - n_\beta - 3).$$

Schaut man sich jetzt die Hecke Eigenwerte der Darstellung Ind π_f an und bedenkt, daß die Eigenwerte des Frobenius Φ_p^{-1} auf dem Quotienten

$$X(\tau_f)/(\hat{\mathcal{O}}_\lambda/\varpi_\lambda^\delta\hat{\mathcal{O}}_\lambda)(-n_\beta - n_\alpha - 2)$$

gerade kongruent zu

$$p^{n_\alpha+\frac{1}{2}n_\beta+\frac{3}{2}}\eta_p \quad , \quad p^{n_\alpha+\frac{1}{2}n_\beta+\frac{3}{2}}\eta_p^{-1}$$

mod ϖ_λ^δ sein sollten, dann kann man hoffen, eine exakte Sequenz

$$0 \longrightarrow (\hat{\mathcal{O}}_\lambda/\varpi_\lambda^\delta)(-n_\beta - n_\alpha - 2) \longrightarrow X(\tau_f) \longrightarrow Y(\sigma_f) \otimes \hat{\mathcal{O}}_\lambda/\varpi_\lambda^\delta\hat{\mathcal{O}}_\lambda \longrightarrow 0$$

zu erhalten. Dabei steht rechts die Galoisdarstellung zu σ_f mod ϖ_λ^δ.

Wenn dies funktioniert, dann könnte man auf diese Weise abelsche Erweiterungen des durch σ_f mod ϖ_λ^δ definierten Körpers konstruieren, die ein kontrolliertes Verzweigungsverhalten aufweisen.

Diese Überlegung ist natürlich sehr spekulativ. Schon bei einem etwas genaueren Hinsehen bemerkt man, daß einfache Schlüsse, die im Fall GL_2 ganz einfach sind, hier nicht mehr funktionieren. Das erste Problem, das man vielleicht in Angriff nehmen kann, wäre die Berechnung der Nenner der Eisensteinklassen. Ich habe keine Ahnung wie man das machen kann. Eine Möglichkeit bestünde vielleicht darin, die Eisensteinklassen über geeignete modulare Symbole zu integrieren. Eine andere Möglichkeit wäre, daß man zunächts überhaupt prüft, ob an dieser Idee was dran ist und Beispiele rechnet. Das würde dann aber einen beträchtlichen Aufwand erfordern, aber die Frage entscheiden, ob es sich lohnt, das Problem zu behandeln.

3.2. Die unitäre Gruppe in drei Variablen.

Wir gehen von einer imaginär quadratischen Erweiterung $F/\mathbb{Q}$ aus; der nichttriviale Automorphismus der Galoisgruppe heiße σ. Wir betrachten die hermitesche Form

$$f(z_1, z_2, z_3) = z_1 z_3^\sigma + z_3 z_1^\sigma - z_2 z_2^\sigma$$

auf F^3. Dazu gehört die unitäre Gruppe

$$U(f)(\mathbb{Q}) = \left\{ g \in Gl_3(F) | f(gv, gv) = f(v, v) \right\}.$$

Die Form f wird durch die Matrix

$$J = \begin{pmatrix} 0 & 0 & 1 \\ 0 & -1 & 0 \\ 1 & 0 & 0 \end{pmatrix},$$

gegeben. Allgemein ist für eine beliebige $\mathbb{Q}$- Algebra R

$$U(f)(R) = \left\{ g \in Gl_3(F \otimes_{\mathbb{Q}} R) | gJ({}^t g^\sigma) = J \right\}.$$

Wir gehen jetzt zur projektiven Gruppe über, das hat später einige Vereinfachungen in den Notationen und den Formulierungen der Aussagen zur Folge.

Es sei also $G/\mathbb{Q}$ die Gruppe

$$PU(f)(R) = \left\{ g \in PGL_3(F \otimes_{\mathbb{Q}} R) \mid g = J({}^t g^{-\sigma})J^{-1} \right\}.$$

Sie ist quasizerfallend über $\mathbb{Q}$ und eine äußere Form der $PGl_3/\mathbb{Q}$. Eine Boreluntergruppe $B/\mathbb{Q}$ und ein darin enthaltener maximaler Torus $T/\mathbb{Q}$ sind durch

$$T(\ ) = \left\{ a(t) = \begin{pmatrix} tt^\sigma & & 0 \\ & t & \\ 0 & & 1 \end{pmatrix} \right\}, B(\ ) = \left\{ \begin{pmatrix} bb^\sigma & * & * \\ 0 & b & * \\ 0 & 0 & 1 \end{pmatrix} \right\}$$

gegeben. Der Torus wird durch die in der Beschreibung notierte Abbildung $t \to a(t)$ mit $R_{F/\mathbb{Q}}$ identifiziert. Der Charaktermodul $X^*(T) = \mathrm{Hom}(T, G_m)$ wird durch die beiden einfachen positiven Wurzeln $\alpha : a(t) \mapsto t^\sigma, \beta : a(t) \mapsto t$ frei erzeugt und σ vertauscht α und β

3.2.1. *Die unverzweigte Hecke-Algebra.* Es ist

$$T(\mathbb{Q}_p) = \left\{ a(x) = \begin{pmatrix} xx^\sigma & & 0 \\ & x & \\ 0 & & 1 \end{pmatrix} \right\}$$

mit $x \in (F \otimes \mathbb{Q}_p)^*$. Wir haben

$$(F \otimes \mathbb{Q}_p)^* = \begin{cases} \mathbb{Q}_p^* \times \mathbb{Q}_p^* & p = \mathfrak{p}\mathfrak{p}' \\ F_\mathfrak{p}^* & p \text{ träge.} \end{cases}$$

Wir interessieren uns für die unverzweigten Charaktere auf $T(\mathbb{Q}_p)$, das heißt diejenigen Homomorphismen nach $\mathbb{C}^*$, die auf der maximal kompakten Untergruppe verschwinden.

Wir wollen von jetzt an die Voraussetzung machen, daß die Primzahl p in F nicht verzweigt, dann ist unsere hermitesche Form nicht degeneriert mod p. Es sei $K_p = G(\mathbb{Z}_p)$. Dies ist eine maximal kompakte Untergruppe. Wir definieren die Hecke-Algebra als die Algebra der K_p-biinvarianten $\mathbb{C}$-wertigen Funktionen auf $G(\mathbb{Q}_p)$, also

$$\mathcal{H}_p = \mathcal{C}_c(G(\mathbb{Z}_p)\backslash G(\mathbb{Q}_p)/G(\mathbb{Z}_p)) = \mathcal{C}_c(G(\mathbb{Q}_p)//K_p).$$

Wir haben dann noch die Iwasawa-Zerlegung $G(\mathbb{Q}_p) = B(\mathbb{Z}_p)K_p$.

Aus einem

$$\lambda_p \in \mathrm{Hom}_{\mathrm{unv}}(T(\mathbb{Q}_p), \mathbb{C}^*)$$

erhalten wir durch (unitäre) Induktion eine Darstellung der Hauptserie

$$I_{\lambda_p}^{(\mathrm{un})} = \{ f : G(\mathbb{Q}_p) \to \mathbb{C} \mid f(bg) = \lambda_p(b) \cdot \delta_p(b) f(\rho) \},$$

wobei wie üblich

$$\delta_p \begin{pmatrix} bb^\sigma & & \\ & b & \\ & & 1 \end{pmatrix} = |bb^\sigma|_{\mathbb{Q}_p}.$$

Der $G(\mathbb{Q}_p)$-Modul $I^{(\mathrm{un})}_{\lambda_p}$ enthält eine sogenannte normierte sphärische Funktion

$$\left(I^{(\mathrm{un})}_{\lambda_p}\right)^{G(\mathbb{Z}_p)} = \mathbb{C}\Psi_{\lambda_p}$$

mit

$$\Psi_{\lambda_p}(g_p) = \Psi_{\lambda_p}(b_p k_p) = \lambda_p(b_p)\delta_p(b_p) = b_p^{\lambda_p+\delta_p}.$$

Die Hecke-Algebra operiert durch Faltung auf diesem induzierten Modul, und es ist klar, daß die sphärische Funktion eine Eigenfunktion für $\mathcal{H}_p$ ist, d.h. für $h \in \mathcal{H}_p$ ist

$$\int \Psi_{\lambda_p}(g_p x_p) h(x_p^{-1}) dx_p = (\Psi_{\lambda_p} * h)(g_p) = \hat{h}(\lambda_p)\Psi_{\lambda_p}(g_p)$$

wobei offensichtlich

$$h \longmapsto \hat{h}(\lambda_p)$$

ein Homomorphismus von $\mathcal{H}_p$ nach $\mathbb{C}$ ist. Also liefert jedes Element $\lambda_p \in \mathrm{Hom}_{\mathrm{unv}}(T(\mathbb{Q}_p), \mathbb{C}^*)$ ein Element in $\mathrm{Hom}_{\mathrm{alg}}(\mathcal{H}_p, \mathbb{C})$. Nach dem allgemeinen Satz von Satake werden alle Homomorphismen von der Hecke-Algebra nach $\mathbb{C}$ so erhalten, und zwei verschiedene λ_p liefern genau dann den gleichen Homomorphismus, wenn sie sich durch ein Element der Weylgruppe $W(\mathbb{Q}_p)$ ineinander konjugieren lassen. Wir wollen dies noch ein wenig expliziter machen. Wir unterscheiden zwei Fälle.

Fall I:
Wenn $p = \mathfrak{p}\mathfrak{p}'$, dann ist $F \otimes \mathbb{Q}_p = \mathbb{Q}_p \oplus \mathbb{Q}_p$, wobei die Summanden den beiden Primstellen entsprechen. Nach Auswahl einer von ihnen, sagen wir $\mathfrak{p}$, bekommen wir eine Identifizierung

$$i_{\mathfrak{p}} : G(\mathbb{Q}_p) \longrightarrow PGL_3(\mathbb{Q}_p)$$

Wenn wir nun $\lambda_p \in \mathrm{Hom}_{\mathrm{unv}}(T(\mathbb{Q}_p), \mathbb{C}^*)$ gegeben haben und unter Ausnutzung der obigen Identifizierung setzen

$$\lambda_p \;:\; \begin{pmatrix} p & & \\ & 1 & \\ & & 1 \end{pmatrix} \longmapsto \omega_{\alpha,\mathfrak{p}}$$

$$\lambda_p \;:\; \begin{pmatrix} p & & \\ & p & \\ & & 1 \end{pmatrix} \longmapsto \omega_{\beta,\mathfrak{p}},$$

dann ist λ_p durch diese beiden komplexen Zahlen bestimmt. Wir setzen $\lambda_p = (\omega_{\alpha,\mathfrak{p}}, \omega_{\beta,\mathfrak{p}})$. Die Hecke Algebra $\mathcal{H}(G(\mathbb{Q}_p)//K_p)$ wird von den Funktionen

$$h_1 = \text{char. Funktion von } K_p \begin{pmatrix} p & & 0 \\ & 1 & \\ 0 & & 1 \end{pmatrix} K_p$$

$$h_2 = \text{char. Funktion von } K_p \begin{pmatrix} p & & \\ & p & \\ & & 1 \end{pmatrix} K_p$$

erzeugt. Man rechnet dann leicht nach

$$\begin{aligned}\hat{h}_1(\lambda_p) &= p(\omega_{\alpha,p} + \frac{\omega_{\beta,p}}{\omega_{\alpha,p}} + \omega_{\beta,p}^{-1})\\ \hat{h}_2(\lambda_p) &= p(\omega_{\beta,p} + \frac{\omega_{\alpha,p}}{\omega_{\beta,p}} + \omega_{\alpha,p}^{-1}).\end{aligned}$$

Fall II:
Ist p träge und unverzweigt, dann wird $\mathcal{H}_p$ von der charakteristischen Funktion

$$h = \text{char. Funktion von } K_p \begin{pmatrix} p^2 & & \\ & p & \\ & & 1 \end{pmatrix} K_p$$

erzeugt. Das Element $\lambda_p \in \mathrm{Hom}_{\mathrm{unv}}(T(\mathbb{Q}_p), \mathbb{C}^*)$ ist durch den Wert

$$\lambda_p\left(\begin{pmatrix} p^2 & & \\ & p & \\ & & 1 \end{pmatrix}\right) = \omega_{\lambda_p}$$

bestimmt.

3.2.2. *Reduzibilität der Hauptserien-Darstellungen.* Wir betrachten jetzt auch verzweigte (aber stetige) Homomorphismen

$$\lambda_p : T(\mathbb{Q}_p) \to \mathbb{C}^*$$

und die zugehörige Darstellung der Hauptserie $I_{\lambda_p}^{(\mathrm{un})}$. (Die wird genauso definiert wie oben, nur daß sie jetzt keine sphärische Funktion mehr enthält.) Ferner lassen wir auch wieder zu, daß die Erweiterung $F_p/\mathbb{Q}_p$ verzweigt ist. Man hat dann nicht triviale Verkettungsoperatoren

$$T^{\mathrm{loc}} : I_{\lambda_p}^{(\mathrm{un})} \to I_{\lambda_p^{-1}}^{(\mathrm{un})}$$

(Siehe [Ca]). Es stellt sich heraus, daß diese Verkettungsoperatoren immer Isomorphismen sind, es sei denn man ist in einem der beiden folgenden Ausnahmefälle.

Um sie zu beschreiben, bedenken wir zuerst, daß über dem Torus $T(\mathbb{Q}_p)$ der folgende maximale Torus der speziellen unitären Gruppe liegt

$$T^{(1)}(\mathbb{Q}_p) = \left\{ b(t) = \begin{pmatrix} t & & 0 \\ & \frac{t^\sigma}{t} & \\ 0 & & t^{-\sigma} \end{pmatrix} \right\}.$$

Die Abbildung $\pi : t \mapsto (t^2)^\sigma/t$ liefert uns den durch die Überlagerung gegeben Homomorphismus. Für jeden Charakter $\mu_p : T(\mathbb{Q}_p) \to \mathbb{C}^*$ setzen wir $\mu_p^{(1)} = \mu_p \circ \pi$. Der Torus $T^{(1)}(\mathbb{Q}_p)$ enthält die Gruppe $\mathbb{Q}_p$; wir ordnen einfach $x \in \mathbb{Q}_p$ das Element $b(x)$ zu. Dann sind wir im ersten Ausnahmefall, wenn

(A1) Es ist $\lambda_p^{(1)} = (\delta_p^{(1)})^{\pm 1}$.

Falls $\lambda_p^{(1)} = \delta_p^{(1)}$, dann ist das Bild des lokalen Verkettungsoperators ein eindimensionaler Untermodul in $I_{\delta_p}^{(\mathrm{un})}$. Dieser Modul enthält offenssichtlich einen eindimensionalen Untermodul, auf dem $G(\mathbb{Q}_p)$ durch einen Charakter operiert.

Der zweite Ausnahmefall liegt vor, wenn (siehe [Ky])

(A2) Es gilt

$$((\delta_p\lambda_p)^{(1)})^{\pm 1} \,|\, \mathbb{Q}_p^* = |\;\;|_{\mathbb{Q}_p}^3 \varepsilon_{F_p/\mathbb{Q}_p},$$

wobei $\varepsilon_{F_p/\mathbb{Q}_p}$ natürlich der zu der Erweiterung $F_p/\mathbb{Q}_p$ gehörige Charakter ist.

In dem zweiten Fall ist λ nicht notwendig unverzweigt. Für die beiden Fällen oben bedeutet (A2), daß $\omega_{\alpha,p}\omega_{\beta,p} = p^{-1}$ im Fall I, und $\omega_{\lambda_p} = -p^{-1}$ im Fall II.

Wenn der zweite Fall vorliegt, und wenn die verlangte Relation für $\lambda_p^{(1)}$ gilt, dann ist das Bild der induzierten Darstellung unter dem lokalen Verkettungsoperator ein unitärer Modul, d.h. er besitzt ein positiv definites $G(\mathbb{Q}_p)$-invariantes Skalarprodukt. Er ist dann unendlichdimensional. Wir haben jetzt in diesem Fall genau die Bedingungen beschrieben, unter denen die Bedingung $(locuQ)$aus 2.3.4. an einer Stelle p erfüllt ist.

3.2.3. *Die Kohomologie.* Wir betrachten irreduzible Moduln für unsere Gruppe $G/\mathbb{Q}$. Da wir uns auf die projektive Gruppe einschränken wollen betrachten wir Moduln

$$\mathcal{M} = \mathcal{M}(\lambda), \qquad \lambda = n_\alpha\gamma_\alpha + n_\beta\gamma_\beta, \qquad n_\alpha \equiv n_\beta \bmod 3,$$

wobei sich die Bezeichnungen aus dem folgenden Bild ergeben:

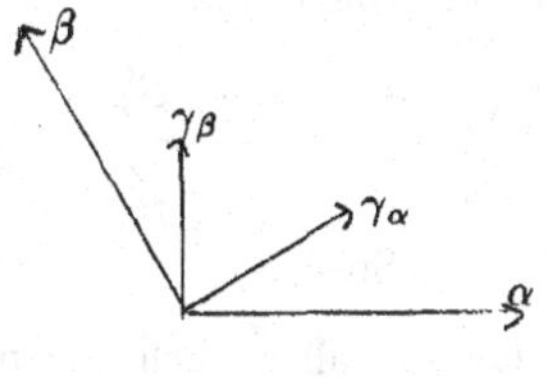

Die Kongruenzbedingung garantiert Darstellungen der projektiven Gruppe.

Uns interessiert wieder die Kohomologie

$$H^\bullet(\mathcal{S}_{K_f}^G(\mathbb{C}), \tilde{\mathcal{M}})$$

als Modul unter der Hecke-Algebra.

Den Limes

$$\varinjlim_{K_f} H^\bullet(\mathcal{S}_{K_f}^G(\mathbb{C}), \tilde{\mathcal{M}}) = H^\bullet(\mathcal{S}^G(\mathbb{C}), \tilde{\mathcal{M}}),$$

können wir wieder als $G(\mathbb{A}_f)$-Modul betrachten.

Wenn wir das Niveau K_f fixieren, dann können wir nach Auswahl eines Gitters $\tilde{\mathcal{M}}_{\mathcal{O}} \subset \tilde{\mathcal{M}}$ auch eine ganzzahlige Garbe auf $\mathcal{S}_{K_f}^G(\mathbb{C})$ definieren. Dann kann man die Hecke Operatoren auch intern im Rahmen der ganzzahligen Kohomologie definieren; wir müssen sie mit den folgenden Potenzen von p multiplizieren:

$$T_p^{\mathrm{coh}} \quad = \quad p^{n_\alpha + n_\beta} T_{h_0} \qquad \text{für } p \text{ träge}$$

$$\left.\begin{aligned} T_{h_1}^{\mathrm{coh}} &= p^{\frac{2}{3}n_\beta+\frac{1}{3}n_\alpha}T_{h_1} \\ T_{h_2}^{\mathrm{coh}} &= p^{\frac{2}{3}n_\alpha+\frac{1}{3}n_\beta}T_{h_2} \end{aligned}\right\} \quad p \text{ spaltet.}$$

Wir wollen jetzt einige Aspekte kurz diskutieren, die wir im Beispiel der symplektischen Gruppe etwas vernachlässigt haben.

Die innere Kohomologie $H_!^\bullet(\mathcal{S}_{K_f}^G(\mathbb{C}), \tilde{\mathcal{M}}) \otimes \overline{\mathbb{Q}}$ ist ein halbeinfacher Modul für die Hecke-Algebra. Wir schreiben ihre Zerlegung in isotypischen Komponenten nieder

$$H_!^\bullet(\mathcal{S}_{K_f}^G(\mathbb{C}), \tilde{\mathcal{M}}_{\overline{\mathbb{Q}}}) = \bigoplus_{\pi_f} H_!^\bullet(\mathcal{S}_{K_f}^G(\mathbb{C}), \tilde{\mathcal{M}}_{\overline{\mathbb{Q}}})(\pi),$$

wobei $\pi_f \in \hat{\mathcal{H}}$, das ist das Spektrum von $\mathcal{H}$, d.h. die Mengen der Isomorphieklassen irreduzibler $\mathcal{H}$-Moduln. Wir notieren die endlichen Multiplizitäten mit denen π_f auftaucht mit $m(\pi_f)$.

Die ganze Kohomologie $H^\bullet(\mathcal{S}_{K_f}^G(\mathbb{C}), \mathcal{M}_{\overline{\mathbb{Q}}})$ ist in der Regel kein halbeinfacher Modul unter der Operation von $\mathcal{H}(G(\mathbb{A}_f)//K_f)$. Man kann sie aber filtrieren, und zwar auf sehr natürliche Weise, so daß die auftretenden Subquotienten halbeinfach werden. In diesem Fall haben wir natürlich nur zwei Schritte in der Filtration: der untere Schritt ist die innere Kohmologie, der obere Schritt ist das Bild der Kohomologie in der Kohomologie des Randes. Wenn ich dann von isotypischen Komponenten rede, dann meine ich isotypische Komponenten in einem auftretenden Subquotienten.

Nun berücksichtigen wir noch, daß $\mathcal{S}_{K_f}^G(\mathbb{C})$ eine Shimura-Varietät ist. In diesem Fall ist unser kanonisches Modell über F definiert. Zusammen mit der Baily-Borel Kompaktifizierung bekommen wir ein Diagramm

$$\begin{array}{ccc} \mathcal{S}_{K_f}^G & \longrightarrow & \mathcal{S}_K^{G,\wedge} \\ & \searrow \quad \swarrow & \\ & \mathrm{Spec}(F) & \end{array} .$$

Dabei ist das Randstratum in diesem Fall endlich. Wenn wir die allgemeinen Sätze anwenden, dann sehen wir, daß es gerade Vereinigung von zu $F/\mathbb{Q}$ gehörigen Shimura-Varietäten ist (Siehe 2.1.3.). Wir können wieder auf $\mathcal{S}_{K_f}^G$ eine ℓ-adische Garbe $\mathcal{M}_\ell$ definieren und der Vergleichsisomorphismus

$$H_{\text{ét}}^\bullet(\mathcal{S}_{K_f}^G \times_F \overline{\mathbb{Q}}, \mathcal{M}_\ell) \simeq H^\bullet(\mathcal{S}_{K_f}^G(\mathbb{C}), \mathcal{M} \otimes \mathbb{Q}_\ell).$$

liefert uns einen Modul für $\mathcal{H}(G(\mathbb{A}_f)//K_f) \times \mathrm{Gal}(\overline{\mathbb{Q}}/F)$.

Wir studieren jetzt eine isotypische Komponente

$$H^\bullet(\pi_f)_\ell \subset H_{\text{ét},!}^\bullet(\mathcal{S}_{K_f}^G \times_F \overline{\mathbb{Q}}, \mathcal{M}_\ell) \otimes \overline{\mathbb{Q}}_\ell.$$

Es ist

$$H^\bullet(\pi_f)_\ell = \mathrm{Hom}_{\mathcal{H}}(M(\pi_f), H_{\text{ét},!}^\bullet) \otimes M(\pi_f),$$

wobei $M(\pi_f)$ ein irreduzibler Modul für $\mathcal{H}(G(\mathbb{A}_f)//K_f)$ vom Isomorphietyp π_f ist. Wir setzen

$$\mathcal{E}(\pi_f) = \mathrm{Hom}_{\mathcal{H}}(M(\pi_f), H_{\text{ét},!}^\bullet),$$

und dies ist jetzt ein endlichdimensionaler Galois-Modul. Wir haben also eine Darstellung

$$\rho(\pi_f) : \mathrm{Gal}(\overline{\mathbb{Q}}/F) \longrightarrow GL(\mathcal{E}(\pi_f)),$$

und wir möchten diesen Galois-Modul verstehen.

An dieser Stelle möchte ich eine kleine Zwischenbemerkung anbringen. Wir können $H^\bullet(\pi_f)_{\bar{\mathbb{Q}}}$ als Motiv mit Koeffizienten ansehen und schreiben

$$H^\bullet(\pi_f)_{\bar{\mathbb{Q}}} = \mathcal{E}(\pi_f) \otimes M(\pi_f),$$

wobei der erste Faktor auf der linken Seite jetzt ein Motiv ist, und der rechte Faktor ist nur noch ein irreduzibler Modul für die Hecke-Algebra.

Wir kommen zu unserem Problem zurück. Die Bestimmung der Struktur dieses Galoismoduls ist schwierig, und sie hängt auch von der "Natur" von $H^\bullet(\pi_f)_\ell$ ab. Die Beantwortung dieser Frage im allgemeinen Fall ist eines der großen Ziele in dem sogenannten Langlands-Programm. Ich verweise auf den Artikel von Kottwitz [Ko]. Im vorliegenden Spezialfall ist es gerade gelungen, dies Problem zu lösen; ich werde ein wenig darüber sagen. Ich verweise auch auf ein bald erscheinendes Buch ([Mo]), in dem diese Fragen detailliert behandelt werden. Auch im Anhang komme ich auf dies Problem zurück.

Als erstes muß man bedenken, daß $H^\bullet$ graduiert ist; der Modul $H^\bullet(\pi_f)_\ell$ kann durchaus in verschiedenen Graden vorkommen. Dementsprechend zerfällt dann auch $\mathcal{E}(\pi_f)$ in Untermoduln, also $\mathcal{E}(\pi_f) = \bigoplus \mathcal{E}^\nu(\pi_f)$.

Der Modul $M(\pi_f)$ ist ein Tensorprodukt von lokalen Moduln, an fast allen Stellen ist die lokale Komponente $M(\pi_p)$ ein sphärischer Subquotient der unverzweigten Hauptserie, d.h. die Stelle p ist unverzweigt. Es ist $K_p = G(\mathbb{Z}_p)$, und $M(\pi_p)$ enthält einen unter K_p invarianten Vektor. Sie bestimmt dann einen Parameter λ_p, der bis auf ein Element der Weylgruppe bestimmt ist, so daß sie in $I_{\lambda_p}^{(\mathrm{un})}$ als Subquotient vorkommt.

Wir betrachten nun eine solche Stelle p. Wir unterscheiden wieder unsere zwei Fälle, nämlich $p = \mathfrak{p}\mathfrak{p}'$ (Fall I), oder p ist träge (Fall II).

Man erwartet nun, daß unter diesen Umständen (es sei auch noch $\ell \neq p$) die lokale Darstellung an der Stelle p oder den darüber liegenden Stellen nicht verzweigt ist. Dann haben wir im Fall I zwei Frobenii $\Phi_\mathfrak{p}, \Phi_{\mathfrak{p}'}$, und im Fall II haben wir den Frobenius Φ_{p^2}.

Prinzipiell sollte sich aus der modularen Interpretation die folgende Aussage ableiten lassen (Kongruenzrelationen): Wenn $H^\nu(\pi_f)$ eine Hecke $\times$ Galois-invarianter Subquotient in der Kohomologie ist, dann sind die Eigenwerte des inversen Frobenius an einer Stelle wie oben auf $\mathcal{E}^\nu(\pi_f)$ immer aus der Menge

$$p\{\omega_{\alpha,\mathfrak{p}}, \frac{\omega_{\beta,\mathfrak{p}}}{\omega_{\alpha,\mathfrak{p}}}, \omega_{\beta,\mathfrak{p}}^{-1}\} \quad \text{für} \quad \Phi_\mathfrak{p}^{-1}$$

und

$$p\{\omega_{\beta,\mathfrak{p}}, \frac{\omega_{\alpha,\mathfrak{p}}}{\omega_{\beta,\mathfrak{p}}}, \omega_{\alpha,\mathfrak{p}}^{-1}\} \quad \text{für} \quad \Phi_{\mathfrak{p}'}^{-1}$$

zu wählen (falls p spaltet). Es ist hier nicht so klar, warum das so herum ist; es wäre ja denkbar, daß die beiden Mengen auch vertauscht werden könnten. Darauf komme ich später noch einmal zurück (Bemerkung 3.2.5.1). Man muß bedenken, daß der Parameter λ_p nach Auswahl einer der beiden Stellen über p definiert wurde, d.h. eine von ihnen ist jetzt ausgezeichnet. (Siehe 3.2.1.)

Für Φ_p^{-2} gilt entsprechend, daß der Eigenwert aus der Menge

$$p\{\omega_{\lambda_p}, 1, \omega_{\lambda_p}^{-1}\}$$

zu wählen ist.

Diese Aussage sollte sich beweisen lassen, indem man aus einer modularen Interpretation ableitet, daß die inversen Frobenii $\Phi_{\mathfrak{p}}^{-1}$ und Φ_p^{-2} einer kubischen Gleichung über der Hecke Algebra genügen.

Das schwierige Problem besteht nun darin zu entscheiden, welche Eigenwerte (mit welcher Vielfachheit) die Frobenii herauspicken.

Für isotypische Komponenten, die im oberen Filtrationsschritt auftauchen, die wir also in der Kohomologie des Randes wiederfinden, wird das Problem durch den Satz von Pink gelöst. Wenn $H^\bullet(\pi_f)_\ell \subset H^\bullet_{\text{ét},!}(S_K^G \times_F \overline{\mathbb{Q}}, \mathcal{M}_\ell) \otimes \overline{\mathbb{Q}}_\ell$ dann wird die Antwort kompliziert. Es gibt einige $H^\bullet(\pi_f)_\ell$, die man generisch nennt (dazu später), für die die Antwort klar ist.

Dann gibt es einige π_f, die von kopischen Gruppen herkommen (siehe [Ro] und [Mo]) , und auch noch arthurische π_f (siehe 3.2.6.), bei denen die Antwort komplizierter wird.

Ich beschreibe jetzt zunächst die erwartete Antwort für generische π_f. Die erste Eigenschaft einer generischen Darstellung wird sein, daß sie nur im Grad 2 vorkommt (das ist der mittlere Grad). Ferner sollte sie mit der Vielfachheit 3 auftreten (das entspricht den 3 Darstellungen der diskreten Serie, die Kohomologie mit Koeffizienten in $\mathcal{M}$ haben).

Wir studieren jetzt für ein generisches π_f die Operation von $\mathrm{Gal}(\overline{\mathbb{Q}}/E)$ auf $\mathcal{E}^2(\pi_f)$. Es gilt dann für die Frobenii (das Zeichen $\sim$ heißt hier jetzt "gleiche Eigenwerte")

$$\Phi_{\mathfrak{p}}^{-1} \mid \mathcal{E}(\pi_f) \sim p \begin{pmatrix} \omega_{\alpha,\mathfrak{p}} & & \\ & \dfrac{\omega_{\beta,\mathfrak{p}}}{\omega_{\alpha,\mathfrak{p}}} & \\ & & \omega_{\beta,\mathfrak{p}}^{-1} \end{pmatrix}$$

$$\Phi_{\mathfrak{p}'}^{-1} \mid \mathcal{E}(\pi_f) \sim p \begin{pmatrix} \omega_{\beta,\mathfrak{p}} & & \\ & \dfrac{\omega_{\alpha,\mathfrak{p}}}{\omega_{\beta,\mathfrak{p}}} & \\ & & \omega_{\alpha,\mathfrak{p}}^{-1} \end{pmatrix},$$

und an der Stelle p haben wir nur Φ_p^{-2}, und wir erwarten

$$\Phi_p^{-2} \sim p \begin{pmatrix} \omega_{\lambda_p} & & \\ & 1 & \\ & & \omega_{\lambda_p}^{-1} \end{pmatrix}.$$

Im generischen Fall werden die drei möglichen Eigenwerte genau einmal angenommen werden. Die halbeinfache Konjugationsklasse des Frobenius hängt nur von der Komponente π_p ab. Das ist im Fall endoskopischer Beiträge nicht so.

3.2.3.1. *Das Gewichtespiel.* Nehmen wir einmal an, daß $H^\bullet(\pi_f)_\ell$ ein isotypischer Anteil in $H_!^\nu(S_{K_f}^G \times_F \overline{\mathbb{Q}}, \tilde{\mathcal{M}}_\ell)$ ist. Zur Vereinfachung nehmen wir auch noch an, daß $\tilde{\mathcal{M}} = \mathbb{Q}$.

Dann folgt aus den Arbeiten von Deligne, daß die Eigenwerte des inversen Frobenius auf $\mathcal{E}^\nu(\pi_f)$ den Absolutbetrag $p^{\nu/2}$ haben müssen. Daraus folgt sofort: Wenn $\rho^\nu(\pi_f)(\Phi_p^{-1})$ oder $\rho^\nu(\pi_f)(\Phi_p^{-2})$ an einer Stelle alle drei möglichen Eigenwerte annimmt, dann ist $\nu = 2$; wir sind im mittleren Grad.

Es folgt dann auch, daß alle Parameter $\omega_{\alpha,\mathfrak{p}}$, $\omega_{\beta,\mathfrak{p}}$ und $\omega_{\lambda_\mathfrak{p}}$ den Absolutbetrag 1 haben, das heißt, daß die entsprechenden Hauptseriendarstellungen in der unitären Hauptserie liegen (Analogon der Ramanujan Vermutung).

Wenn wir dagegen $0 \neq H^1(\pi_f) \subset H^1_!(\mathcal{S}^G_{K_f} \times_F \overline{\mathbb{Q}}, \overline{\mathbb{Q}}_\ell)$ haben, dann muß einer der Parameter den Absolutbetrag $p^{-\frac{1}{2}}$ für zerfallendes p oder p^{-1} für träges p haben. Da außerdem wegen der Dualität die duale Darstellung auch noch in $H^3_!(\mathcal{S}^G_{K_f}, \overline{\mathbb{Q}})$ auftaucht, folgt für zerfallendes p, daß

$$|\omega_{\alpha,\mathfrak{p}}| = p^{-\frac{1}{2}} \quad |\omega_{\beta,\mathfrak{p}}| = p^{-\frac{1}{2}},$$

und die drei Zahlen

$$p\{\omega_{\alpha,\mathfrak{p}}, \frac{\omega_{\beta,\mathfrak{p}}}{\omega_{\alpha,\mathfrak{p}}}, 1/\omega_{\beta,\mathfrak{p}}\}$$

haben die Absolutbeträge $p^{\frac{1}{2}}$, p, $p^{\frac{3}{2}}$. Entsprechend gilt im trägen Fall

$$|\omega_{\lambda_\mathfrak{p}}| = \frac{1}{p}.$$

Insbesondere darf der inverse Frobenius auf $\mathcal{E}^1(\pi_f) \subset H^1_!(\mathcal{S}^G_{K_f} \times_F \overline{\mathbb{Q}}, \overline{\mathbb{Q}}_\ell)$ nur einen der drei Eigenwerte wählen. Es ist also möglich, daß dann die Multiplizität von $H^1(\pi_f)$ gleich 1 ist. Dann ist $\dim \mathcal{E}^1(\pi_f) = 1$ und $\mathrm{Gal}(\overline{\mathbb{Q}}/F)$ operiert auf $\mathcal{E}^1(\pi_f) \otimes \overline{\mathbb{Q}}_\lambda$ durch einen abelschen Charakter. (Im Gegensatz zum generischen Fall, wo $\dim \mathcal{E}^2(\pi_f) = 3$.)

3.2.4. *Die Darstellungen der Hauptserie und ihr Beitrag zur Kohomologie des Randes.* Wir haben unsere Gruppe $G/\mathbb{Q}$, darin den Torus $T/\mathbb{Q}$, die Borel $B/\mathbb{Q}$ und deren unipotentes Radikal $U/\mathbb{Q}$. Die Lie-Algebra Kohomologie

$$H^\bullet(\mathfrak{u}, \mathcal{M}) = H^\bullet(\mathrm{Hom}(\Lambda^\bullet \mathfrak{u}, \mathcal{M})$$

ist ein Modul für den Torus $T/\mathbb{Q}$. Wir erweitern nach $\overline{\mathbb{Q}}$ und erhalten nach Kostant

$$H^\bullet(\mathfrak{u}, \mathcal{M}) \otimes \overline{\mathbb{Q}} = \bigoplus_{w \in W(\overline{\mathbb{Q}})} H^{\ell(w)}(\mathfrak{u}, \mathcal{M}_{\overline{\mathbb{Q}}})(w \cdot \lambda),$$

wobei $w \cdot \lambda = (\lambda + \delta)^w - \delta$ und δ die halbe Summe der positiven Wurzeln ist. Es ist

$$H^0(\mathfrak{u}, \mathcal{M}) = \mathcal{M}^\mathfrak{u} = \overline{\mathbb{Q}} e_\lambda,$$

wobei e_λ der Vektor höchsten Gewichts ist. Wir betten jetzt $\mathcal{S}^G_{K_f}(\mathbb{C})$ in die Borel-Serre Kompaktifizierung ein

$$\mathcal{S}^G_{K_f}(\mathbb{C}) \longrightarrow \mathcal{S}^{G\wedge\wedge}_K,$$

es sei $\partial \mathcal{S}^{G\wedge\wedge}_K$ der Rand. Er ist Vereinigung von dreidimensionalen Nilmannigfaltigkeiten, die einzelnen Komponenten werden bei der Abbildung auf die Bailey-Borel Kompaktifizierung auf einen Punkt zusammengeschlagen (vergleiche auch [Ha-GU], 1.1). Die

Kohomologie einer einzelnen Komponente ist gerade die obige Lie-Algebra-Kohomologie. Man kann dann die Kohomologie des Randes der Borel-Serre Kompaktifizierung, d.h. die Summe der einzelnen Kohomologiegruppen der einzelnen Komponenten, als $G(\mathbb{A}_f)$-Modul wie folgt beschreiben:

$$H^\bullet(\partial S^{G\wedge\wedge}, \mathcal{M}) =$$
$$\bigoplus_{\substack{\{\varphi,\theta\varphi\} \\ \mathrm{typ}(\varphi)=w\cdot\lambda}} \left(I_{\varphi_f} \otimes H^{\ell(w)}(\mathfrak{u}, \mathcal{M}_{\overline{\mathbb{Q}}})(w\cdot\lambda) \oplus I_{\theta\varphi_f} \otimes H^{\ell(\theta w)}(\mathfrak{u}, \mathcal{M}_{\overline{\mathbb{Q}}})(\theta w\cdot\lambda)\right),$$

wobei $w \bmod \theta$ so gewählt wird, daß $\deg(w\cdot\lambda) > \deg(\theta w\cdot\lambda)$. Es ist so, daß $\deg(\theta\cdot\lambda) = 3$, $\deg(\lambda) = 0$ und $\deg(s_\alpha s_\beta\cdot\lambda) = \deg(s_\beta s_\alpha\cdot\lambda) = 2$, $\deg(s_\alpha\cdot\lambda) = \deg(s_\beta\cdot\lambda) = 1$. Am Ende dieses Kapitels habe ich eine Tabelle für die Werte der $w\cdot\lambda$ gemacht. Damit haben wir natürlich auch eine Beschreibung von

$$H^\bullet(\partial S_K^{G\wedge\wedge}, \mathcal{M}) =$$
$$\bigoplus_{\substack{\{\varphi,\theta\cdot\varphi\} \\ \mathrm{typ}(\varphi)=w\cdot\lambda}} \left(I_{\varphi_f}^{K_f} \otimes H^{\ell(w)}(\mathfrak{u}, \mathcal{M}_{\overline{\mathbb{Q}}})(w\cdot\lambda) \oplus I_{\theta\cdot\varphi_f}^{K_f} \otimes H^{\ell(\theta w)}(\mathfrak{u}, \mathcal{M}_{\overline{\mathbb{Q}}})(\theta w\cdot\lambda)\right),$$

als $\mathcal{H}(G(\mathbb{A}_f)//K_f)$-Modul (siehe [Ha-GU]). Die Faktoren $H^{\ell(w)}(\mathfrak{u}, \mathcal{M}_{\overline{\mathbb{Q}}})(w\cdot\lambda)$ fehlen dort, weil sie eindimensional sind, und wir Erzeugende gewählt haben.)

Man hat jetzt die exakte Sequenz zwischen der Kohomologie mit kompakten Trägern und der gewöhnlichen Kohomologie. In unseren bisherigen Notationen führt das auf die Einbettung

$$H^\bullet_\infty(S_{K_f}^G, \mathcal{M}) \hookrightarrow$$
$$\bigoplus_{\substack{\{\varphi,\theta\cdot\varphi\} \\ \mathrm{typ}(\varphi)=w\cdot\lambda}} \left(I_{\varphi_f}^{K_f} \otimes H^{\ell(w)}(\mathfrak{u}, \mathcal{M}_{\overline{\mathbb{Q}}})(w\cdot\lambda) \oplus I_{\theta\cdot\varphi_f}^{K_f} \otimes H^{\ell(\theta w)}(\mathfrak{u}, \mathcal{M}_{\overline{\mathbb{Q}}})(\theta w\cdot\lambda)\right),$$

und man kann leicht zeigen, daß das Bild sich nach Charakteren zerlegt. Wir haben also

$$H^\bullet_\infty(S_{K_f}^G, \mathcal{M})[\varphi_f] \hookrightarrow I_{\varphi_f}^{K_f} \otimes H^{\ell(w)}(\mathfrak{u}, \mathcal{M}_{\overline{\mathbb{Q}}})(w\cdot\lambda) \oplus I_{\theta\cdot\varphi_f}^{K_f} \otimes H^{\ell(\theta w)}(\mathfrak{u}, \mathcal{M}_{\overline{\mathbb{Q}}})(\theta w\cdot\lambda).$$

3.2.5. *Die Randkohomologie als Galois-Modul.* Der Satz von Pink beschreibt nun wieder die Moduln $I_{\varphi_f}^{K_f} \otimes \overline{\mathbb{Q}}_\ell$ und $I_{\theta\cdot\varphi_f}^{K_f} \otimes \overline{\mathbb{Q}}_\ell$ als Moduln für die Galois-Gruppe. Um das Ergebnis zu formulieren, erinnere ich zunächst an die Konstruktion des ℓ-adischen Charakters zu einem algebraischen Hecke-Charakter. Es sei für den Moment $\phi_f : I_{F,f} \to \bar{\mathbb{Q}}^*$ irgendein algebraischer Hecke-Charakter. Wenn man eine Primzahl ℓ wählt, dann kann man ihm eine eindimensionale Galois-Darstellung

$$\phi_\ell : \mathrm{Gal}(\mathbb{Q}/F)_{\mathrm{ab}} :\to \bar{\mathbb{Q}}_\ell^*$$

zuordnen, die folgendermaßen festgelegt ist: Sie ist unverzweigt an allen Stellen, an denen ϕ unverzweigt ist, und die nicht über ℓ liegen. An einer solchen unverzweigten Stelle $\mathfrak{p}$ ist für den inversen Frobenius

$$\phi_\ell(\Phi_\mathfrak{p}^{-1}) = \phi_\mathfrak{p}(\varpi_\mathfrak{p}),$$

wobei $\varpi_{\mathfrak{p}} \in F_{\mathfrak{p}}$ ein uniformisierendes Element und $\phi_{\mathfrak{p}}$ die lokale Komponente von ϕ ist.

In Analogie zum zyklotomischen Fall führen wir den eindimensionalen Galoismodul $\bar{\mathbb{Q}}_\ell(\phi)$ ein. Man kann dann zeigen, daß es sich bei diesem Modul um die ℓ-adische Realisierung eines Motivs mit Koeffizienten in einem Köprper E handelt, das dann $E(\phi)$ heißt (siehe [Scha]). Ein Körper E der Koeffizienten des Motivs muß so groß sein, daß er die Werte des Charakters ϕ aufnehmen kann. Für jede Einbettung $\sigma : E \to \mathbb{C}^*$ bekommen wir dann ein L-Funktion $L_\sigma(E(\phi), s)$ (siehe 1.2.12.) und die Konstruktion ist so gemacht, daß diese L-Funktion gleich der Heckeschen L-Funktion $L(\sigma \circ \phi, s)$ ist. (Wenn man dies über $\mathbb{Q}$ macht und als Heckecharakter den Tate-Charakter $\alpha : \underline{t} \mapsto |\underline{t}|$ wählt, dann wird $\mathbb{Q}(\alpha) = \mathbb{Q}(-1)$.)

Der Satz von Pink sagt dann einfach, daß der φ-Anteil in der Kohomologie des Randes als Hecke×Galoismodul einfach

$$I_{\varphi_f}^{K_f} \otimes \bar{\mathbb{Q}}_\ell(\varphi^{-1})$$

ist, wobei dann natürlich die Hecke-Algebra nur auf dem linken und die Galoisgruppe nur auf dem rechten Faktor operiert.

Das können wir noch expliziter formulieren: Wenn wir nun unsere frühere Identifizierung von $(F \otimes \mathbb{Q}_p)^*$ mit dem maximalen Torus $T(\mathbb{Q}_p) \subset PGL_3(\mathbb{Q}_p)$ vornehmen, dann

$$(p,1) \longmapsto \begin{pmatrix} p & & \\ & p & \\ & & 1 \end{pmatrix}$$

$$(1,p) \longmapsto \begin{pmatrix} p & & \\ & 1 & \\ & & 1 \end{pmatrix}.$$

Es sind also die Eigenwerte der inversen Frobenii

$$\begin{aligned} \varphi_p((p,1)) &= p\omega_{\beta,p}^{-1} \quad \text{für} \quad \Phi_{\mathfrak{p}}^{-1} \\ \varphi_p((1,p)) &= p\omega_{\alpha,p}^{-1} \quad \text{für} \quad \Phi_{\mathfrak{p}'}^{-1}. \end{aligned}$$

(Wir müssen den Unterschied zwischen naiver und unitären Induktion bedenken.)

Wir erinnern uns jetzt daran, daß der Typ des Charakters φ_f noch vorgegeben ist. Daraus lassen sich die Absolutbeträge der Werte des Charakters an den Primidealen $\mathfrak{p}$ und p ablesen, das interessiert uns weil das auch die Information über die Absolutbeträge der Eigenwerte des Frobenius liefert. Es sei p zerfallend, wir schreiben $p = \mathfrak{p}\mathfrak{p}'$. Wenn wir ein genügend großes N wählen, dann wird $\mathfrak{p}^N$ ein Hauptideal; wir schreiben $\mathfrak{p}^N = (\varpi_{\mathfrak{p}}^{(N)})$. Dabei können wir noch erreichen, daß $\varpi_{\mathfrak{p}}^{(N)} \in F^*$ Kongruenzen modulo dem Führer des Charakters erfüllt. Nach Definition eines Hecke-Charakters ist dann

$$\varphi_{\mathfrak{p}}(\varpi_{\mathfrak{p}}^N) = \left(\varpi_{\mathfrak{p}}^{(N)}\right)^m \left(\varpi_{\mathfrak{p}'}^{(N)}\right)^{m'},$$

wobei m, m' die Koeffizienten von α, β in $w \cdot \lambda = \text{typ}(\varphi)$ sind (Tabelle). Entsprechend gilt

$$\varphi_{\mathfrak{p}'}(\varpi_{\mathfrak{p}'}^N) = \left(\varpi_{\mathfrak{p}'}^{(N)}\right)^m \left(\varpi_{\mathfrak{p}}^{(N)}\right)^{m'}.$$

Das liefert uns, daß bis auf eine Einheitswurzel (d.h. $\sim$)

$$\begin{aligned}\varphi(\varpi_{\mathfrak{p}}) &\sim \left(\sqrt[N]{\varpi_{\mathfrak{p}}^{(N)}}\right)^{m}\cdot\left(\sqrt[N]{\varpi_{\mathfrak{p}'}^{(N)}}\right)^{m'} \\ \varphi(\varpi_{\mathfrak{p}'}) &\sim \left(\sqrt[N]{\varpi_{\mathfrak{p}'}^{(N)}}\right)^{m}\cdot\left(\sqrt[N]{\varpi_{\mathfrak{p}}^{(N)}}\right)^{m'} .\end{aligned} \tag{WW}$$

Damit kennen wir auch die Absolutbeträge der Eigenwerte der inversen Frobenii: sie sind gleich $p^{-(m+m')/2}$. Wir halten noch fest, daß $m+m'=n+n'$, wobei n,n' die Koeffizienten von $w\cdot\lambda$ in der Darstellung als Linearkombination durch die fundamentalen Gewichte sind (Tabelle).

Wir kennen dann auch die Absolutbeträge der Parameter der lokalen Darstellung:

$$|\omega_{\alpha,\mathfrak{p}}| = |\omega_{\beta,\mathfrak{p}}| = p^{1+(m+m')/2}$$

3.2.5.1. *Bemerkung.* Wir hatten früher schon einmal gesagt, daß die inversen Frobenii $\Phi_{\mathfrak{p}}^{-1}$ und Φ_{p}^{-2} einer kubischen Gleichung über der Hecke-Algebra genügen sollten. Diese Gleichungen sollen gerade besagen, daß die Menge der Eigenwerte von $\rho_\lambda(\pi)(\Phi_{\mathfrak{p}}^{-1})$ in einer der beiden Mengen

$$p\left\{\omega_{\alpha,\mathfrak{p}}, \frac{\omega_{\beta,\mathfrak{p}}}{\omega_{\alpha,\mathfrak{p}}}, \omega_{\beta,\mathfrak{p}}^{-1}\right\}$$

oder

$$p\left\{\omega_{\beta,\mathfrak{p}}, \frac{\omega_{\alpha,\mathfrak{p}}}{\omega_{\beta,\mathfrak{p}}}, \omega_{\alpha,\mathfrak{p}}^{-1}\right\}$$

enthalten ist (bzw. in $p^2\{\omega_{\lambda p}, 1, \omega_{\lambda p}^{-1}\}$ für träge p). Dabei haben wir uns früher für die erste Möglichkeit entschieden. Jetzt können wir an den Moduln I_{φ_f} testen und sehen, daß in diesem Fall der Eigenwert gerade

$$\varphi_{\mathfrak{p}}(\varpi_{\mathfrak{p}})^{-1} = p\omega_{\beta,\mathfrak{p}}^{-1}$$

ist. Also wird in diesem Fall die obere Teilmenge gewählt, und das sollte dann immer die richtige Wahl sein.

Etwas anders formuliert sagt dies Prinzip jetzt, daß für einen Modul I_{φ_f} (oder einen (unitären) sphärischen Subquotienten davon) die Menge der möglichen Eigenwerte für die inversen Frobenii gerade die Zahlen aus

$$\left\{p^2\varphi_{\mathfrak{p}'}(\varpi_{\mathfrak{p}'}), p\frac{\varphi_{\mathfrak{p}}(\varpi_{\mathfrak{p}})}{\varphi_{\mathfrak{p}'}(\varpi_{\mathfrak{p}'})}, \varphi_{\mathfrak{p}}(\varpi_{\mathfrak{p}}^{-1})\right\}$$

sind, wobei dies jetzt unabhängig davon ist, ob p zerlegt oder träge ist.

3.2.6. *Die Eisensteinklassen.* Ich formuliere jetzt einige Resultate aus meiner Arbeit [Ha-GU].

Zunächst erinnere ich noch einmal daran, daß von den beiden Typen $w\cdot\lambda$ und $\theta w\cdot\lambda$ einer (und zwar der ohne θ) immer im Grad 3 (bzw. 2) und der andere im Grad 0 (bzw. 1) liegt. Es wird in der oben zitierten Arbeit gezeigt, daß die Abbildung

$$H^\bullet_\infty(\mathcal{S}^G_{K_f}, \mathcal{M})[\varphi_f] \longrightarrow I_{\varphi_f}^{K_f} \oplus I_{\theta\cdot\varphi_f}^{K_f}$$

in der Regel einen Isomorphismus der linken Seite mit dem ersten Summanden induziert, wobei es nur zwei mögliche Ausnahmen gibt. Diese können nur auftreten, wenn I_{φ_f} lokal an jeder Stelle einen unitären Quotienten hat, d.h. die Bedingung $(locuQ)$ ist erfüllt. Diese haben wir schon in 3.2.2. analysiert.

Wie dort ziehen wir den Charakter φ auf die Adelegruppe des Torus $T^{(1)}$ zurück; der zurückgezogene Charakter heiße wieder $\varphi^{(1)}$.

Wir haben $(locuQ)$, wenn einer der beiden Fälle vorliegt

(AI) $w = \theta$, $\lambda = 0$ und der Charakter $\varphi^{(1)}$ ist

$$\varphi^{(1)} : \begin{pmatrix} a & & \\ & a^\sigma/a & \\ & & a^{-\sigma} \end{pmatrix} \longmapsto (aa^\sigma)^2$$

also

$$\varphi^{(1)} = |\ \ |_F^2.$$

oder

(AII)

$$\varphi^{(1)}|_{I_{\mathbb{Q}}} = \varepsilon_{F/\mathbb{Q}} \cdot |\ \ |_{\mathbb{Q}}^3.$$

Uns interessiert hier der zweite Ausnahmefall. Man stellt leicht fest, daß eine Einschränkung an den Typ des Charakters vorliegt, d.h. an das Koeffizientensystem: Das höchste Gewicht λ von $\mathcal{M}$ muß von der Form $\lambda = n_\alpha \gamma_\alpha$ oder $\lambda = n_\beta \gamma_\beta$ sein. Ferner sind wir im Grad 2. Wenn dann die Bedingung (AII) erfüllt ist, dann zeigen die zitierten lokalen Resultate, daß

$$T^{\text{loc}} : I_{\varphi_f} \longrightarrow I_{w \cdot \varphi_f}$$

ein Produkt von lokalen Operatoren ist und an jeder Stelle faktorisiert

$$I_{\varphi_p} \longrightarrow J_{\varphi_p} \subset I_{w \cdot \varphi_p},$$

wobei J_{φ_p} ein unitärer irreduzibler $G(\mathbb{Q}_p)$-Modul ist. Der Operator

$$T^{\text{loc}} : I_{\varphi_f} \longrightarrow J_{\varphi_f} \subset I_{\theta \cdot \varphi_f},$$

hat einen Kern I'_{φ_f}. Dieser wird von Vektoren der Form

$$\bigotimes \Psi_p$$

aufgespannt, für die mindestens eine Komponente $\Psi_p \in \ker(I_{\varphi_p} \to I_{\theta \cdot \varphi_p})$ liegt.

Aber die Bedingung (AII) alleine erzwingt noch nicht, daß

$$H^\bullet_\infty(S^G_{K_f}, \mathcal{M})[\varphi] \longrightarrow I^{K_f}_{\varphi_f} \oplus I^{K_f}_{\theta \cdot \varphi_f}$$

kein Isomorphismus auf den ersten Summanden ist, d.h. sie alleine erzwingt noch keine Ausnahme.

Das gilt erst dann, wenn die globale Bedingung

$$L(\varphi^{(1)}, -1) \neq 0 \qquad (Pol)$$

auch noch erfüllt ist.

Wenn dies der Fall ist, dann ist

$$H^1_\infty(\mathcal{S}^G,\mathcal{M})[\varphi_f] \xrightarrow{\sim} J_{\varphi_f} \subset I_{\theta\cdot\varphi_f} \subset H^1(\partial\mathcal{S}^G,\mathcal{M})$$

$$H^2_\infty(\mathcal{S}^G,\mathcal{M})[\varphi_f] \xrightarrow{\sim} I'_{\varphi_f}.$$

Eine Frage, die nun von Interesse ist, ist die folgende: Die Darstellung J_{φ_f} ist unitär. Sie kann daher auch in $H_!^\bullet(\mathcal{S}^G(\mathbb{C}),\mathcal{M})$ auftauchen. Tut sie es? Wo taucht sie unter welchen Bedingungen auf?

Wir haben eben gesehen, daß sie in der Kohomologie im Grad eins auftaucht, wenn (*locuQ*) und (*Pol*) gelten.

Ich erinnere jetzt noch an die Bedingung (*W*) aus 2.2.9.1., die hier erfüllt ist. Da wir von einer Darstellung der projektiven Gruppe ausgehen, ist das Gewicht $w(\mathcal{M}) = 0$. Daraus folgt, daß der inverse Frobenius Eigenwerte vom Absolutbetrag $p^{\frac{1}{2}}, p, p^{\frac{3}{2}}$ in den Graden 1,2,3 hat. (Wenn man noch einmal das Gewichtespiel spielen möchte, dann findet man, daß die obige Bedingung (*WW*) uns auch liefert, daß wir jetzt $n_\alpha = 0$ oder $n_\beta = 0$ vorliegen haben müssen).

Nehmen wir an, daß

$$J_{\varphi_f}^{m_\nu(\varphi)} \subset H_!^\nu(\mathcal{S}^G,\mathcal{M})$$

eine isotypische Komponente ist.

Wegen unserer Philosophie über die Eigenwerte des Frobenius sind die Eigenwerte von $\Phi_{\mathfrak{p}}^{-1}$ auf dieser isotypischen Komponente aus der Menge

$$\left\{p^2\varphi_{\mathfrak{p}'}(\varpi_{\mathfrak{p}'}), p\frac{\varphi_{\mathfrak{p}}(\varpi_{\mathfrak{p}})}{\varphi_{\mathfrak{p}'}(\varpi_{\mathfrak{p}'})}, 1/\varphi_{\mathfrak{p}}(\varpi_{\mathfrak{p}})\right\},$$

und man stellt fest, daß die Eigenwerte die Absolutbeträge

$$\left\{p^{\frac{1}{2}}, p, p^{\frac{3}{2}}\right\}$$

haben. Also sind die Eigenwerte von $\Phi_{\mathfrak{p}}^{-1}$ auf der obigen isotypischen Komponente gleich

$$\begin{array}{lll} p^2\varphi_{\mathfrak{p}'}(\varpi_{\mathfrak{p}'}) & \text{falls} & \nu = 1 \\ p\dfrac{\varphi_{\mathfrak{p}}(\varpi_{\mathfrak{p}})}{\varphi_{\mathfrak{p}'}(\varpi_{\mathfrak{p}'})} & \text{falls} & \nu = 2 \\ 1/\varphi_{\mathfrak{p}}(\varpi_{\mathfrak{p}}) & \text{falls} & \nu = 3. \end{array}$$

Führt man also den Charakter

$$\varphi^\sigma(\underline{t}) = \varphi(\underline{t}^\sigma)$$

ein, dann sollte man erwarten, daß $\mathrm{Gal}(\overline{\mathbb{Q}}/F)$ auf einer Kopie von $J_{\varphi_f} \subset H_!^\nu(\mathcal{S}^G(\mathbb{C}),\mathcal{M})$ durch die Charaktere

$$(|\ |_F^{-2}\varphi^\sigma)_\ell\,,\ \left(|\ |_F^{-1}\cdot\frac{\varphi}{\varphi^\sigma}\right)_\ell\,,\ \left(\frac{1}{\varphi}\right)_\ell$$

operiert, wenn $\nu = 1, 2$ oder 3 ist. Wenn wir uns die Gewichte ansehen, dann bemerken wir, daß es kein Hindernis gegen das Auftreten von J_{φ_f} in irgendeiner der Gruppen $H^1_!, H^2_!, H^3_!$ gibt. Es ist klar, daß

$$\begin{aligned} m_\nu(\varphi_f) &= m_\nu(\varphi_f^\sigma) \\ m_1(\varphi_f) &= m_3(\varphi_f) \end{aligned}$$

gilt.

Ich vermute nun

a) Falls $L(\varphi^{(1)}, -1) \neq 0$, dann ist $m_\nu(\varphi_f) = 0$ für alle ν.

b) Falls $L(\varphi^{(1)}, -1) = 0$, und falls die Nullstellenordnung ungerade ist, dann ist

$$\begin{aligned} &m_1(\varphi_f) = m_3(\varphi_f) = 0 \\ &m_2(\varphi_f) = 1 \,. \end{aligned}$$

Falls die Nullstellenordnung gerade ist, dann ist

$$\begin{aligned} &m_1(\varphi_f) = m_3(\varphi_f) = 1 \\ &m_2(\varphi_f) = 0 \,. \end{aligned}$$

Wenn ich richtig verstehe, ergibt sich diese Vermutung aus den Resultaten von J. Rogawski in seinem Buch [Ro], wobei aber die Aussagen von Thm. 13.3.6, 13.3.7 korrigiert werden müssen. (Die korrigierten Aussagen sind inzwischen in [Mo] erschienen.) Die Kopien der Moduln J_{φ_f}, die in der inneren Kohomologie auftauchen, sind die, welche ich weiter oben als "arthurische" Komponenten bezeichnet habe.

Im Anhang werde ich ein sehr skizzenhaftes Argument für die Richtigkeit der obigen Behauptung geben. Es wird gezeigt, daß sie sich sehr natürlich aus der dort diskutierten topologischen Spurformel von Goresky und MacPherson ergibt. Das Argument ist aber nicht ganz vollständig, weil ich Annahmen über die endoskopischen Beiträge zur Spurformel mache.

3.2.7. *Die arithmetischen Konsequenzen.* Es sei jetzt das Vorzeichen in der Funktionalgleichung von $L(\varphi^{(1)}, s)$ gleich minus eins. Dann haben wir also mit Sicherheit eine Nullstelle ungerader Ordnung. Jetzt kommt J_{φ_f} in $H^2_!(\mathcal{S}^G, \mathcal{M})$ vor, aber der Modul taucht noch einmal in der Jordan-Hölder Reihe von $H^2_\infty(\mathcal{S}^G, \mathcal{M})$ auf. Auf dem unteren Modul (dem in $H^2_!$) operiert die Galoisgruppe durch

$$(|\ |_F^{-1} \cdot \varphi/\varphi^\sigma)_\ell$$

also ist er als Hecke $\times$ Galoismodul gleich

$$J_{\varphi_f} \otimes \overline{\mathbb{Q}}_\ell(|\ |_F^{-1} \cdot \varphi/\varphi^\sigma),$$

und oben bekommen wir als Galoismodul

$$J_{\varphi_f} \otimes \overline{\mathbb{Q}}_\ell(\varphi^{-1}).$$

Wir bekommen daher ein gemischtes Motiv $M(\varphi)$ mit Koeffizienten in E (siehe oben), das in einer kurzen exakten Sequenz sitzt

$$0 \longrightarrow E(|\ |_F^{-1} \cdot \varphi/\varphi^\sigma) \longrightarrow M(\varphi) \longrightarrow E(\varphi^{-1}) \longrightarrow 0.$$

Tensorieren mit dem Inversen des linken Terms liefert

$$0 \longrightarrow E(|\ |_F^{-1} \cdot \varphi^2/\varphi^\sigma) \longrightarrow M_1(\varphi) \longrightarrow E(0) \longrightarrow 0.$$

Nun ist aber $\varphi_f^2/\varphi_f^\sigma$ gerade $\varphi^{(1)}$. Nach den Vermutungen von Beilinson-Deligne sollte das Motiv $E(0)$ genau dann eine nicht triviale Erweiterung mit

$$E(|\ |_F^{-1} \cdot \varphi^2/\varphi^\sigma)$$

haben, wenn $L(\varphi^{(1)}, -1) = L(|\ |_F^{-1} \cdot \varphi^{(1)}, 0) = 0$.

In Analogie zum Fall der symplektischen Gruppe hoffe ich , daß das oben konstruierte Motiv genau dann ein kritisch ist, wenn $\operatorname{ord}_{s=-1} L(\varphi^{(1)}, s) = 1$ ist.

Es schließen sich hier nun eine Reihe von Fragen an.

Eine Frage betrifft die gefundenen gemischten Motive. Es wäre natürlich von größtem Interesse, wenn man ihre Erweiterungsklasse bestimmen könnte. Nun habe ich leider im ersten Kapitel nicht erklärt, wie eine solche Erweiterungsklasse definiert ist, und wie sie berechnet werden kann. Das findet man aber in dem unpublizierten Manuskript [Sch2] von A. Scholl. Im Prinzip kommt es darauf an, den Wert der Höhenpaarung des Motivs mit sich selbst zu bestimmen.

Bevor man so etwas behandeln kann, muß man die cuspidalen Kohomologieklassen, deren Existenz man aus der Spurformel abliest, auch irgendiwe analytisch beschreiben. Ich könnte mir vorstellen, daß die mit Hilfe der Oszillator Darstellung konstruierten "shadows of Eisenstein series" hier eine Rolle spielen könnten (Siehe [Ral]) Im Falle der Saito-Karakawa-Liftung hat man ja wohl konkrete Beschreibungen der Kohomologieklassen.

Eine andere Frage ist natürlich die Bestimmung der Nenner der Eisensteinklassen. Diese Frage wird schon in [Ha-GU], IV, behandelt, ich will nur kurz darauf eingehen.

Nehmen wir mal an, daß für ein φ_f, das zur Randkohomologie im Grad 2 beiträgt, die Abbildung

$$H^2(S^G_{K_f}(\mathbb{C}), \tilde{\mathcal{M}}) \xrightarrow{v} I_{\varphi_f}^{K_f}$$

surjektiv ist. Wir nehmen nun noch genauer an, daß wir nicht im Fall II sind, d. h. $\varphi^{(1)} \mid I_{\mathbb{Q}} \neq \epsilon_{F/\mathbb{Q}} \cdot |\ |_{\mathbb{Q}}^3$. Dann folgt in der Tat aus den Ergebnissen von Rogawski, daß die obige Abbildung einen rationalen Schnitt hat.

Wir können dann eine ganzzahlige Struktur auf beiden Seiten einführen, und wenn wir im gewöhnlichen Fall sind, d.h. hier, daß ℓ spaltet, dann können wir nach dem Nenner fragen. Ich vermute auch hier ein Analogon zu dem, was bei GL_2 passiert, nämlich, daß die Teiler von $L(\varphi^{(1)}, 0)/\Omega(\varphi^{(1)})$ die Nenner liefern. Dabei ist $\Omega(\varphi^{(1)})$ eine sorgfältig gewählte Periode.

Der Ansatz, den Nenner durch Auswertung der Eisensteinklassen auf geeigneten modularen Symbolen zu bestimmen, stößt hier auf beträchliche Schwierigkeiten. Man hat zwar gewisse Kandidaten für modulare Symbole, auf denen man die Eisensteinklassen auswerten kann, aber die Auswertung der entsprechenden Integrale ist schwierig und schon bei den lokalen Rechnungen gibt es Probleme. (Siehe [Ev])

Ich halte es daher für sehr interessant, numerische Rechnungen durchzuführen. Dazu müßte man

$$H^2(S_K^G, \tilde{\mathcal{M}}_{\mathcal{O}})$$

für eine spezielle $F/\mathbb{Q}$ mit kleiner Diskriminante und K_f (möglichst groß) und $\mathcal{M}_{\mathcal{O}}$ (möglichst klein) bestimmen. Das läuft dann auf die Berechnung von

$$H^\bullet(\Gamma\backslash B, \tilde{\mathcal{M}}_{\mathcal{O}})$$

für ganz konkrete arithmetische Gruppen, die auf dem Ball $B = \{(z_1, z_2) | |z_1|^2 + |z_2|^2 < 1\}$ operieren, hinaus.

Das würde als erstes eine genaue Kenntnis der Fixpunktkombinatorik erfordern (Wenn Γ groß ist, dann hat sie Fixpunkte.). Das heißt, man müßte die endlichen Untergruppen Γ_σ von Γ kennen (bis auf Konjugation). Man müßte wissen, welche Fixpunktmengen $F_\sigma \subset \Gamma\backslash B$ sie induzieren; man müßte wissen, wo diese sich schneiden, und welche Stabilisatoren in den Schnittpunkten dabei auftauchen. (Man müßte also wissen, wie die Γ_σ ineinander liegen.)

Schon allein die Berechnung der Eulercharakteristik

$$\chi(H^\bullet(\Gamma\backslash B, \tilde{\mathcal{M}}_{\mathcal{O}}))$$

würde diese Kenntnis der Fixpunktkombinatorik benötigen. Für solche Fragen verweise ich auf die Arbeiten J. M. Feustel und R.-P. Holzapfel ([Fe], [Ho]).

Natürlich wäre es auch schön, wenn dabei die Berechnung einiger Hecke Operatoren mit abfiele.

Ich glaube, daß die Implementierung hiervon auf einem Computer, eine schwierige Aufgabe darstellt. Sie würde viel Zeit und viel Rechenaufwand kosten. Man würde wahrscheinlich auch bald an die Grenzen der Leistungsfähigkeit der Rechner stoßen.

Weil aber auch bei den theoretischen Ansätzen (z. B. Berechnung der Nenner der Eisensteinklassen) im Augenblick wenig Hoffnung auf einen schnellen Erfolg besteht, bin ich der Meinung, daß es sich dieser Aufwand schon lohnen würde. Man stellt eine Frage an die Natur, die diese uns dann so oder so beantworten wird.

Ich gebe noch eine Tabelle für die Charaktere

$$w \cdot \lambda = (\lambda + \delta)^w - \delta$$

Tabelle

$$\begin{aligned}
\lambda &= n_\alpha \gamma_\alpha + n_\beta \gamma_\beta \\
s_\alpha \cdot \lambda &= (n_\alpha + n_\beta + 1)\gamma_\beta - (n_\alpha + 2)\gamma_\alpha \\
s_\beta \cdot \lambda &= (n_\alpha + n_\beta + 1)\gamma_\alpha - (n_\beta + 2)\gamma_\beta \\
s_\beta s_\alpha \cdot \lambda &= n_\beta \gamma_\alpha - (n_\alpha + n_\beta + 3)\gamma_\beta \\
s_\alpha s_\beta \cdot \lambda &= n_\alpha \gamma_\beta - (n_\alpha + n_\beta + 3)\gamma_\alpha \\
\theta \cdot \lambda &= -(n_\alpha + 2)\gamma_\beta - (n_\beta + 2)\gamma_\alpha
\end{aligned}$$

Für den Fall $\lambda = 0$ wird dann

w	$w \cdot \lambda$
1	0
s_α	$\gamma_\beta - 2\gamma_\alpha$
s_β	$\gamma_\alpha - 2\gamma_\alpha$
$s_\beta s_\alpha$	$-3\gamma_\beta$
$s_\alpha s_\beta$	$-3\gamma_\alpha$
θ	$-2\delta = -2\gamma_\alpha - 2\gamma_\beta$

Wir rechnen noch auf die einfachen Wurzeln als Basis um : Es ist

$$\lambda = m_\alpha \alpha + m_\beta \beta$$

mit $m_\alpha = (2n_\alpha + n_\beta)/3, m_\beta = (2n_\beta + n_\alpha)/3$

$$\begin{aligned}
\lambda &= m_\alpha \alpha + m_\beta \beta \\
s_\alpha \cdot \lambda &= (-m_\alpha + m_\beta - 1)\alpha + m_\beta \beta \\
s_\beta \cdot \lambda &= m_\alpha \alpha + (m_\alpha - m_\beta - 1)\beta \\
s_\beta s_\alpha \cdot \lambda &= (-m_\alpha + m_\beta - 1)\alpha + (-m_\alpha - 2)\beta \\
s_\alpha s_\beta \cdot \lambda &= (-m_\beta - 2)\alpha + (m_\alpha - m_\beta - 1)\beta \\
\theta \cdot \lambda &= (-m_\alpha - 2)\beta + (-m_\beta - 2)\alpha
\end{aligned}$$

Kapitel VI

Andersons gemischte Motive

4.0. Einleitende Bemerkungen

In diesem Kapitel ist die zu Grunde liegende reduktive Gruppe $GL_2/\mathbb{Q}$ und es wird eine ganz spezifische Niveau-Untergruppe K_f gewählt (Siehe unten).

In einem ersten Abschnitt studiere ich die ganzzahlige Kohomolgie dieser Shimura Varietät etwas genauer und bringe nochmals die Nenner der Eisensteinklassen und die möglichen arithmetischen Anwendungen zur Sprache. Dies ist eine Verallgemeinerung der Betrachtungen aus [Ha-M], Chap. VI. Diese Überlegungen dienen auch als Vorbereitung für den zweiten und eigentlichen Hauptteil dieses Kapitels.

Darin möchte ich möchte die versprochene Konstruktion der (im Sinne von Scholl) kritischen Motive, die ich in 1.2.8.2. vorgestellt habe, und deren Verallgemeinerung $H^1(\mathcal{M}_n^{\#})[\eta]$ durchführen. Um dies zu tun, muß ich die im Kapitel II behandelten Konstruktionsprinzipien erweitern: Ich führe Garben $\mathcal{M}_n^{\#}$ auf der Shimura-Varietät ein. Sie werden dadurch gewonnen, daß man die Garben von der offenen Shimura-Varietät auf die Kompaktizierung fortsetzt, aber an verschieden Spitzen mit verschiedenen Trägerbedingungen, d.h. an einigen Spitzen durch Null, an anderen Spitzen durch das direkte Bild. Dies ist der Vorschlag von G. Anderson und ich werde zeigen, daß man in der Kohomologie dieser Garben die gesuchten gemischten Motive sieht.

4.1. Die ganzzahlige Struktur der Kohomologie

4.1.1. *Die Shimura-Varietät und ihre Spitzen.* Wir gehen von der reduktiven Gruppe $G = GL_2/\mathbb{Q}$ aus, es ist $h : z = a + bi \to \begin{pmatrix} a & -b \\ b & a \end{pmatrix}$. Wir wählen eine ungerade Primzahl p_0 und dazu die Niveauuntergruppe

$$K_f = \prod_{p \neq p_0} GL_2(\mathbb{Z}_p) \times K_1(p_0)$$

mit

$$K_1(p_0) = \left\{ \gamma \in GL_2(\mathbb{Z}_{p_0}) \mid \gamma = \begin{pmatrix} a & b \\ c & d \end{pmatrix}, a \equiv 1 \bmod p_0, c \equiv 0 \bmod p_0 \right\}.$$

Wenn wir die Gruppe $K_1(p_0)$ mod p_0 reduzieren, dann erhalten wir eine Untergruppe von $GL_2(\mathbb{F}_{p_0})$, die wir $B^{(1)}(\mathbb{F}_{p_0})$ nennen wollen. Das Urbild davon in $SL_2(\mathbb{Z})$ ist die Kongruenzuntergruppe $\Gamma_1(p_0)$.

Betrachten wir die Shimura-Varietät $S_{K_f}/\mathbb{Q}$, dann gilt

$$S_{K_f}(\mathbb{C}) = G(\mathbb{Q}) \backslash G(\mathbb{A}) / K_\infty \times K_f = \Gamma_1(p_0) \backslash H.$$

Wir betten $S_{K_f}/\mathbb{Q}$ in die Kompaktifizierung ein:

$$j : S_{K_f} \longrightarrow S_{K_f}^{\wedge},$$

mit $\Sigma/\mathrm{Spec}(\mathbb{Q})$ bezeichnen wir das Schema der Spitzen.

Die Überlegungen aus 2.2.7. liefern uns die Struktur von Σ. Die Menge der komplexen Punkte von Σ ist durch

$$B(\mathbb{Q})\backslash G(\mathbb{A}_f)/K_f$$

gegeben. Es gibt eine natürliche Projektion dieser Menge auf

$$B(\mathbb{A}_f)\backslash G(\mathbb{A}_f)/K_f = B(\mathbb{F}_{p_0})\backslash GL_2(\mathbb{F}_{p_0})/B^{(1)}(\mathbb{F}_{p_0}) = \{\mathrm{Id}, w\}$$

mit $w = \begin{pmatrix} 0 & -1 \\ 1 & 0 \end{pmatrix}$. Die Fasern dieser Projektion sind Schemata über Spec($\mathbb{Q}$). Genauer gilt, daß die Fasern zyklotomische Shimura-Varietäten zu

$$G = G_m \times G_m$$

und

$$\begin{aligned} h &: \mathbb{S}_{\mathbb{R}}(\mathbb{R}) \longrightarrow \mathbb{R}^* \times \mathbb{R}^* \\ h &: z \mapsto (z\bar{z}, 1) \end{aligned}$$

sind. Wir müssen uns noch überlegen, welches die Niveauuntergruppen sind. Dazu benennen wir die Fasern, einer Konvention folgend, noch ein wenig um, indem wir $\{\mathrm{Id}, w\} = \{\infty, 0\}$ setzen. (Nur böswillige Leser können das fehlinterpretieren.)

Es sei $\mathfrak{U} \subset I_{\mathbb{Q},f}$ die maximal kompakte Untergruppe der Einheiten und $\mathfrak{U}_1(p_0)$ sei die Untergruppe derjenigen Einheiten, die an der Stelle p_0 kongruent zu 1 mod p_0 sind. Wenn wir dann Σ als Vereinigung von Σ_∞ und Σ_0 schreiben, dann ist klar, daß

$$\begin{aligned} \Sigma_\infty &= S^{G_m \times G_m}_{\mathfrak{U}_1(p_0)\times\mathfrak{U}}/\{\pm 1\} \\ \Sigma_0 &= S^{G_m \times G_m}_{\mathfrak{U}\times\mathfrak{U}_1(p_0)}/\{\pm 1\}. \end{aligned}$$

Erinnert man sich jetzt daran, wie die Operation der Galoisgruppe durch den Homomorphismus h bestimmt wird (siehe 2.2.6.1), dann ergibt sich daraus

$$\begin{aligned} \Sigma_\infty &= \mathrm{Spec}\,(\mathbb{Q}(\zeta_{p_0})^+) \\ \Sigma_0 &= (\mathbb{Z}/p_0\mathbb{Z})^*/\{\pm 1\}. \end{aligned}$$

Die Punkte von Σ_0 sind alle rational über $\mathbb{Q}$.

Wir wählen noch eine weitere Primzahl p, von der wir verlangen, daß $p \nmid p_0(p_0 - 1)$. Ferner wählen wir einen $\Gamma_1(p_0)$-Modul $\mathcal{M}$ als Koeffizientenmodul und zwar

$$\mathcal{M} = \mathcal{M}_n(\mathbb{Z}_p) = \left\{\sum a_\nu X^\nu Y^{n-\nu} | a_\nu \in \mathbb{Z}_p\right\}$$

oder

$$\mathcal{M} = \mathcal{M}_n^\vee(\mathbb{Z}_p) = \left\{\sum a_\nu \binom{n}{\nu} X^\nu Y^{n-\nu} | a_\nu \in \mathbb{Z}_p\right\}$$

(siehe [Ha-M], Chap VI 6.1 .). Mit $\mathcal{M}$ wollen wir im folgenden immer einen der beiden obigen Moduln bezeichnen. Es wurde in [Ha-M], Chap IV gezeigt, daß die Einbettung des kleineren in den größeren einen Isomorphismus auf der gewöhnlichen Kohomologie induziert, d. h. der Hecke Operator T_p operiert nilpotent auf allen Kernen und Kokernen der in der Kohomologie induzierten Abbildungen.

Unser erstes Ziel ist, die Überlegungen aus Chap. VI in [Ha-M] auf die Gruppe $\Gamma_1(p_0)$ zu übertragen.

Einer Konvention folgend bezeichnen wir die Shimura-Varietät $\mathcal{S}_{K_f}$ mit $Y_1(p_0)$. Die Kompaktifizierung (Baily-Borel) werde wie üblich mit $X_1(p_0)$ bezeichnet. Uns interessieren die Kohomologiegruppen

$$H^1(Y_1(p_0)(\mathbb{C}), \tilde{\mathcal{M}}) = H^1(\Gamma_1(p_0)\backslash H, \tilde{\mathcal{M}}).$$

4.1.2. *Die Kohomologie des Randes.* Wir erinnern kurz an die Konstruktion der Borel-Serre-Kompaktifizierung. Wir setzen

$$\overline{H} = H \cup \bigcup_{r \in \mathbb{P}^1(\mathbb{Q})} H_{r,\infty},$$

wobei $H_{r,\infty}$ die Menge der zu r opponierenden, über $\mathbb{R}$ definiertenBoreluntergruppen ist (siehe [Bo-Se], [Ha-M], V,5.1.). Ein Element $s \in H_{r,\infty}$ ist also ein Element aus $\mathbb{P}^1(\mathbb{R}) \setminus \{r\}$. Wir wollen es mit $\{s\}_r$ bezeichnen.

Dieser Raum $\overline{H}$ wird nun mit einer geeigneten Topologie versehen. Die Gruppe $\Gamma_1(p_0)$ operiert darauf eigentlich diskontinuierlich und die Borel-Serre Kompaktifizierung ist dann

$$\Gamma_1(p_0) \setminus \overline{H} = \Gamma_1(p_0) \setminus H \cup \bigcup_{r \in \mathbb{P}^1(\mathbb{Q})} H_{r,\infty}$$

und

$$\partial(\Gamma_1(p_0) \setminus \overline{H}) = \Gamma_1(p_0) \setminus \bigcup_{r \in \mathbb{P}^1(\mathbb{Q})} H_{r,\infty}.$$

Uns interessiert die Kohomologie des Randes

$$H^1(\partial(\Gamma_1(p_0)\backslash \bar{H}), \tilde{\mathcal{M}})$$

als Modul unter der Hecke Algebra.

Die Randkomponenten von $\Gamma_1(p_0)\backslash\overline{H}$ entsprechen jetzt den Punkten $s \in \Sigma(\mathbb{C}) = \Sigma(\bar{\mathbb{Q}}) = \Sigma(\mathbb{Q}(\zeta_{p_0})^+)$, und über jedem dieser Punkte liegt dann die Randkomponente

$$\Gamma_{\tilde{s}} \backslash H_{\tilde{s},\infty},$$

wobei $\tilde{s} \in \mathbb{P}^1(\mathbb{Q})$ eine Boreluntergruppe ist, die die gegebene Spitze repräsentiert. Die Gruppe $\Gamma_{\tilde{s}}$ ist dann natürlich $\Gamma \cap B_{\tilde{s}}(\mathbb{Q})$. Sie ist zyklisch und wird von einer Translation $T_{\tilde{s}}$ erzeugt und

$$Rj_*(\tilde{\mathcal{M}})_s \simeq H^\bullet(\Gamma_{\tilde{s},\infty}, \mathcal{M}) = H^\bullet(\Gamma_{\tilde{s}}, \mathcal{M}).$$

Die Boreluntergruppe $B_{\tilde{s}}$ induziert eine Filtration auf $\mathcal{M}$:

$$\mathbb{Z}_{(p)}\, e^{(\tilde{s})}_{-\frac{n}{2}} \subset \ldots \subset \mathcal{M}'_{\tilde{s}} \subset \mathcal{M} = \mathcal{M}' \oplus \mathbb{Z}_{(p)}\, e^{(\tilde{s})}_{\frac{n}{2}},$$

wobei die sukzessiven Quotienten frei sind. Der Vektor $e^{(\tilde{s})}_{-\frac{n}{2}}$ ist der Vektor von niedrigstem Gewicht (er entspricht dem Polynom X^n für $\tilde{s} = \infty$) und $e^{(\tilde{s})}_{\frac{n}{2}}$ ist ein Vektor vom höchsten Gewicht. Er ist nur modulo $\mathcal{M}'_{\tilde{s}}$ bestimmt und entspricht dem Polynom Y^n.

Dann ist

$$\begin{aligned} H^0(\Gamma_{\bar{s}},\mathcal{M}) &= \quad \mathbb{Z}_{(p)}\, e^{(\bar{s})}_{-\frac{n}{2}} \\ H^1(\Gamma_{\bar{s}},\mathcal{M}) &= \mathcal{M}/(1-T_{\bar{s}})\mathcal{M} \;=\; \mathbb{Z}_{(p)}\, e^{(\bar{s})}_{\frac{n}{2}} + \text{torsion}. \end{aligned}$$

Wir werden weiter unten sehen, daß wir eine durch die Hecke-Algebra definierte kano_nische Spaltung in den freien und in den Torsionsanteil haben.

Um die Zerlegung in Eigenräume unter der Hecke Algebra zu bekommen, tensorieren wir mit $\mathbb{Q}$. Außerdem gehe ich zu immer kleineren Niveau-Untergruppen K_f über, wie in [Ha-GL2] 1.2 bilde ich den Limes über die K_f und betrachte dann einen $G(\mathbb{A}_f)$-Modul.

Ich erinnere an die Beschreibung der Randkohomologie aus meiner Arbeit [Ha-GL2].
Sie wird dort als Modul unter der Operation von $G(\mathbb{A}_f) = GL_2(\mathbb{A}_f)$ beschrieben (siehe [Ha-GL2], 2.6, Thm. 1). Wir spezialisieren dies Theorem auf die Situation hier:

Zunächst lege ich $\mathcal{M}_{\mathbb{Q}}$ als GL_2-Modul fest. Ich möchte mit dem Modul $\mathcal{M}_n[-n]_{\mathbb{Q}}$ (siehe 2.2.9.) arbeiten, d. h. wir haben die Operation

$$\begin{pmatrix} a & b \\ c & d \end{pmatrix} P(X,Y) = P(aX+cY, bX+dY) \det \begin{pmatrix} a & b \\ c & d \end{pmatrix}^{-n}.$$

Wir definieren die Menge $\mathrm{Coh}(\mathcal{M})$ als die Menge der Charaktere des Torus, die in $H^\bullet(\mathfrak{u},\mathcal{M})$ auftauchen (siehe [Ha-GL2], 2.3.3). Sie besteht hier aus den beiden Elementen

$$\begin{aligned} \gamma_0 \;:\; \begin{pmatrix} t_1 & 0 \\ 0 & t_2 \end{pmatrix} &\longrightarrow t_2^{-n} \\ \gamma_1 \;:\; \begin{pmatrix} t_1 & 0 \\ 0 & t_2 \end{pmatrix} &\longrightarrow t_2 \cdot t_1^{-n-1}, \end{aligned}$$

γ_0(bzw. γ_1) entsprechen der Kohomologie im Grad 0 (bzw. 1).

Die Randkohomologie ist dann eine direkte Summe über induzierte Moduln: Wir summieren über die algebraischen Hecke-Charaktere φ auf $T(\mathbb{A})/T(\mathbb{Q})$ mit

$$\mathrm{typ}(\varphi) \in \mathrm{Coh}(\mathcal{M}) \text{ und } \varphi_\infty \begin{pmatrix} -1 & 0 \\ 0 & -1 \end{pmatrix} = 1.$$

Für jeden solchen Charakter wissen wir, daß seine Werte auf $T(\mathbb{A}_f)$ einen algebraischen Zahlkörper $\mathbb{Q}(\varphi) \subset \bar{\mathbb{Q}}$ erzeugen. Sei $\mathbb{Q}(\varphi)\cdot\varphi_f$ der eindimensionale Vektorraum $\mathbb{Q}(\varphi)$ auf dem $T(\mathbb{A}_f)$ durch φ_f operiert und

$$I_{\varphi_f} := \mathrm{Ind}_{B(\mathbb{A}_f)}^{G(\mathbb{A}_f)} \mathbb{Q}(\varphi)\cdot\varphi_f,$$

der Modul V_{φ_f} aus [Ha-GL2],loc.cit. ist also gleich $I_{\varphi_f} \otimes_{\mathbb{Q}(\varphi)} \bar{\mathbb{Q}} =: I_{\varphi_f,\bar{\mathbb{Q}}}$. Mit diesen Konventionen ergibt dann das zitierte Theorem:

$$H^\bullet(\partial\tilde{S},\tilde{\mathcal{M}}) \otimes \bar{\mathbb{Q}} = \bigoplus_{\varphi} I_{\varphi_f,\bar{\mathbb{Q}}},$$

wobei über die oben genannte Menge von Hecke-Charakteren summiert wird.

Wenn wir nun zum Niveau $K_1(p_0)$ zurück wollen, dann müssen über diejenigen Charaktere summieren, für die

$$(I_{\varphi_f})^{K_1(p_0)} \neq 0.$$

Das ist offenbar nur dann möglich, wenn der Charakter φ_f außerhalb von p_0 unverzweigt ist, und wenn er an der Stelle p_0 höchstens den Führer p_0 hat.

Wenn wir, wie üblich, mit α den Tate-Charakter auf der Ideleklassengruppe bezeichnen, d. h.

$$\alpha : \underline{t} \longrightarrow |\underline{t}|,$$

dann haben die in Frage kommenden Charaktere die Gestalt

$$\varphi = (\varphi_1, \varphi_2)$$

mit

$$\left.\begin{aligned} \varphi_1 =& \chi_1 \\ \varphi_2 =& \alpha^n \chi_2 \end{aligned}\right\} \quad \text{im Grad } 0$$

$$\left.\begin{aligned} \varphi_1 =& \alpha^{n+1} \chi_1 \\ \varphi_2 =& \alpha^{-1} \chi_2 \end{aligned}\right\} \quad \text{im Grad } 1,$$

wobei χ_1, χ_2 Dirichlet-Charaktere sind, deren Führer die Primzahl p_0 teilen und die noch einer Paritätsbedingung genügen (Siehe weiter unten). Wenn wir einen solchen Charakter φ auf Torus

$$T(\mathbb{Z}_{p_0}) = \left\{ \begin{pmatrix} t_1 & 0 \\ 0 & t_2 \end{pmatrix} \mid t_i \in \mathbb{Z}_{p_0}^* \right\} \subset GL_2(\mathbb{Z}_{p_0})$$

einschränken, dann wird α trivial, und χ faktorisiert über $T(\mathbb{F}_{p_0})$. Es ist umgekehrt auch klar, daß jeder Charakter auf $T(\mathbb{F}_{p_0})$ auf genau eine Weise zu einen Dirichletcharakter auf $T(\mathbb{A})$ fortgesetzt werden kann, der den obigen Verzweigungsbedingungen genügt.

Dann ist

$$I_{\varphi_f}^{K_1(p_0)} = \left(\mathrm{Ind}_{B(\mathbb{F}_{p_0})}^{G(\mathbb{F}_{p_0})} \chi\right)^{B^{(1)}(\mathbb{F}_{p_0})}.$$

Ich erinnere daran, daß

$$B^{(1)}(\mathbb{F}_{p_0}) = \left\{ \begin{pmatrix} 1 & b \\ 0 & d \end{pmatrix} \right\},$$

die unter dem unipotenten Radikal $U(\mathbb{F}_{p_0})$ invariante Elemente des induzierten Moduls werden von den folgenden beiden Basiselementen aufgespannt:

$$f_\infty : \begin{cases} \begin{pmatrix} t_1 & u \\ 0 & t_2 \end{pmatrix} \longrightarrow \chi_1(t_1)\chi_2(t_2) \\ \begin{pmatrix} t_1 & u \\ 0 & t_2 \end{pmatrix} \begin{pmatrix} 0 & 1 \\ -1 & 0 \end{pmatrix} \begin{pmatrix} 1 & v \\ 0 & 1 \end{pmatrix} \longrightarrow 0 \end{cases}$$

$$f_0 : \begin{cases} \begin{pmatrix} t_1 & u \\ 0 & t_2 \end{pmatrix} \longrightarrow 0 \\ \begin{pmatrix} t_1 & u \\ 0 & t_2 \end{pmatrix} \begin{pmatrix} 0 & 1 \\ -1 & 0 \end{pmatrix} \begin{pmatrix} 1 & v \\ 0 & 1 \end{pmatrix} \longrightarrow \chi_1(t_1)\chi_2(t_2). \end{cases}$$

Es ist klar, daß der Torus

$$\begin{pmatrix} 1 & 0 \\ 0 & d \end{pmatrix} \in B^{(1)}(\mathbb{F}_{p_0})$$

auf diesen Funktionen so operiert:

$$\begin{aligned} \begin{pmatrix} 1 & 0 \\ 0 & d \end{pmatrix} f_\infty &= \chi_2(d) f_\infty \\ \begin{pmatrix} 1 & 0 \\ 0 & d \end{pmatrix} f_0 &= \chi_1(d) f_0. \end{aligned}$$

Wir sehen also, daß $I_{\varphi_f}^{K_1(p_0)} \neq (0)$ gleichwertig damit ist, daß mindestens einer der Charaktere trivial ist. Wenn wir wollen, daß $\varphi_\infty\left(\begin{pmatrix} -1 & 0 \\ 0 & -1 \end{pmatrix}\right) = 1$ ist, dann müssen wir auch noch fordern, daß der andere Charakter dieselbe Parität wie n hat.

Es sei jetzt F der Körper $\mathbb{Q}(\zeta_{p_0-1}) \subset \bar{\mathbb{Q}}$. Dieser Körper nimmt alle Werte der in Frage kommenden Charaktere auf, d.h. für alle φ gilt $\mathbb{Q}(\varphi) \subset F$. Um die Notation zu vereinfachen, bezeichnen wir jetzt den Modul $I_{\varphi_f} \otimes_{\mathbb{Q}(\varphi)} F$ wieder mit I_{φ_f}. Dann ist

$$H^\bullet(\partial(\Gamma_1(p_0)\backslash\bar{H}), \tilde{\mathcal{M}})_{\mathbb{Q}} \otimes F = \bigoplus_{\varphi} I_{\varphi_f}^{K_1(p_0)},$$

wobei im Grad 0 über die Charaktere der Form

$$\varphi = (\eta, \alpha^n) \text{ und } \varphi = (1, \eta\alpha^n)$$

und im Grad 1 über die Charaktere der Form

$$\varphi = (\alpha^{n+1}\eta, \alpha^{-1}) \text{ und } \varphi = (\alpha^{n+1}, \eta\alpha^{-1}),$$

mit $\eta : (\mathbb{Z}/p_0\mathbb{Z})^* \to F^*$, Parität von η gleich n, zu summieren ist. (Falls $\eta = 1$ vorkommt, darf man ihn natürlich nur einmal in die Summe aufnehmen.)

Wir bezeichnen jetzt mit $H^\bullet(\partial(\Gamma_1(p_0)\backslash\bar{H}), \tilde{\mathcal{M}})_{\mathbb{Q}}[\eta]$ den Anteil in der Kohomologie $H^1(\partial(\Gamma_1(p_0)\backslash\bar{H}), \tilde{\mathcal{M}}) \otimes F$, der zu einem der vier (bzw. zwei) Charaktere, in denen η auftaucht, gehört.

Ich komme nochmals auf die Identifizierung

$$I_{\varphi_f}^{K_1(p_0)} = \left(\operatorname{Ind}_{B(\mathbb{F}_{p_0})}^{G(\mathbb{F}_{p_0})} \eta\right)^{B^{(1)}(\mathbb{F}_{p_0})}$$

zurück. Man stellt leicht fest, daß die dem Element f_∞ (bzw. f_0) entsprechenden Kohomologieklassen von Σ_∞ (bzw. Σ_0) getragen werden. Falls $\eta \neq 1$ sieht man sehr leicht

$$f_\infty \in \left(\mathrm{Ind}_{B(\mathbb{F}_{p_0})}^{G(\mathbb{F}_{p_0})}\eta\right)^{B^{(1)}(\mathbb{F}_{p_0})} \iff \varphi = (\eta, \alpha^n)_f \quad \text{oder} \quad \varphi = (\alpha^{n+1}\eta, \alpha^{-1})_f$$

$$f_0 \in \left(\mathrm{Ind}_{B(\mathbb{F}_{p_0})}^{G(\mathbb{F}_{p_0})}\eta\right)^{B^{(1)}(\mathbb{F}_{p_0})} \iff \varphi = (1, \eta\alpha^n)_f \quad \text{oder} \quad \varphi = (\alpha^{n+1}, \eta\alpha^{-1})_f$$

mit anderen Worten, wir haben

Proposition 4.1.2.1. *Für $\eta \neq 1$ werden die Kohomologieklassen in*

$$I_{\varphi_f} \text{ mit } \varphi_f = (\eta, \alpha^n)_f \text{ oder } \varphi_f = (\alpha^{n+1}\eta, \alpha^{-1})_f$$

von Σ_∞ und die Klassen in

$$I_{\varphi_f} \text{ mit } \varphi_f = (1, \eta\alpha^n)_f \text{ oder } \varphi = (\alpha^{n+1}, \eta\alpha^{-1})_f$$

von Σ_0 getragen.

Zwischen den $G(\mathbb{A}_f)$-Moduln I_{φ_f} gibt es noch Verkettungsoperatoren (siehe [Ha-GL2], 4.2.) und zwar

$$\begin{array}{lcl} T & : & I_{(\alpha^{n+1}, \eta\alpha^{-1})_f} \longrightarrow I_{(\eta,\alpha^n)_f} \\ T & : & I_{(\alpha^{n+1}\eta, \alpha^{-1})_f} \longrightarrow I_{(1,\alpha^n\eta)_f}, \end{array}.$$

Diese sind Isomorphismen, falls $n > 0$ oder $n = 0$ und $\eta \neq 1$.

Ferner haben wir auf den Moduln $I_{\varphi_f}^{K_1(p_0)}$ die Operation der Hecke-Algebra. Für jede Primzahl $\ell \neq p_0$ haben wir einen Operator

$$T_\ell^* : (I_{\varphi_f})^{K_1(p_0)} \longrightarrow (I_{\varphi_f})^{K_1(p_0)},$$

der auf dem $GL_2(\mathbb{A}_f)$-Modul durch Faltung mit der charakteristischen Funktion von

$$GL_2(\mathbb{Z}_\ell)\begin{pmatrix} \ell & 0 \\ 0 & 1 \end{pmatrix} GL_2(\mathbb{Z}_\ell)$$

gegeben wird. Diese Operatoren operieren auf den Moduln I_{φ_f} durch Multiplikation mit den folgenden Eigenwerten:

Der Operator T_ℓ^* induziert auf

$$I^{K_1(p_0)}_{(\alpha^{n+1},\eta\alpha^{-1})_f} \quad \text{und} \quad I^{K_1(p_0)}_{(\eta,\alpha^n)_f}$$

die Multiplikation mit

$$\ell^{-n} + \eta(\ell)\ell$$

und auf

$$I^{K_1(p_0)}_{(\alpha^{n+1}\eta,\alpha^{-1})_f} \quad \text{und} \quad I^{K_1(p_0)}_{(1,\alpha^n\eta)_f}$$

die Multiplikation mit

$$\ell^{-n}\eta(\ell) + \ell.$$

Wir bezeichnen jetzt mit $H^\bullet_{\Sigma_0}(\partial(\Gamma_1(p_0)\backslash\bar{H}), \tilde{\mathcal{M}})$ (bzw. $H^\bullet_{\Sigma_\infty}(\partial(\Gamma_1(p_0)\backslash\bar{H}), \tilde{\mathcal{M}})$) den Teil der Kohomologie des Randes, der von Σ_0 (bzw. von Σ_∞) getragen wird.

Wir wollen nun die Operation der Hecke-Algebra auf der ganzzahligen Kohomologie studieren, dazu müssen wir die obigen Operatoren noch mit Potenzen von ℓ multiplizieren. Nach den Regeln aus [Ha-M], Kapitel V (siehe auch [K-P-S]), sind diese Potenzen gerade ℓ^n. Wir benutzen die obige Proposition und erhalten dann für den Hecke-Operator $T_\ell = \ell^n T_\ell^*$ auf der Kohomologie des Randes den Eigenwert

$$1 + \ell^{n+1}\eta(\ell)$$

auf

$$H^1_{\Sigma_0}(\partial(\Gamma_1(p_0)\backslash\bar{H}), \tilde{\mathcal{M}})_{\mathbb{Q}}[\eta] \text{ und } H^0_{\Sigma_\infty}(\partial(\Gamma_1(p_0)\backslash\bar{H}), \tilde{\mathcal{M}})_{\mathbb{Q}}[\eta]$$

und den Eigenwert

$$\eta(\ell) + \ell^{n+1}$$

auf

$$H^0_{\Sigma_0}(\partial(\Gamma_1(p_0)\backslash\bar{H}), \tilde{\mathcal{M}})_{\mathbb{Q}}[\eta] \text{ und } H^1_{\Sigma_\infty}(\partial(\Gamma_1(p_0)\backslash\bar{H}), \tilde{\mathcal{M}})_{\mathbb{Q}}[\eta]$$

Wir gehen jetzt zur ganzzahligen Kohomologie über. Ich erinnere daran, daß wir eine Primzahl p gewählt haben. Es sei $\mathfrak{p} \subset \mathcal{O}_F$ ein Primideal oberhalb von p in F, es ist auf grund unser Annahmen unverzweigt. Wir lokalisieren an diesem Primideal, das Resultat $\mathcal{O}_{F,(\mathfrak{p})}$ kürzen wir noch durch $\mathcal{O}$ ab. Dann tensorieren wir alle vorkommenden Moduln mit $\mathcal{O}$ und geben dem Resultat den alten Namen, d.h. im folgenden ist $\mathcal{M} = \mathcal{M} \otimes \mathcal{O}$ und alle unsere Kohmologiegruppen sind $\mathcal{O}$-Moduln.

Dann zerfällt die Kohomologie des Randes kanonisch in den torsionsfreien und den Torsionsanteil

$$H^1(\partial(\Gamma_1(p_0)\backslash\bar{H}), \tilde{\mathcal{M}}) = H^1(\partial(\Gamma_1(p_0)\backslash\bar{H}), \tilde{\mathcal{M}})_{\text{int}} \oplus H^\bullet(\partial)_{\text{tors}},$$

das ergibt sich wieder daraus, daß T_p auf der Torsion nilpotent operiert ([Kai], 1.2.1.). Der torsionsfreie Anteil der Kohomologie des Randes zerfällt in $\mathcal{O}$-Moduln vom Rang 1 unter den Hecke Operatoren, wir wählen erzeugende Elemente und erhalten

$$H^1(\partial(\Gamma_1(p_0)\backslash\bar{H}), \tilde{\mathcal{M}})_{\text{int}} = \bigoplus_{\substack{\eta:(\mathbb{Z}/p_0\mathbb{Z})^* \to F^* \\ \text{par}(\eta)=n}} (\mathcal{O}\omega_\eta^{(\infty)} \oplus \mathcal{O}\omega_\eta^{(0)}),$$

wobei

$$\begin{aligned} T_\ell\omega_\eta^{(\infty)} &= (1 + \ell^{n+1}\eta(\ell))\omega_\eta^{(\infty)} \\ T_\ell\omega_\eta^{(0)} &= (\eta(\ell) + \ell^{n+1})\omega_\eta^{(0)} \end{aligned}$$

für alle T_ℓ.

Für die Kohomologie im Grad Null haben wir entsprechend

$$H^0(\partial(\Gamma_1(p_0))\backslash\overline{H}); \tilde{\mathcal{M}}) = \bigoplus_\eta (\mathcal{O}\chi_\eta^{(\infty)} + \mathcal{O}\chi_\eta^{(0)})$$

wobei

$$\begin{aligned} T_\ell\chi_\eta^{(\infty)} &= (\eta(\ell) + \ell^{n+1})\chi_\eta^{(\infty)} \\ T_\ell\chi_\eta^{(0)} &= (1 + \eta(\ell)\ell^{n+1})\chi_\eta^{(0)}. \end{aligned}$$

Wir sind jetzt in der gleichen Situation wie am Anfang von [Ha-M], Chap. VI. Wir betrachten wieder das Diagramm

$$\begin{array}{ccccc}
H^1_!(\Gamma_1(p_0)\backslash H,\tilde{\mathcal{M}}) & \longrightarrow & H^1(\Gamma_1(p_0)\backslash H,\tilde{\mathcal{M}}) & \longrightarrow & H^1(\partial(\Gamma_1(p_0))\backslash H),\tilde{\mathcal{M}}) \\
\downarrow & & \downarrow & & \downarrow \\
H^1_!(\Gamma_1(p_0)\backslash H,\tilde{\mathcal{M}})_{\mathrm{int}} & \longrightarrow & H^1(\Gamma_1(p_0)\backslash H,\tilde{\mathcal{M}})_{\mathrm{int}} & \xrightarrow{r_{\mathrm{int}}} & H^1(\partial(\Gamma_1(p_0))\backslash H),\tilde{\mathcal{M}})_{\mathrm{int}}. \\
\downarrow & & \downarrow & & \downarrow \\
H^1_!(\Gamma_1(p_0)\backslash H,\tilde{\mathcal{M}})_{\mathbb{Q}} & \longrightarrow & H^1(\Gamma_1(p_0)\backslash H,\tilde{\mathcal{M}})_{\mathbb{Q}} & \xrightarrow{r_{\mathbb{Q}}} & H^1(\partial(\Gamma_1(p_0))\backslash H),\tilde{\mathcal{M}})_{\mathbb{Q}},
\end{array}$$

Wir wollen jetzt annehmen, daß $p-1 \nmid n+1$. Dann können wir die ganzahlige Kohomologie noch weiter in Eigenräume $H^1(\Gamma_1(p_0)\backslash H,\mathcal{M})[\eta,\epsilon]_{\mathrm{int}}$ zerlegen, wobei $\epsilon \in \{0,\infty\}$ und wobei der Eigenwert der von $\omega_\eta^{(\epsilon)}$ ist. Nach dem Manin-Drinfeld Argument hat dann die Abbildung

$$r_{\mathbb{Q}} : H^1(\Gamma_1(p_0)\backslash H,\tilde{\mathcal{M}})_{\mathbb{Q}}[\eta,\epsilon] \to F\omega_\eta^{(\epsilon)}$$

einen kanonischen Schnitt Eis, falls $n \neq 0$ oder $\eta \neq 1$ und die Klassen $Eis(\omega_\eta^{(\epsilon)}) \in H^1(\Gamma_1(p_0)\backslash H,\mathcal{M})_{\mathbb{Q}}[\eta,\epsilon]$ sind dann die sogenannten Eisensteinklassen. Wie in [Ha-M], Chap VI stellt sich die Frage nach dem Nenner dieser Klassen. Da wir jetzt über $\mathcal{O}$ arbeiten und dieser Ring ein diskreter Bewertungsring mit dem maximalen Ideal $\mathfrak{p}$ ist, heißt dies, daß wir nach der kleinsten Potenz $\mathfrak{p}^{\delta(n,\epsilon)}$ fragen, für die

$$\mathfrak{p}^{\delta(n,\epsilon)} Eis(\omega_\eta^{(\epsilon)}) \in H^1(\Gamma_1(p_0)\backslash H,\mathcal{M})[\eta,\epsilon]_{\mathrm{int}}$$

Diese Frage wird in Diplomarbeit von Ch. Kaiser beantwortet ([Kai], 5, Satz): Man betrachtet den Wert der L-Funktionen $L(\eta,-1-n)$ und $L(\eta^{-1},-1-n)$, sie sind beide in $\mathcal{O}$ und es gilt

$$\mathfrak{p}^{\delta(n,\infty)} || L(\eta,-1-n)$$
$$\mathfrak{p}^{\delta(n,0)} || L(\eta^{-1},-1-n)$$

4.1.3. *Arithmetische Konsequenzen:* Wir wollen jetzt zur étalen Kohomologie übergehen. Sei $\mathcal{O}_\mathfrak{p}$ die Komplettierung von $\mathcal{O}$ und $\tilde{\mathcal{M}}_\mathfrak{p} = \tilde{\mathcal{M}}^\vee \otimes \mathcal{O}_\mathfrak{p}$, wir studieren

$$H_{\text{ét}}(X_1(p_0) \times_{\mathbb{Q}} \bar{\mathbb{Q}}, Rj_*(\tilde{\mathcal{M}}_\mathfrak{p}^\vee)) \longrightarrow H_{\text{ét}}(\Sigma \times_{\mathbb{Q}} \bar{\mathbb{Q}}, Rj_*(\tilde{\mathcal{M}}_\mathfrak{p}^\vee)).$$

Mit $\mathcal{O}_\mathfrak{p}(m)$ bezeichnen wir den Galoismodul $\mathbb{Z}_p(m) \otimes \mathcal{O}_\mathfrak{p}$. Wir haben den Reziprozitätsisomorphismus von Artin

$$\mathrm{Gal}(\mathbb{Q}(\zeta_{p_0})/\mathbb{Q}) \xrightarrow{art} (\mathbb{Z}/p_0\mathbb{Z})^*,$$

den wir so festlegen, daß der *inverse* arithmetische Frobenius an einer Stelle p in die Restklasse p übergeht. Mit seiner Hilfe identifizieren wir Dirichlet-Charaktere $\eta : (\mathbb{Z}/p_0\mathbb{Z})^* \to \mathcal{O}_\mathfrak{p}^*$ mit Charakteren der Galoisgruppe

$$\mathrm{Gal}(\mathbb{Q}(\zeta_{p_0})/\mathbb{Q}) \longrightarrow \mathcal{O}_\mathfrak{p}^*.$$

Dies hat den Effekt, daß dann die Dirichlet-L-Funktion gleich der L-Funktion der Galois-Darstellung η wird.
Dann kann man entsprechend wie in [Ha-M], 6.1 zeigen

$$H^0_{\text{ét}}(\Sigma_\infty \times_{\mathbb{Q}} \bar{\mathbb{Q}}, Rj_*(\tilde{\mathcal{M}}^\vee_{\mathfrak{p}})) = \bigoplus_{\eta:\text{Parität}(\eta)=n} \mathcal{O}_{\mathfrak{p}}(0) \cdot \chi^{(0)}_\eta \otimes \eta$$

$$H^0_{\text{ét}}(\Sigma_0 \times_{\mathbb{Q}} \bar{\mathbb{Q}}, Rj_*(\tilde{\mathcal{M}}^\vee_{\mathfrak{p}})) = \bigoplus_{\eta:\text{Parität}(\eta)=n} \mathcal{O}_{\mathfrak{p}}(0) \cdot \chi^{(0)}_\eta$$

wobei die einzelnen Summanden Eigenräume für die Hecke Operatoren sind. Entsprechend gilt

$$H^1_{\text{ét}}(\Sigma_\infty \times_{\mathbb{Q}} \bar{\mathbb{Q}}, Rj_*(\tilde{\mathcal{M}}^\vee_{\mathfrak{p}})) = \bigoplus_\eta \mathcal{O}_{\mathfrak{p}}(-n-1)\omega^{(\infty)}_\eta \otimes \eta$$

$$H^1_{\text{ét}}(\Sigma_0 \times_{\mathbb{Q}} \bar{\mathbb{Q}}, Rj_*(\tilde{\mathcal{M}}^\vee_{\mathfrak{p}})) = \bigoplus_\eta \mathcal{O}_{\mathfrak{p}}(-n-1)\omega^{(0)}_\eta \quad .$$

Dabei operiert natürlich die Galoisgruppe auf $\mathcal{O}_{\mathfrak{p}}(\ ) \otimes \eta$ durch den vorgegebenen Tate-Charakter multipliziert mit dem Charakter η. Diese Aussage ist natürlich ein spezieller Fall des Satzes von R. Pink aus 2.2.10. .

Es ist dann klar, daß wir dann genauso wie in [Ha-M] fortfahren können. Das Auftreten von Nennern liefert uns Körpererweiterungen führt, wir erhalten Erweiterungen des Körpers $\mathbb{Q}(\zeta_{p_0 \cdot p})$. Es ist interessant, diese Erweiterungen genauer zu studieren. Insbesondere kann man hier auch an numerischen Beispielen untersuchen, was passiert wenn die Potenz von $\mathfrak{p}$, die in dem Wert der L-Funktion aufgeht, größer als eins ist. So wird z.B. in einer in Vorbereitung befindlichen Arbeit [Ha-P] gezeigt, daß man unter gewissen Annahmen über die Struktur der Kohomologie als Modul für die Hecke-Algebra schließen kann, daß die Erweiterung zyklisch ist. Diese Annahmen lassen sich nun numerisch überprüfen, man kann sich fragen, ob sie oft oder unter gewissen Umständen immer erfüllt sind.

4.1.4. *Abschließende Bemerkungen.* Es wäre natürlich sehr wünschenswert, wenn man die Einschränkung an den Führer p_0 aufheben könnte, d.h. statt mit der Gruppe $\Gamma_1(p_0)$ mit einer Gruppe $\Gamma_1(N)$ arbeiten würde. Dabei sollte dann auch untersucht werden, ob man die Bedingungen an p lockern kann.

Diese Bemerkung gilt auch für den zweiten Teil dieses Kapitels, wobei klar ist, daß man keine Probleme hat, wenn man nur rationale und keine ganzzahligen Informationen über die Werte der L-Funktionen haben will.

4.2. Andersons Konstruktion:

4.2.1. *Die Koeffizientensysteme $\mathcal{M}$ als relative Kohomologie.* Wir haben schon früher angedeutet (Siehe 2.2.9. Beispiel b)), daß wir die Koeffizientensysteme $\mathcal{M}$ auch als Teile des Systems der Kohomologiegruppen der der gefaserten Produkte der universellen elliptischen Kurve $\mathcal{E}/Y_1(p_0)$ auffassen können. Dies heißt, daß wir den Halm des Systems in einem Punkt als Teil der Kohomologie der Faser des n-fachen Produktes

$$\pi_n : \mathcal{E} \times_{Y_1(p_0)} \mathcal{E} \times \ldots \mathcal{E} \to Y_1(p_0)$$

auffassen können. Für $n = 1$ ist dies ganz klar, für größere n betrachten wir die Operation der symmetrischen Gruppe S_n auf $R^n\pi_{n,*}(\mathbb{Z}_{(p)})$. Wir haben in jeder Faser einen maximalen symmetrischen Untermodul und einen maximalen symmetrischen Quotienten. Man zeigt nun leicht, daß der symmetrische Untermodul mit $\mathcal{M}_n^\vee(\mathbb{Z}_{(p)})$ und der Quotient mit $\mathcal{M}_n(\mathbb{Z}_{(p)})$ identifiziert werden können, und zwar so, daß die Abbildung vom Untermodul in den Quotienten gerade die Inklusion zwischen diesen Moduln wird.

Dann können wir die verschiedenen Realisierungen dieser Kohomologiegruppen der Fasern betrachten. Wir werden weiter unten sehen, daß wir die de-Rham Realisierung der Kohomologie der Fasern als ein lokales System mit einem Gauß-Manin Zusammenhang interpretieren können.

4.2.2. *Die Fortsetzung mit Trägerbedingungen in den Spitzen.* Die folgenden Überlegungen müssen für die einzelnen Realisierungen noch präzisiert werden, ich führe sie zunächst unabhängig von der Realisierung durch. Wir haben zwei Möglichkeiten, die Garbe $\tilde{\mathcal{M}}$ auf $X_1(p_0)$ fortzusetzen. Wir können das direkte Bild $R^\bullet j_*(\tilde{\mathcal{M}})$ nehmen, dann wird

$$H^\bullet(Y_1(p_0), \mathcal{M}) = H^\bullet(X_1(p_0), R^\bullet j_*(\tilde{\mathcal{M}})).$$

Oder wir können durch Null fortsetzen, d. h. wir betrachten $j_!(\tilde{\mathcal{M}})$. Dann erhalten wir die Kohomologie mit kompakten Trägern und die schon bekannte lange exakte Sequenz

$$H^0(\Sigma, Rj_*(\tilde{\mathcal{M}})) \to H^1(X_1(p_0), j_!(\tilde{\mathcal{M}})) \to H^1(X_1(p_0), R^\bullet j_*(\tilde{\mathcal{M}})) \to H^1(\Sigma, R^\bullet j_*(\tilde{\mathcal{M}}))$$

Die Randbeiträge kennen wir als Moduln für die Hecke-Algebra und nach Übergang zu $\tilde{\mathcal{M}}_p$ haben wir sie im vorangehenden Abschnitt auch als Moduln für die Galoisgruppe berechnet. Die de-Rham-Realisierung der Randbeiträge sehen wir uns später an.

Wenn $n > 0$, dann kann man diese exakte Sequenz ganz links und ganz rechts durch Nullen ergänzen. Insbesondere hat dann die Kohomologie mit kompakten Trägern die nullte Kohomologie des Randes als Untermodul und die gewöhnliche Kohomologie hat das H^1 vom Rand als Quotient. Das Manin-Drinfeld-Argument garantiert dann darüberhinaus, daß sowohl die Kohomologie mit kompakten Trägern als auch die gewöhnliche Kohomologie nach Tensorierung mit $\mathbb{Q}$ als direkte Summe der cuspidalen Kohomologie und der Randkohomologie geschrieben werden können.

G. Anderson hat nun vorgeschlagen, eine Garbe zwischen den Extremen $j_!(\tilde{\mathcal{M}})$ und $R^\bullet j_*(\tilde{\mathcal{M}})$ zu definieren. Man betrachte das Diagramm

$$\begin{array}{ccccc} Y_1(p_0) & \xrightarrow{j_1} & Y_1(p_0) & \cup & \Sigma_0 \\ & j \searrow & \downarrow j_2 & & \\ & & X_1(p_0) & = & Y_1(p_0) \cup \Sigma_0 \cup \Sigma_\infty \end{array}$$

und definiert

$$\mathcal{M}^\# = R^\bullet j_{2,*} \circ j_{1,!}(\tilde{\mathcal{M}})$$

auf $X_1(p_0)$. Diese Garbe sitzt in einem Diagramm von Garben

$$\begin{array}{ccccccc}
 & & 0 & & 0 & & 0 \\
 & & \downarrow & & \downarrow & & \downarrow \\
0 & \to & j_!(\tilde{\mathcal{M}}) & \to & \tilde{\mathcal{M}}^{\#} & \to & R^{\bullet}j_*(\tilde{\mathcal{M}})|_{\Sigma_\infty} & \to & 0 \\
 & & \downarrow & & \downarrow & & \downarrow \\
0 & \to & j_!(\tilde{\mathcal{M}}) & \to & Rj_*(\tilde{\mathcal{M}}) & \to & R^{\bullet}j_*(\tilde{\mathcal{M}})|_{\Sigma} & \to & 0 \\
 & & \downarrow & & \downarrow & & \downarrow \\
 & & 0 & \to & R^{\bullet}j_*(\tilde{\mathcal{M}})|_{\Sigma_0} & \xrightarrow{\sim} & R^{\bullet}j_*(\tilde{\mathcal{M}})|_{\Sigma_0} & \to & 0 \\
 & & & & \downarrow & & \downarrow \\
 & & & & 0 & & 0
\end{array}$$

Man stellt nun fest: Wir haben Morphismen

$$\begin{array}{rcccl}
\delta^{\#} & : & H^0(\Sigma_0, Rj_*(\tilde{\mathcal{M}})) & \longrightarrow & H^1(X_1(p_0), \tilde{\mathcal{M}}^{\#}) \\
c^{\#} & : & H^1(X_1(p_0), j_!(\tilde{\mathcal{M}})) & \longrightarrow & H^1(X_1(p_0), \tilde{\mathcal{M}}^{\#}) \\
r^{\#} & : & H^1(X_1(p_0), \tilde{\mathcal{M}}^{\#}) & \longrightarrow & H^1(\Sigma_\infty, R^{\bullet}j_*(\tilde{\mathcal{M}})),
\end{array}$$

Es ist $\mathrm{Im}(\delta^{\#}) \subset \mathrm{Im}(c^{\#}) = \ker(r^{\#})$. Der Quotient

$$\mathrm{Im}(c^{\#})/\mathrm{Im}(\delta^{\#}) = \mathrm{Im}\left(H^1(X_1(p_0), j_!(\tilde{\mathcal{M}})) \longrightarrow H^1(X_1(p_0), Rj_*(\tilde{\mathcal{M}}))\right)$$

ist gerade die cuspidale Kohomologie

$$H^1_{\mathrm{cusp}}(X_1(p_0), \tilde{\mathcal{M}}) \subset H^1(X_1(p_0), R^{\bullet}j_*(\mathcal{M})).$$

Alle diese Abbildungen sind mit der Aktion der Hecke-Algebra verträglich. Wenn $n > 0$, dann ist $\delta^{\#}$ injektiv und $r^{\#}$ surjektiv.

Wir schauen uns jetzt die Realisierungen dieser Kohomologiegruppen an.

4.2.3. *Die Betti Kohomologie.* Die Betti Kohomologie

$$H^1(X_1(p_0)(\mathbb{C}), \tilde{\mathcal{M}}^{\#}) = H^1_B(\mathcal{M}^{\#})$$

besitzt eine gemischte Hodge-Struktur, deren Gewichtsfiltrierung gegeben ist durch

$$\begin{array}{ll}
\mathrm{Im}(\delta^{\#}) & \text{hat Gewicht } 0 \\
\mathrm{Im}(c^{\#}) & \text{hat Gewicht } n+1 \\
\mathrm{Im}(r^{\#}) & \text{hat Gewicht } 2n+2.
\end{array}$$

4.2.4. *Die de-Rham Kohomologie:* Ich will jetzt die de-Rham Kohomologie

$$H^1_{DR}(X_1(p_0), \mathcal{M}^{\#})$$

definieren. Ich möchte sogar noch mehr erreichen. Diese de-Rham Kohomologie soll ein $\mathbb{Z}_{(p)}$-Modul werden, auf dem die Hecke Algebra operiert, und der eine mit der

Hecke Algebra verträgliche Hodge-Filtrierung besitzt. Der Hecke Operator T_p sollte nilpotent auf der Torsion der de-Rham Kohomologie operieren, und wir wollen einen Vergleichsisomorphismus

$$H^1_{DR}(X_1(p_0), \mathcal{M}^\#) \otimes_{\mathbb{Z}_{(p)}} \mathbb{C} \simeq H^1_B(\mathcal{M}^\#) \otimes \mathbb{C}$$

haben. Ich denke, daß ich all dies erreichen kann. In den folgenden Überlegungen sind aber einige Details nicht ausgeführt. Sie betreffen im wesentlichen die Fragen der Ganzzahligkeit. Wenn wir mit $\mathbb{Q}$ tensorieren, dann sind keine Probleme vorhanden.

Ich betrachte die Erweiterung von $X_1(p_0)$ zu einem glatten Schema

$$\tilde{X}_1(p_0) \longrightarrow \text{Spec}\left(\mathbb{Z}[\frac{1}{p_0}]\right)$$

(siehe [De-Ra]). Der offene Teil von $\tilde{X}_1(p_0)$ sei wieder mit $\tilde{Y}_1(p_0)$ bezeichnet. Wir wollen im folgenden $\tilde{Y}_1(p_0) = \mathcal{S}$ setzen.

Darüber haben wir dann die universelle elliptische Kurve

$$\mathcal{E} \xrightarrow{\pi} \mathcal{S},$$

und diese liefert uns die lokal freie $\mathcal{O}_\mathcal{S}$-Garbe $R^1\pi_*(\Omega^\bullet_{\mathcal{E}/\mathcal{S}})$ der relativen de-Rham Kohomologiegruppen. Wenn $\mathcal{N} \subset \mathcal{E}$ der Nullschnitt ist, dann können wir die Garbe $\mathcal{O}_\mathcal{E}(-2\mathcal{N})$ derjenigen Funktionen betrachten, die höchstens längs $\mathcal{N}$ einen Pol höchstens zweiter Ordnung haben; wir haben dann einen kanonischen Isomorphismus

$$R^1\pi_*(\Omega^\bullet_{\mathcal{E}/\mathcal{S}}) = \pi_*(\Omega^\bullet_{\mathcal{E}/\mathcal{S}}) \otimes \mathcal{O}_\mathcal{E}(-2\mathcal{N})).$$

Diese Garbe hat dann die folgenden Eigenschaften:

(1) Sie ist lokal frei vom Rang 2

(2) Sie besitzt eine Untergarbe, die lokal frei vom Rang 1 ist, nämlich

$$\pi_*(\Omega^\bullet_{\mathcal{E}/\mathcal{S}}) \subset \pi_*(\Omega^\bullet_{\mathcal{E}/\mathcal{S}} \otimes \mathcal{O}_\mathcal{E}(-2\mathcal{N}))$$

und der Quotient ist auch lokal frei vom Rang 1.

(3) Das Linienbündel

$$\omega = \pi_*(\Omega^\bullet_{\mathcal{E}/\mathcal{S}})$$

ist die "Wurzel" aus $\Omega^1_{\mathcal{S}/\text{Spec}(\mathbb{Z}[\frac{1}{p_0}])}$, d. h. wir haben einen kanonischen Isomorphismus

$$\omega^{\otimes 2} \simeq \Omega_{\mathcal{S}/\text{Spec}(\mathbb{Z}[\frac{1}{p_0}])}.$$

Dies folgt aus der Theorie der Deformationen (siehe [De-Ra],VI, 4.4.).

(4) Es gibt auf dieser Garbe einen kanonischen linearen Zusammenhang (Gauss-Manin)

$$\nabla : R^1\pi_*(\Omega^\bullet_{\mathcal{E}/\mathcal{S}}) \longrightarrow R^1\pi_*(\Omega^\bullet_{\mathcal{E}/\mathcal{S}}) \otimes \Omega^1_{\tilde{Y}_1(p_0)/\text{Spec}(\mathbb{Z}[\frac{1}{p_0}])}.$$

Dieser Zusammenhang hat die Eigenschaft, daß er uns nach Erweiterung zu Spec($\mathbb{C}$) und nach Vergleich zwischen der relativen de-Rham Kohomologie und der relativen Betti-Kohomologie der Fasern, gerade das lokale System der relativen Betti-Kohomologiegruppen liefert.

Etwas anders gesagt heißt dies: Wenn wir in einer kleinen (analytischen) Umgebung U eines Punktes $s \in Y_1(p_0)(\mathbb{C})$ eine stetig variierende Basis $\gamma_{1,u}, \gamma_{2,u} \in H_1(\mathcal{E}_u(\mathbb{C}), \mathbb{Z})$ wählen, dann sind genau diejenigen Schnitte

$$\eta \in R^1\pi_*(\Omega^\bullet_{\mathcal{E}/\mathcal{S}})(U)$$

konstant für ∇, die auf der obigen Basis konstante Werte haben.

Wir betrachten dann den Komplex von Zariski-Garben

$$0 \to R^1\pi_*(\Omega^\bullet_{\mathcal{E}/\mathcal{S}}) \xrightarrow{\nabla} R^1\pi_*(\Omega^\bullet_{\mathcal{E}/\mathcal{S}}) \otimes \Omega^1_{Y_1(p_0)/\mathrm{Spec}(\mathbb{Z}[\frac{1}{p_0}])},$$

dessen Hyperkohomologie ist dann gerade

$$H^1_{DR}(Y_1(p_0), (R^1\pi_*(\Omega^\bullet_{\mathcal{E}/\mathcal{S}}), \nabla)).$$

Es ist klar, daß die lokal freie Garbe $R^1\pi_*(\Omega^\bullet_{\mathcal{E}/\mathcal{S}})$ zusammen mit ∇ gerade das richtige algebraische Substitut für die Garbe $\mathcal{M}_1$ ist (siehe auch [De-Mf]). Wir kürzen ab: $H^1_{DR}(\mathcal{E}/\mathcal{S}) := R^1\pi_*(\Omega^\bullet_{\mathcal{E}/\mathcal{S}})$.

Jetzt können wir die Tensorpotenzen von $H^1_{DR}(\mathcal{E}/\mathcal{S})$ betrachten, die dann auch einen linearen Zusammenhang besitzen.

Auf den Tensorpotenzen

$$H^1_{DR}(\mathcal{E}/\mathcal{S})^{\otimes n}$$

operiert die symmetrische Gruppe S_n, wir haben wieder den maximalen symmetrischen Untermodul und den maximalen symmetrischen Quotienten. Auf diesen haben wir auch einen Zusammenhang. Wir bezeichnen jetzt diese Garben mit den entsprechenden Zusammenhängen mit

$$(\mathcal{M}_n, \nabla) \qquad \text{und} \qquad (\mathcal{M}_n^\vee, \nabla).$$

Ist jetzt $(\mathcal{M}, \nabla)$ eines dieser algebraischen Koeffizientensysteme, dann kann ich den Komplex von Garben betrachten

$$\Omega^\bullet(\mathcal{M}) : 0 \to \mathcal{M} \longrightarrow \mathcal{M} \otimes \Omega^1_{Y_1(p_0)/\mathcal{S}} \to 0$$

und die Hyperkohomologie dieses Komplexes ist dann die de-Rham Kohomologie

$$H^\bullet(Y_1(p_0), \Omega^\bullet(\mathcal{M})) = H^\bullet_{DR}(Y_1(p_0), \mathcal{M}).$$

Diese Kohomologie ist dann die de-Rham-Realisierung der gewöhnlichen Kohomologie. Wir müssen jetzt die Konstruktion aus 4.2.2. für diese Systeme erklären.

Ich muß nun das Verhalten der Garben mit Zusammenhang in der Umgebung von Spitzen studieren. Zur Vereinfachung lokalisiere ich die Basis Spec($\mathbb{Z}[\frac{1}{p_0}]$) bei p und ziehe die Schemata $\tilde{X}_1(p_0)$ und $\tilde{Y}_1(p_0)$ darauf zurück, das jeweilige Resultat wird genauso notiert.

Um die modifizierte de Rham Kohomologie zu definieren, müssen wir uns die möglichen Fortsetzungen des Komplexes

$$0 \to H^1_{DR}(\mathcal{E}/\mathcal{S}) \to H^1_{DR}(\mathcal{E}/\mathcal{S}) \otimes \Omega^1_{\tilde{Y}_1(p_0)/\mathrm{Spec}(\mathbb{Z}_{(p)})} \to 0$$

auf die Kompaktifizierung ansehen.

Wir gehen der Einfachheit halber von einer rationalen Spitze $s \in \tilde{X}_1(p_0)(\mathbb{Z}_{(p)})$ aus. Wir betrachten die formale Komplettierung von $\tilde{X}_1(p_0)(\mathbb{Z}_{(p)})$ in s, dann erhalten wir

$$\mathrm{Spec}(\mathbb{Z}_{(p)}[[q]]).$$

Die universelle elliptische Kurve $\mathcal{E}$ ist dann auf $\mathrm{Spec}(\mathbb{Z}_{(p)}[[q]][\frac{1}{q}])$ durch Einschränkung definiert und setzt sich zur Tate Kurve

$$\hat{\mathcal{E}} \longrightarrow \mathrm{Spec}(\mathbb{Z}_{(p)}[[q]])$$

fort. Wenn man dies an allen Spitzen durchführt, dann erhält man auch die Tate-Kurve $\hat{\mathcal{E}} \to \tilde{X}_1(p_0)$ und deren Lie-Algebra

$$\mathrm{Lie}(\hat{\mathcal{E}}/\tilde{X}_1(p_0))$$

ist eine invertierbare Garbe auf $\tilde{X}_1(p_0)$. Sei ω die dazu duale Garbe.

Die Kodaira-Spencer Klasse liefert dann zunächst einen Isomorphismus

$$\omega^{\otimes 2}|_{\tilde{Y}_1(p_0)} \xrightarrow{\sim} \Omega^1_{\tilde{Y}_1(p_0)}$$

(siehe [De-Ra], VI, 4.4.2). Wir untersuchen diesen Isomorphismus in der Nähe einer Spitze, d. h. wir schränken auf $\mathrm{Spec}(\mathbb{Z}_{(p)}[[q]][\frac{1}{q}])$ ein. Man kann dann nachrechnen, daß der obige Isomorphismus sich zu einem Isomorphismus

$$\omega^{\otimes 2}|\mathrm{Spec}(\mathbb{Z}_{(p)}[[q]]) \xrightarrow{\sim} \mathbb{Z}_{(p)}[[q]] \otimes \frac{dq}{q}$$

fortsetzt. Global erhalten wir somit einen Isomorphismus

$$\omega^{\otimes 2} \xrightarrow{\sim} \Omega^1_{\tilde{X}_1(p_0),\log}(\tilde{\Sigma}),$$

d. h. rechts erlauben wir logarithmische Pole längs des Schemas der Spitzen $\tilde{\Sigma}/\mathrm{Spec}(\mathbb{Z}_{(p)})$. Auf $\tilde{Y}_1(p_0)$ ist natürlich

$$\omega \simeq \pi_*(\Omega^1_{\mathcal{E}/\mathcal{S}}),$$

und somit bekommen wir eine Einbettung

$$i : \omega \longrightarrow H^1_{DR}(\Omega^\bullet_{\mathcal{E}/\mathcal{S}}),$$

wobei der Quotient lokal frei ist.

Ich denke, daß die folgenden Aussagen richtig sind: Wenn wir die obige Inklusion auf

$$\mathrm{Spec}(\mathbb{Z}_{(p)}[[q]][\tfrac{1}{q}])$$

einschränken, dann können wir den Modul

$$H^1_{DR}(\Omega^\bullet_{\mathcal{E}/S}) \otimes \mathbb{Z}_{(p)}[[q]][\tfrac{1}{q}]$$

zu einem freien Modul

$$\tilde{\tilde{\mathcal{M}}}_1/\mathbb{Z}_{(p)}[[q]]$$

fortsetzen und zwar so daß gilt:
(i) Es gibt eine Basis e, f von $\tilde{\tilde{\mathcal{M}}}_1$, so daß sich die Einbettung i zu einem Isomorphismus

$$\omega \xrightarrow{\sim} \mathbb{Z}_{(p)}[[q]] \cdot e$$

fortsetzt.
(ii) Ist d_s die Breite der Spitze s, und ist E_+ der durch $E_+ : e \to 0$, $E_+ f \to d_s e$ gegebene Endomorphismus von

$$\mathbb{Z}_{(p)} e + \mathbb{Z}_{(p)} f = \mathcal{M}_1,$$

dann ist auf $\mathbb{Z}_{(p)}[[q]][\frac{1}{q}]$:

$$\nabla(h \otimes m) = \frac{\partial h}{\partial q} \otimes m \otimes dq + h \otimes E_+ m \otimes \frac{dq}{q}$$

$(m \in \mathcal{M}_1 \ , h \in \mathbb{Z}_{(p)}[[q]][\frac{1}{q}])$.

Der Modul $\tilde{\tilde{\mathcal{M}}}_1$ liefert eine kanonische Fortsetzung der lokal freien Garbe H^1_{DR} auf die Kompaktifizierung $\tilde{X}_1(p_0)$, diese nennen wir nun auch $\tilde{\tilde{\mathcal{M}}}_1$. Wir haben dann zwei Möglichkeiten den de-Rham-Komplex in eine Spitze hinein fortzusetzen. Wir können die Garbe der Schnitte

$$\tilde{\tilde{\mathcal{M}}}_1(s)$$

betrachten, die an der Spitze s eine Nullstelle haben. Dann definiert die Fortsetzung von ∇ eine Abbildung

$$\tilde{\tilde{\mathcal{M}}}_1(s) \xrightarrow{\nabla} \tilde{\tilde{\mathcal{M}}}_1 \otimes \Omega^1_{\tilde{X}_1(p_0)}.$$

Wir können erlauben logarithmische Pole für die Differentiale erlauben, dann bekommen wir eine Abbildung

$$\tilde{\tilde{\mathcal{M}}}_1 \xrightarrow{\nabla} \tilde{\tilde{\mathcal{M}}}_1 \otimes \Omega_{\tilde{X}_1(p_0),\log}(-s).$$

Wir erhalten also ein Diagramm von Komplexen

$$\begin{array}{ccccccc}
 & & 0 & & 0 & & \\
 & & \downarrow & & \downarrow & & \\
0 & \longrightarrow & \tilde{\tilde{\mathcal{M}}}_1(s) & \xrightarrow{\nabla} & \tilde{\tilde{\mathcal{M}}}_1 \otimes \Omega^1_{\tilde{X}_1(p_0)} & \longrightarrow & 0 \\
 & & \downarrow & & \downarrow & & \\
0 & \longrightarrow & \tilde{\tilde{\mathcal{M}}}_1 & \xrightarrow{\nabla} & \tilde{\tilde{\mathcal{M}}}_1 \otimes \Omega^1_{\tilde{X}_1(p_0),\log}(-s) & \longrightarrow & 0 \\
 & & \downarrow & & \downarrow & & \\
0 & \longrightarrow & \mathcal{M}_1 & \xrightarrow{E_+} & \mathcal{M}_1 & \longrightarrow & 0 \\
 & & \downarrow & & \downarrow & & \\
 & & 0 & & 0 & &
\end{array}$$

Man sieht, daß man dann lokal an den Spitzen (auf der formalen Komplettierung) die folgenden de-Rham Kohomologiegruppen erhält

$$H^1\left(0 \to \tilde{\tilde{\mathcal{M}}}_1(s) \xrightarrow{\nabla} \tilde{\tilde{\mathcal{M}}}_1 \otimes \Omega^1_{\tilde{X}_1(p_0)} \to 0\right) \simeq H^0\left(0 \to \mathcal{M}_1 \xrightarrow{E_+} \mathcal{M}_1 \to 0\right) =$$

$$\mathcal{M}_1^{<E_+>} = \{g \in \mathcal{M}_1 | E_+ g = 0\}$$

und

$$H^1\left(0 \to \tilde{\tilde{\mathcal{M}}}_1 \xrightarrow{\nabla} \tilde{\tilde{\mathcal{M}}}_1 \otimes \Omega_{\tilde{X}_1(p_0),\log}(-s) \to 0\right) \simeq \mathcal{M}_1 / E_+ \mathcal{M}_1.$$

Wir können diese Betrachtungen an den einzelnen Spitzen separat durchführen und je nachdem welche Regel zur Fortsetzung wir wählen, erhalten wir also Fortsetzungen der Komplexe

$$0 \longrightarrow H^1_{DR} \longrightarrow H^1_{DR} \otimes \Omega^1 \longrightarrow 0$$

auf $\tilde{X}_1(p_0)$. Es ist klar, daß wir alle diese Überlegungen auf die Tensorpotenzen, deren symmetrische Quotienten und Untermoduln ausdehnen können. Wir können dann die Komplexe (es sei $\mathcal{M}$ wieder einer der Moduln $\mathcal{M}_n^\vee$ oder $\mathcal{M}_n$)

$$\Omega^\bullet(\mathcal{M}^\#) = \left\{0 \to \tilde{\tilde{\mathcal{M}}}(\Sigma_0) \xrightarrow{\nabla} \tilde{\tilde{\mathcal{M}}} \otimes \Omega^1_{\log}(-\Sigma_\infty) \longrightarrow 0\right\}$$

definieren und die Kohomologie

$$H^1\left(\tilde{X}_1(p_0), \Omega^\bullet(\mathcal{M}^\#)\right) = H^1_{DR}\left(\tilde{X}_1(p_0), \mathcal{M}^\#\right)$$

ist dann die gesuchte modifizierte de-Rham-Kohomologie.

Wir haben dann auf dieser de-Rham-Kohomologie eine Filtrierung in zwei Schritten. Es ist F^0 die ganze Kohomologie, und es ist

$$F^1 H^1_{DR}\left(\tilde{X}_1(p_0), \mathcal{M}^\#\right) = H^0\left(\tilde{X}_1(p_0), \tilde{\tilde{\mathcal{M}}}_n \otimes \Omega^1_{\log}(\Sigma_\infty)\right)$$

und $F^2 = 0$.

Ich wage es nun, die folgenden Vermutungen aufzustellen:

(i) *Auf $H^1_{DR}(\tilde{X}_1(p_0), \mathcal{M}^{\#})$ operiert die Hecke-Algebra. Sie respektiert die Hodge-Filtrierung, und der Hecke-Operator T_p operiert nilpotent auf der Torsion.*

Die Einbettung $\omega \hookrightarrow \approx{\mathcal{M}}_1$ induziert eine Inklusion

$$\omega^{\otimes n} \hookrightarrow \widetilde{\widetilde{\mathcal{M}}}_n^{\vee} \hookrightarrow \widetilde{\widetilde{\mathcal{M}}}_n.$$

Das liefert uns eine Inklusion

$$H^0\left(\tilde{X}_1(p_0), \omega^{\otimes n} \otimes \Omega^1_{\log}(\Sigma_\infty)\right) \longrightarrow F^0 H^1_{DR}\left(\tilde{X}_1(p_0), \widetilde{\widetilde{\mathcal{M}}}_n^{\vee,\#}\right).$$

Der Modul auf der linken Seite ist der Modul der Schnitte in einem kanonisch definierten Linienbündel. Wenn wir den Basisring $\mathbb{Z}_{(p)}$ nach $\mathbb{C}$ erweitern, dann wird dieser Modul gerade der Raum der holomorphen Modulformen vom Gewicht $n+2$, die an den Spitzen Σ_0 Spitzenformen sind. Auf diesem Raum der Modulformen operiert die Hecke-Algebra und zwar so, daß

$$H^0\left(\tilde{X}_1(p_0), \omega^{\otimes n} \otimes \Omega^1_{\log}(\Sigma_\infty)\right)$$

unter dieser Operation invariant ist. Genauer gesagt besteht dieser Raum genau aus denjenigen Modulformen, deren Fourierentwicklungen an den Spitzen (an einer rationalen Spitze) Koeffizienten aus $\mathbb{Z}_{(p)}$ haben.

(ii) *Die obige Inklusion ist verträglich mit der Operation der Hecke-Algebra. Der Kokern ist ein Torsionsmodul auf dem der Hecke Operator T_p nilpotent operiert.*

Diese Aussage ist so etwas wie eine ganzzahlige Version des Eichler-Shimura-Isomorphismus im Rahmen der de-Rham-Realisierung der Kohomologie.

Dann gilt

(iii) *Wir haben für $n > 0$ Abbildungen*

$$\delta^{\#}_{DR} : \mathbb{Z}_{(p),DR}(0)^{\frac{p_0-1}{2}} \hookrightarrow H^1_{DR}\left(\tilde{X}_1(p_0), \mathcal{M}^{\#}\right)$$

und

$$r^{\#}_{DR} : H^1_{DR}\left(\tilde{X}_1(p_0), \mathcal{M}^{\#}\right) \longrightarrow H^1_{DR}(\Sigma_\infty, \mathcal{M}^{\#}),$$

wobei die erste Abbildung injektiv und die zweite einen endlichen Kokern hat.

4.2.5 *Die p-adische Kohomologie.* Hierzu ist eigentlich nicht mehr viel zu sagen. Die Kohomologie

$$H^1_{\text{ét}}\left(X_1(p_0) \times_{\mathbb{Q}} \bar{\mathbb{Q}}, \mathcal{M}^{\#}_p\right) = H^1_B\left(X_1(p_0), \mathcal{M}^{\#}\right) \otimes \mathbb{Z}_p$$

ist ein Modul für die Galoisgruppe Gal($\bar{\mathbb{Q}}/\mathbb{Q}$). Wenn wir die Überlegungen aus dem vorangehenden Abschnitt anwenden, dann finden wir

$$\delta^{\#}_{\text{ét}} : \mathbb{Z}_p(0)^{\frac{p_0-1}{2}} \hookrightarrow H^1_{\text{ét}}\left(X_1(p_0) \times_{\mathbb{Q}} \bar{\mathbb{Q}}, \mathcal{M}^{\#}_p\right),$$

wobei links die Galoisgruppe trivial operiert. Im Grad 1 haben wir

$$r^{\#}_{\text{ét}} : H^1_{\text{ét}}\left(X_1(p_0) \times_{\mathbb{Q}} \bar{\mathbb{Q}}, \mathcal{M}^{\#}_p\right) \longrightarrow H^1_{\text{ét}}\left(\Sigma_\infty \times_{\mathbb{Q}} \bar{\mathbb{Q}}, R^\bullet j_*(\tilde{\mathcal{M}}_p)\right),$$

wobei der Galoismodul rechts (bis auf Torsion) gleich

$$\mathrm{Ind}^{\mathrm{Gal}(\bar{\mathbb{Q}}/\mathbb{Q})}_{\mathrm{Gal}(\bar{\mathbb{Q}}/\mathbb{Q}(\zeta_{p_0})^+)} \mathbb{Z}_p(-n-1)$$

ist. (siehe die Diskussion im vorangehenden Abschnitt).

4.3. Die gemischten Motive $H^1(\mathcal{M}^{\#})[\eta]$

4.3.1. *Die Zerlegung in Eigenräume.* Wir erweitern nun die Koeffizienten, indem wir mit $\mathcal{O}_F$ tensorieren. Die Kohomologiegruppen

$$H^1(X_1(p_0), \mathcal{M}^{\#}) \otimes \mathcal{O}_F$$

sind dann in jeder Realisierung endlich erzeugte $\mathcal{O}_F$-Moduln.

Wir können dann die Randbeiträge — d. h. den tiefsten und den höchsten Schritt in der Filtrierung — nach Eigenräumen unter der Hecke-Algebra zerlegen und bekommen

$$H^0(\Sigma_0, \mathcal{M}^{\#}) \otimes \mathcal{O}_F = \mathbb{Z}_{(p)}(0)^{\frac{p_0-1}{2}} \otimes \mathcal{O}_F = \bigoplus_{\eta:\mathrm{Par}(\eta)=n} \mathcal{O}_F(0)_\eta$$

wobei $\mathcal{O}_F(0)_\eta = \mathbb{Z}_{(p)}(0) \otimes \mathcal{O}_F$. Die Summanden hängen nicht von η ab, der Index η gibt uns nur den Eigenraum unter der Hecke-Algebra an.

Wenn wir auf auf Σ_∞ einschränken, ist dies ein wenig anders, dann tauchen in der Zerlegung Motive $\mathcal{O}_F(-n-1) \otimes \eta$ auf, die wie folgt definiert sind. Wir können ein Artin-Dirichlet-Motiv zu η definieren. Dazu betrachten wir das Schema

$$\mathrm{Spec}(\mathbb{Z}_{(p)}[\zeta_{p_0}]) \longrightarrow \mathrm{Spec}(\mathbb{Z}_{(p)}).$$

Wir definieren das Motiv

$$R_{\mathrm{Spec}(\mathbb{Z}_{(p)}[\zeta_0])/\mathrm{Spec}(\mathbb{Z}_{(p)})}\mathbb{Z}(0) = Y.$$

Auf diesem Motiv $Y/\mathrm{Spec}(\mathbb{Z}_{(p)})$ operiert die Galoisgruppe $\mathrm{Gal}(\mathbb{Q}(\zeta_{p_0})/\mathbb{Q}) = (\mathbb{Z}/p_0\mathbb{Z})^*$, und wenn wir die Koeffizienten nach $\mathcal{O}_F$ erweitern, dann erhalten wir

$$Y \otimes \mathcal{O}_F = \bigoplus_{\eta:(\mathbb{Z}/p_0\mathbb{Z})^* \to \mathcal{O}_F^*} Y[\eta],$$

und dies sind die besagten Artin-Dirichlet-Motive. Es sind Motive vom Rang 1 über $\mathcal{O}_F$ wir bezeichnen sie daher ab jetzt mit $\mathcal{O}_F(0)[\eta]$. Dann setzen wir

$$\mathcal{O}_F(-n-1) \otimes \eta = \mathcal{O}_F(-n-1) \otimes \mathcal{O}_F(0)[\eta].$$

Wir erhalten dann für unsere Einschränkung

$$H^1(\Sigma_\infty, \mathcal{M}^\#) \otimes \mathcal{O}_F = \bigoplus_{\eta:\mathrm{Par}(\eta)=n} \mathcal{O}_F(-n-1) \otimes \eta + \text{torsion}.$$

Jetzt sind die zu einem Wert von η gehörigen Summanden in der Zerlegung von $H^0(\Sigma_0, \mathcal{M}^\#) \otimes \mathcal{O}_F$ und $H^1(\Sigma_\infty, \mathcal{M}^\#) \otimes \mathcal{O}_F$ als Moduln unter der Hecke-Algebra isomorph.

Wir wenden das Manin-Drinfeld-Argument an. Wenn $n > 0$ oder $\eta \neq 1$, erhalten wir nach Tensorierung mit $\mathbb{Q}$ eine unter der Hecke-Algebra isotypische Zerlegung

$$H^1(X_1(p_0), \mathcal{M}^\#) \otimes \mathcal{O}_F \otimes \mathbb{Q} = \bigoplus_{\eta:\mathrm{Par}(\eta)=n} H^1(\mathcal{M}^\#)[\eta] \otimes \mathbb{Q} \oplus H^1_{\mathrm{cusp}}(\mathcal{M}^\#) \otimes \mathbb{Q}$$

erhalten, wobei $H^1(\mathcal{M}^\#)[\eta] \otimes \mathbb{Q}$ ein F-Vektorraum vom Rang 2 ist, der $\delta^\#(\mathcal{O}_F(0)[\eta] \otimes F)$ als eindimensionalen Untermodul enthält und der unter $r^\#$ surjektiv auf $F(-n-1) \otimes \eta$ abgebildet wird.

Dann können wir

$$H^1(\mathcal{M}^\#)[\eta] \otimes \mathbb{Q}$$

als gemischtes Motiv vom Rang 2 mit Koeffizienten in F auffassen. Es ist durch einen Projektor definiert.

Die folgenden Überlegungen sind ein wenig spekulativ. Ich habe die ganze Zeit "ganzzahlig" argumentiert und will jetzt erläutern, wie man auch noch $H^1(\mathcal{M}_n^\#)[\eta]$ als ganzzahliges Motiv interpretieren kann.(Wir haben natürlich immer noch bei p lokalisiert.) Dazu betrachten wir einfach den Schnitt der obigen Zerlegung mit der jeweiligen ganzzahligen Realisierung.

Wir erhalten dann

$$H^1_B(X_1(p_0), \mathcal{M}^\#) \otimes \mathcal{O}_F \supset H^1_{\mathrm{cusp},B} \oplus \bigoplus_{\eta:\mathrm{Par}(\eta)=n} H^1_B(\mathcal{M}^\#)[\eta]$$

$$H^1_{\text{ét}}(X_1(p_0) \times_{\mathbb{Q}} \bar{\mathbb{Q}}, \mathcal{M}_p^\#) \otimes \mathcal{O}_F \supset H^1_{\mathrm{cusp},\text{ét}} \oplus \bigoplus_{\eta:\mathrm{Par}(\eta)=n} H^1_{\text{ét}}(\mathcal{M}_p^\#)[\eta]$$

$$H^1_{DR}(\tilde{X}_1(p_0), \mathcal{M}^\#) \otimes \mathcal{O}_F \supset H^1_{\mathrm{cusp},DR} \oplus \bigoplus_{\eta:\mathrm{Par}(\eta)=n} H^1_{DR}(\mathcal{M}^\#)[\eta].$$

Es sollte nun gelten, daß der Quotient der linken Seite durch die rechte Seite jeweils eine direkte Summe von zyklischen $\mathcal{O}_F$-Moduln

$$\bigoplus_{\eta:\mathrm{Par}(\eta)=n} \mathcal{O}_F/B(\eta,n)\mathcal{O}_F$$

ist, wobei $B(\eta, n)$ der Zähler von $L(\eta, 1-(n+2))$ ist. Das kann man auch so interpretieren, daß in allen Realisierungen $* = B$, ét oder DR der Kokern der Gruppe

$$H^1_*(X_1(p_0), \mathcal{M}_n^\#)[\eta] \to H^1_*(\Sigma_\infty, \mathcal{M}_n^\#)[\eta]$$

der zyklische Modul $\mathcal{O}_F/B(\eta,n)\mathcal{O}_F$ ist. Das folgt für die étale und die Betti-Kohomologie aus den Ergebnissen von Ch. Kaiser (Siehe [Kai], Satz). Für die de-Rham-Realisierung ist dies eine Konsequenz aus den klassischen Formel für die q-Entwicklung der Eisensteinreihen und den oben formulierten Vermutungen (i) und (ii).

Damit können wir dann versuchen

$$H^1(\mathcal{M}^\#)[\eta]$$

als ganzzahliges Motiv zu interpretieren, d. h. alle Realisierungen besitzen eine untereinander konsistente ganzzahlige Struktur (über $\mathcal{O}_F\otimes\mathbb{Z}_{(p)}$ für alle p mit, $p\nmid p_0(p_0-1)$).

4.3.2. *Die Hodge-de Rham-Erweiterungsklasse der* $H^1(\mathcal{M}^\#)[\eta]$. Wir fixieren einen Charakter

$$\eta:(\mathbb{Z}/p_0\mathbb{Z})^*\longrightarrow\mathcal{O}_F^*$$

der richtigen Parität. Dann betrachten wir die Betti und die de Rham-Realisierung des Motivs $H^1(\mathcal{M}^\#)[\eta]$ und studieren den Vergleichsisomorphismus. Dieser Vergleichsisomorphismus erlaubt uns die Definition einer Erweiterungsklasse

$$H^1(\mathcal{M}^\#)[\eta]_{\mathcal{H}d\mathcal{R}}\in\operatorname{Ext}^1_{\mathcal{H}d\mathcal{R}_{\text{mix,reell},\mathcal{O}_F}}(\mathcal{O}_F(-n-1)\otimes\eta,\mathcal{O}_F(0)).$$

Ich will jetzt die Berechnung der obigen Ext-Gruppen diskutieren. Ich werde dabei insbesondere die im ersten Kapitel (Siehe 1.2.6.) als "Übungsaufgabe in linearer Algebra" deklarierte Formel in unserer Situation verifizieren. Genauer gesagt, werden wir sie auch ein wenig verallgemeinern, weil wir sie auf Motive mit Koeffizienten erweitern (Siehe 1.2.12.)

Ich gehe davon aus, daß $\mathcal{O}_F$ eine abstrakte Realisierung von $\mathbb{Z}[\zeta_{p_0-1}]$ ist, d. h. ich fixiere keine Einbettung in die komplexen Zahlen. Wir betrachten die Betti und die de-Rham Realisierung von $H^1(\mathcal{M}_n^\#)[\eta]$. Wir haben dann die beiden exakten Sequenzen

$$0\longrightarrow\mathcal{O}_F(0)_{\eta,B}\longrightarrow H^1(\mathcal{M}_n^\#)[\eta]_B\longrightarrow\mathcal{O}_F(-n-1)\otimes\eta_B\longrightarrow 0$$

und

$$0\longrightarrow\mathcal{O}_F(0)_{\eta,DR}\longrightarrow H^1(\mathcal{M}_n^\#)[\eta]_{DR}\longrightarrow\mathcal{O}_F(-n-1)\otimes\eta_{DR}\longrightarrow 0.$$

Wir haben in den einzelnen Realisierungen noch Zusatzaspekte zu berücksichtigen. In der Betti-Kohomologie haben wir noch die Operation der komplexen Konjugation F_∞. Diese operiert auf $H^1(X_1(p_0)(\mathbb{C}),\mathcal{M}_n^\#)$ durch die Operation auf den komplexen Punkten. Man kann jetzt zeigen, daß auf $\mathcal{O}_B(0)$ durch $+1$ und auf $\mathcal{O}(-n-1)\otimes\eta_B$ durch

$$(-1)^{n+1}\cdot\eta_\infty(-1)=-1$$

operiert. Da wir in der Kategorie der reellen Hodge-Strukturen sind, folgt, daß die Betti-Sequenz eine kanonische Spaltung hat

$$H^1(\mathcal{M}_n^\#)[\eta]=\mathcal{O}_F(0)_{\eta,B}\oplus\mathcal{O}_F(-n-1)\otimes\eta_B.$$

Nun schauen wir uns die de Rham-Sequenz an. Sie hat eine Filtrierung in zwei Schritten. Es ist

$$F^1H^1(\mathcal{M}_n^\#)[\eta]_{DR}=H^0(\tilde{X}_1(p_0),\Omega^1(\mathcal{M}_n^\#))[\eta]$$

und $F^2H^1(\mathcal{M}_n^\#)[\eta]_{DR} = 0$. Also gilt

$$F^1H^1(\mathcal{M}^\#)[\eta]_{DR} \xrightarrow{\sim} \mathcal{O}_F(-n-1) \otimes \eta_{DR}.$$

Das zeigt, daß auch die de Rham-Sequenz kanonisch spaltet:

$$H^1(\mathcal{M}_n^\#)[\eta]_{DR} = \mathcal{O}_F(0)_{\eta,DR} \oplus F^1H^1(\mathcal{M}^\#)[\eta]_{DR}.$$

Das heißt, daß beide Sequenzen in ihrer eigenen Kategorie (gemischte reelle Hodge-Strukturen und de Rham-Kohomologiegruppen jeweils mit Koeffizienten) auf genau eine Weise spalten.

Die Ext^1-Gruppe kommt nun dadurch zustande, daß die Spaltungen über den Vergleichsisomorphismus miteinander verglichen werden und dann nicht übereinstimmen. Die "Differenz" liefert dann das gesuchte Element in Ext^1.

Wir betrachten die Einbettungen

$$\mathcal{T} = \{\sigma | \sigma : F \to \mathbb{C}\}.$$

Für jedes $\sigma \in \mathcal{T}$ bekommen wir einen Vergleichsisomorphismus

$$\begin{array}{ccccccccc} 0 \to & \mathcal{O}_F(0)_B \otimes_{\mathcal{O}_{F,\sigma}} \mathbb{C} & \to & H^1(\mathcal{M}_n^\#)[\eta]_B \otimes_{\mathcal{O}_{F,\sigma}} \mathbb{C} & \to & \mathcal{O}_F(-n-1) \otimes \eta_B \otimes_{\mathcal{O}_{F,\sigma}} \mathbb{C} & \to 0 \\ & \downarrow I_\sigma(0) & & \downarrow I_\sigma & & \downarrow I_\sigma(-n-1) \otimes \eta & \\ 0 \to & \mathcal{O}_F(0)_{DR} \otimes_{\mathcal{O}_{F,\sigma}} \mathbb{C} & \to & H^1(\mathcal{M}_n^\#)[\eta]_{DR} \otimes_{\mathcal{O}_{F,\sigma}} \mathbb{C} & \to & \mathcal{O}_F(-n-1) \otimes \eta_{DR} \otimes_{\mathcal{O}_{F,\sigma}} \mathbb{C} & \to 0. \end{array}$$

Wir studieren die außen liegenden Vergleichsisomorphismen. Es ist offensichtlich, daß $I_\sigma(0)$ einfach die Identität ist. Er wird durch

$$\mathbb{Z}_{(p)}(0)_{DR} = \mathbb{Z}_{(p)}(0)_B = \mathbb{Z}_{(p)}$$

induziert.

Für den Vergleichsisomorphismus rechts müssen wir uns ein wenig mehr Mühe geben. Wir haben

$$\mathcal{O}_F(-n-1) \otimes \eta = \mathbb{Z}_{(p)}(-n-1) \otimes \mathcal{O}_F(0)[\eta],$$

und es ist uns noch in Erinnerung, daß

$$\begin{array}{rcccl} I(-n-1) & : & \mathbb{Z}_{(p)}(-n-1)_B \otimes \mathbb{C} & \xrightarrow{\sim} & \mathbb{Z}_{(p)}(-n-1)_{DR} \otimes \mathbb{C} \\ & & 1_B(-n-1) & \longmapsto & (2\pi i)^{-n-1} \cdot 1_{DR}(-n-1). \end{array}$$

(Dabei spielt die Wahl von σ keine Rolle!)

Wenn wir $\mathcal{O}_F(0)[\eta]_B$ und $\mathcal{O}_F(0)[\eta]_{DR}$ vergleichen wollen, dann setzen wir $L = \mathbb{Q}(\zeta_{p^0})$ und $\mathcal{O}_L$ ist darin der Ring der ganzen Zahlen. Dann ist

$$H_B^0(\mathcal{O}_L) = \bigoplus_{\tau : L \to \mathbb{C}} \mathbb{Z}$$

und

$$H_{DR}^0(\mathcal{O}_L) = \mathcal{O}_L.$$

Wir haben dann in

$$H^0_B(\mathcal{O}_L)\otimes\mathcal{O}_F \quad , \quad H^0_{DR}(\mathcal{O}_L)\otimes\mathcal{O}_F$$

die Projektionsoperatoren auf die Eigenräume

$$H^0_B(\mathcal{O}_L)\otimes\mathcal{O}_F[\eta] \quad , \quad H^0_{DR}(\mathcal{O}_L)\otimes\mathcal{O}_F[\eta].$$

Wenn uns jetzt $\sigma:\mathcal{O}_F\to\mathbb{C}$ gegeben ist, dann ist klar

$$H^0_B(\mathcal{O}_L)\otimes\mathcal{O}_F[\eta]\otimes_{\mathcal{O}_F,\sigma}\mathbb{C}=H^0_B(\mathcal{O}_L)\otimes_{\mathbb{Z}}\mathbb{C}[\sigma\circ\eta].$$

Ferner gilt

$$H^0_{DR}(\mathcal{O}_L)\otimes\mathcal{O}_F[\eta]\otimes_{\mathcal{O}_F,\sigma}\mathbb{C}=H^0_{DR}(\mathcal{O}_L)\otimes_{\mathbb{Z}}\mathbb{C}[\sigma\circ\eta].$$

Der Modul $H^0_B(\mathcal{O}_L)\otimes\mathcal{O}_F[\eta]=\bigoplus_{\tau:L\to\mathbb{C}}\mathcal{O}_F$ besitzt ein erzeugendes Element

$$1_B[\eta]=(\ldots,a_\tau,\ldots,a_{\tau'}\ldots)_{\tau:L\to\mathbb{C}},$$

wobei gilt: Für $\rho\in\mathrm{Gal}(L/\mathbb{Q})$ ist

$$a_{\rho\tau}=\eta(\rho)a_\tau$$

und $a_\tau\in\mathcal{O}_F^*$. Dies erzeugende Element ist nur bis auf ein Element in $\mathcal{O}_F^*$ eindeutig.

Wir diskutieren die Wahl eines erzeugenden Elements in $H^0_{DR}(\mathcal{O}_L)\otimes\mathcal{O}_F[\eta]$. Dazu wählt man in $\mathcal{O}_L$ eine Normalbasis, z. B. $\zeta,\zeta^2,\ldots,\zeta^{p_0-1}$. Bedenkt man nun die Normierung des Reziprozitätsisomorphismus *art*, dann sieht man, daß

$$\sum_{\nu=1}^{p_0-1}\zeta^\nu\otimes\eta(\nu)$$

ein erzeugendes Element von

$$H^0_{DR}(\mathcal{O}_L)\otimes\mathcal{O}_F[\eta],$$

ist, es ist natürlich auch nur mod$\mathcal{O}_F^*$ eindeutig bestimmt. Wir wählen $\tau:L\to\mathbb{C}$ und setzen $\zeta=\tau(\zeta)$. Für $\eta\neq 1$ führen wir die Gaussche Summe

$$G(\zeta,\sigma\circ\eta)=\sum_{\nu=1}^{p_0-1}\zeta^\nu\sigma\circ\eta(\nu)^{-1}$$

ein, für $\eta=1$ sei $G(\zeta,\sigma\circ\eta)=1$. Wir normieren

$$1_B[\eta]=(\ldots,a_\tau,\ldots,a_{\tau'}\ldots)_{\tau:L\to\mathbb{C}}\in H^0_B(\mathcal{O}_L)\otimes\mathcal{O}_F[\eta]$$

so, daß $a_\tau=1$. Dann gilt

$$I_{\eta,\sigma}:1_B[\eta]\longrightarrow\frac{1}{G(\zeta,\sigma\circ\eta)}\,1_{DR}[\eta].$$

Wählen wir erzeugenden Elemente

$$1_B=1_B(-n-1)\otimes 1_B[\eta]\in\mathcal{O}_F(-n-1)\otimes\eta_B$$

$$1_{DR}=1_{DR}(-n-1)\otimes 1_{DR}[\eta]\in\mathcal{O}_F(-n-1)\otimes\eta_{DR}$$

dann können wir das so arrangieren, daß

$$I_\sigma(-n-1)\otimes\eta(1_B)=\frac{1}{G(\zeta,\sigma\circ\eta)(2\pi i)^{n+1}}(1_{DR}).$$

Seien nun s_B,s_{DR} die oben erwähnten Schnitte der exakten Sequenzen, dann ist die Differenz

$$I_\sigma(G(\zeta,\sigma\circ\eta)(2\pi i)^{n+1}s_B(1_B))-s_{DR}(1_{DR})=\Delta_{B,DR}(\sigma)$$

eine Klasse in $\mathcal{O}_F(0)_{DR}\otimes_{\mathcal{O}_F,\sigma}\mathbb{C}=\mathbb{C}$ (ich wähle $1\in\mathbb{Z}_{(p)}$ als erzeugendes Element). Wir sehen, daß wir nach Wahl von 1_{DR},1_B und ζ zu unserer Sequenz einen Vektor

$$(\ldots,\Delta_{B,DR}(\sigma),\ldots)_{\sigma:F\to\mathbb{C}}=\mathbb{C}^{[F:\mathbb{Q}]}$$

bekommen, der die Extensionsklasse beschreibt. Wenn wir jetzt davon absehen, daß wir eine spezielle Extension vorgegeben haben, dann finden wir, daß wir einen unkanonischen Isomorphismus haben

$$\mathrm{Ext}^1_{\mathcal{H}dR,\mathrm{reell},\mathcal{O}_F}(\mathcal{O}_F(-n-1)\otimes\eta,\mathcal{O}_F(0))=\bigoplus_{\sigma:F\to\mathbb{C}}\mathbb{C}.$$

(Das ist ein spezieller Fall der Formel auf in 1.2.6. "Übungsaufgabe linearer Algebra")

Dieser Isomorphismus ist unkanonisch, weil er von der Auswahl von Basiselementen abhängt, aber es ist klar, daß eine Änderung der Basiselemente die Multiplikation mit einem Element aus $\mathcal{O}_F^*$ bewirkt. Also ist unser Motiv $H^1(\mathcal{M}^\#)[\eta]$ in der Hodge-de Rham-Realisierung ein Element

$$R(H^1(\mathcal{M}^\#)[\eta])=(\ldots,R(H^1(\mathcal{M}^\#)[\sigma\circ\eta]),\ldots)_{\sigma:\mathcal{O}_F\to\mathbb{C}}\in\left(\prod_{\sigma:F\to\mathbb{C}}\mathbb{C}\right)/\mathcal{O}_F^*$$

zugeordnet.

Man sollte noch bemerken, daß die komplexe Konjugation auf $H^1_{DR}(\mathcal{M}^\#)\otimes\mathcal{O}_F$ über Operation auf den Koeffizienten operiert. Läßt man sie auf $H^1_B(\mathcal{M}^\#)\otimes\mathcal{O}_F$ durch F_∞ multipliziert mit der Operation auf $\mathcal{O}_F$ operieren, dann werden die Vergleichsisomorphismen mit diesen beiden Operationen der komplexen Konjugation verträglich. Also sehen wir, daß

$$R(H^1(\mathcal{M}^\#)[\sigma\circ c\circ\eta])=\overline{R(H^1(\mathcal{M}^\#)[\sigma\circ\eta])}.$$

4.3.3. *Die Berechnung des Regulators.* Wir werden die beiden Schnitte s_B und s_{DR} mit Hilfe von Eisensteinreihen beschreiben. Für jede Einbettung $\sigma:F\to\mathbb{C}$ betrachten wir den Charakter $\sigma\circ\varphi=(\alpha^{n+1}\sigma\circ\eta,\alpha^{-1})$ auf der Boreluntergruppe $B(\mathbb{A})$. Zu diesem Charakter definieren einen induzierten Modul $I_{\sigma\circ\varphi}$, dabei nehmen wir an der unendlichen Stellen nur die K-endlichen Funktionen. Wir bekommen also

$$I_{\sigma\circ\varphi}=I_{\varphi_\infty}\otimes I_{\varphi_f}\otimes_{F,\sigma}\mathbb{C},$$

wobei dann $I_{\sigma\circ\varphi}$ ein $(\mathfrak{g},K_\infty)$- Modul ist. In der folgenden Rechnung sei $\sigma=\mathrm{Id}$, wir unterdrücken σ in der Notation. Wir haben den Eisenstein-Verkettungs-Operator

$$\mathrm{Eis}:I_\varphi\longrightarrow\mathcal{A}(G(\mathbb{Q})\backslash G(\mathbb{A})).$$

Wir benötigen nun genaue Informationen über den konstanten Term der Eisensteinreihe. Wie wir in und in [Ha-GL2],4.2 gesehen haben, ist dieser konstante Term

$$\mathcal{F}^B \circ \text{Eis} : I_\varphi \longrightarrow I_\varphi \oplus I_{w\cdot\varphi} \subset \mathcal{C}(U(\mathbb{A})B(\mathbb{Q})\backslash G(\mathbb{A}))$$

durch einen Ausdruck

$$\mathcal{F} \circ \text{Eis} : \psi \longrightarrow \psi + M(0)T^{\text{loc}}(\psi)$$

gegeben, wobei

$$T^{\text{loc}} : I_\varphi \longrightarrow I_{w\cdot\varphi}$$

ein Tensorprodukt von lokalen Verkettungsoperatoren ist, und wobei $M(0)$ ein noch zu bestimmender skalarer Faktor ist.

In meinen früheren Arbeiten, in denen ich die Eisenstein-Kohomologie GL_2 studiert habe, spielte der zweite Term in konstanten Fourierkoeffizienten häufig gar keine Rolle. Das ist zum Beispiel so, wenn kein Pol vorliegt und wir nicht im CM-Fall sind (siehe [Ha-GL2], Thm. 2, (1)). Der Beitrag des konstanten Terms zur Randkohomologie ist durch den ersten Summanden gegeben, der Beitrag des zweiten ist Null. Das ändert sich hier dramatisch. Dieser Term nimmt Einfluß, und wir benötigen seine genaue Form. Ich erinnere an die Normierung des lokalen Verkettungsoperators an den endlichen Stellen, die in [Ha-GL2], 4.2 gegeben wurde. Danach sendet T_ℓ^{loc} an allen Stellen ungleich p_0 die normierte sphärische Funktion in die normierte sphärische Funktion. Der Operator $T_{p_0}^{\text{loc}}$ hängt von η ab. Wir wollen ihn jetzt berechnen, das Resultat wird später benötigt. Genauer gesagt interessieren wir uns nur für den Wert des Operators auf dem Element $f_\infty \in I_{\varphi_{p_0}}^{K_1(p_0)}$ (siehe 4.1.2.) das wir in der folgenden Rechnung wegen einer späteren Bezeichnung ψ_{p_0} nennen wollen.

1. Fall: Der Charakter $\eta = 1$. Der Charakter φ ist also überall unverzweigt. Wir müssen die Funktion

$$T_{p_0}^{\text{loc}}(\psi_{p_0}) \in I_{w\cdot\varphi_{p_0}}$$

berechnen. Um dies zu tun, berechnen wir

$$\int\limits_{\mathbb{Q}_{p_0}} \psi_{p_0}(w\,u\,g)du = T_{p_0}(\psi_{p_0})(g).$$

Dieses Integral ergibt auch einen Verkettungsoperator und wir wissen, daß diese beiden Verkettungsoperatoren in der Relation

$$T_{p_0} = \frac{1-p_0^{-n-2}}{1-p_0^{-n-1}}\; T_{p_0}^{\text{loc}}$$

stehen.

Es ist klar, daß $T_{p_0}(\psi_{p_0}) \in (I_{w\cdot\varphi_{p_0}})^{K_1(p_0)}$ und nach der oben gegebenen Beschreibung dieses Raumes können wir sagen

$$T_{p_0}(\psi_{p_0}) = a\,f_\infty + b\,f_0 \in \left(\text{Ind}_{B(\mathbb{F}_{p_0})}^{G(\mathbb{F}_{p_0})}\eta^w\right)^{B^{(1)}(\mathbb{F}_{p_0})}.$$

Um die Koeffizienten a und b zu bestimmen, genügt es also

$$\int \psi_{p_0}(w\,u)du = a$$

$$\int \psi_{p_0}(w\,u\,w)du = b$$

auszurechnen. Dazu muß man sich daran erinnern

$$\psi_{p_0}(g) = \psi_{p_0}(b(g)k(g)) = \varphi(b(g))f_\infty(k(g)).$$

Man sieht leicht, daß

$$\int \psi_{p_0}(w\,u)du = \int\limits_{\mathbb{Z}_p} \psi_{p_0}(w\,u)du + \sum_{\nu=1}^{\infty} \psi_{p_0}\left(w\begin{pmatrix}1 & p_0^{-\nu}\\ 0 & 1\end{pmatrix}\right).$$

Der erste Term verschwindet, weil $\psi_{p_0}(w) = f_\infty(w) = 0$. Man hat dann

$$\begin{pmatrix}0 & 1\\ -1 & 0\end{pmatrix}\begin{pmatrix}1 & p_0^{-\nu}\\ 0 & 1\end{pmatrix} = \begin{pmatrix}0 & 1\\ -1 & -p_0^{-\nu}\end{pmatrix} = \begin{pmatrix}p_0^{\nu} & *\\ 0 & p_0^{-\nu}\end{pmatrix}\begin{pmatrix}* & *\\ -p_0^{\nu} & -1\end{pmatrix}$$

und

$$\psi_{p_0}\left[\begin{pmatrix}p_0^{\nu} & *\\ 0 & p_0^{-\nu}\end{pmatrix}\begin{pmatrix}* & *\\ -p_0^{-\nu} & -1\end{pmatrix}\right] = p_0^{\nu(n+2)}.$$

Dann bekommen wir

$$a = \sum_{\nu=1}^{\infty}(1-\frac{1}{p_0})p_0^{-\nu(n+1)} = (1-\frac{1}{p_0})\ \frac{p_0^{-n}}{1-p_0^{-(n+1)}}.$$

Ganz entsprechend berechnen wir

$$b = \int\limits_{\mathbb{Z}_p} \psi_{p_0}\left(\begin{pmatrix}1 & 0\\ u & 1\end{pmatrix}\right)du + \sum_{\nu=1}^{\infty}(p_0^{\nu} - p_0^{\nu-1})\cdot\psi_{p_0}\begin{pmatrix}1 & 0\\ p_0^{-\nu} & 1\end{pmatrix}.$$

Hier rechnet man nun leicht nach, daß der zweite Term verschwindet, also ist $b = 1$.

Zusammenfassend finden wir

$$T^{\mathrm{loc}}(\psi_{p_0}) = \frac{p_0^2 - p_0}{p_0^{n+2}-1}\ f_\infty + \frac{1-p_0^{-n-1}}{1-p_0^{-n-2}}\ f_0$$

wobei wir die am Anfang dieses Abschnittes eingeführten Notationen berücksichtigen.

2. Fall: Der Charakter $\eta \neq 1$. In diesem Fall führt eine ganz analoge Rechnung zu dem Resultat

$$T^{\mathrm{loc}}(\psi_{p_0}) = \frac{1}{p_0} f_0.$$

Der Witz ist, daß bei der Berechnung des Koeffizienten a die Werte

$$\psi_{p_0}\left(w\begin{pmatrix}1 & \epsilon p_0^{-\nu}\\ 0 & 1\end{pmatrix}\right)$$

mit $\epsilon \in \mathbb{Z}_p^*$ nicht von ϵ abhängen und in der Summation wegen $\eta \neq 1$ Null ergeben.

3. Fall: Die Normierung an der unendlichen Stelle. Unsere Normierung an den endlichen Stellen wird so vorgenommen, daß der Beitrag zu $M(0)$, der von den endlichen Stellen herkommt, gerade

$$\frac{L(\eta, n+1)}{L(\eta, n+2)}$$

wird. Wir sollten also die Normierung des lokalen Verkettungsoperators im Unendlichen so vornehmen, daß dabei dieser Quotient gerade um den Quotienten der richtigen Eulerfaktoren im Unendlichen ergänzt wird. Der Charakter χ in [Ha-M], Kap. IV, 4.1.6 heißt hier $\varphi_\infty = (\alpha^n \eta_\infty, \alpha^{-1})$. Wir haben in I_{φ_∞} die Zerlegung nach $K_\infty = SO(2)$-Typen

$$I_{\varphi_\infty} = \bigoplus_{\nu \equiv n \bmod 2} \mathbb{C}\psi_\nu$$

mit den normierten Basisfunktionen

$$\psi_\nu\left(\begin{pmatrix} t_1 & u \\ 0 & t_2 \end{pmatrix}\begin{pmatrix} \cos\theta & \sin\theta \\ -\sin\theta & \cos\theta \end{pmatrix}\right) = (t_1/t_2)^{n+2} e^{2\pi i \nu \theta}.$$

(Der Dirichletcharakter hat diesselbe Parität wie n.)

Wir setzen

$$\tau(\eta_\infty) = \begin{cases} 0 & \eta_\infty = 1 \\ 1 & \eta_\infty \neq 1 \end{cases}$$

und wir normieren $T_\infty^{\mathrm{loc}} : I_{\varphi_\infty} \to I_{w \cdot \varphi_\infty}$ so, daß

$$T_\infty^{\mathrm{loc}}(\psi_{\tau(\eta_\infty)}) = \psi_{\tau(\eta_\infty)}.$$

Das hat dann nach [Ha-M],Chap. IV, 4.1.6 die Folge, daß

$$\int_{-\infty}^{+\infty} \psi_{\tau(\eta_\infty)}\left(w\begin{pmatrix} 1 & u \\ 0 & 1 \end{pmatrix}\right) du = \frac{i^{\tau(\eta_\infty)}}{2} \cdot \sqrt{\pi} \cdot \frac{\Gamma\left(\frac{n+\tau(\eta_\infty)+1}{2}\right)}{\Gamma\left(\frac{n+\tau(\eta_\infty)+2}{2}\right)}.$$

Wir erinnern nun daran, daß für einen Signaturcharakter η_∞ auf $\mathbb{R}^*$ der "richtige" Eulerfaktor im Unendlichen gerade

$$L_\infty(\eta_\infty, s) = \frac{\Gamma\left(\frac{s+\tau(\eta_\infty)}{2}\right)}{\pi^{\frac{s+\tau(\eta_\infty)}{2}}}$$

ist, d. h. wenn man jetzt noch

$$\psi_{\tau(\eta_\infty)}\left(\begin{pmatrix} 0 & 1 \\ -1 & 0 \end{pmatrix}\right) = i^{\tau(\eta_\infty)}$$

berücksichtigt, dann ist

$$\int_{-\infty}^{+\infty} \psi_{\tau(\eta_\infty)}\left(w \cdot \begin{pmatrix} 1 & u \\ 0 & 1 \end{pmatrix}\right) du = \frac{1}{2} \cdot \frac{L_\infty(\eta_\infty, n+1)}{L_\infty(\eta_\infty, n+2)} \cdot \psi_{\tau(\eta_\infty)}(w).$$

Bei dieser Normierung des lokalen Verkettungsoperators im Unendlichen wird dann

$$M(0) = \frac{1}{2} \cdot \frac{L_\infty(\eta_\infty, n+1)}{L_\infty(\eta_\infty, n+2)} \cdot \frac{L(\eta, n+1)}{L(\eta, n+2)}.$$

In I_{φ_f} wählen wir die Funktion

$$\psi_f = \bigotimes_\ell \psi_\ell,$$

wobei ψ_ℓ die normierte sphärische Funktion für $p_0 \neq \ell$ ist, und wobei ψ_{p_0} der Funktion $f_\infty \in (\mathrm{Ind}_{B(\mathbb{F}_{p_0})}^{G(\mathbb{F}_{p_0})} \eta)^{B_1(\mathbb{F}_{p_0})}$ entspricht. Wir erhalten dann Differentialformen auf $G(\mathbb{Q})\backslash G(\mathbb{A})/K_\infty$ mit Werten in $\tilde{\mathcal{M}}_{n,\mathbb{C}}$, wenn wir an der unendlichen Stelle eine Form

$$\omega_\infty \in \mathrm{Hom}_{K_\infty}(\Lambda^1(\mathfrak{g}/\mathfrak{k}), I_{\varphi_\infty} \otimes \mathcal{M}_{n,\mathbb{C}})$$

einsetzen, dann ist

$$\mathrm{Eis}(\omega_\infty \otimes \psi_f) \in \mathrm{Hom}_{K_\infty}(\Lambda^1(\mathfrak{g}/\mathfrak{k}), \mathcal{A}(G(\mathbb{Q})\backslash G(\mathbb{A})) \otimes \mathcal{M}_{n,\mathbb{C}}).$$

Wir haben jetzt mehrere Möglichkeiten für die Form ω_∞, um eine gegebene Klasse am Rand zu repräsentieren. Bei geeigneter Wahl von ω_∞ erhalten wir dann den Betti- oder den de Rham-Schnitt.

Der Modul I_{φ_∞} enthält als Untermodul die Summe der beiden diskreten Serien (siehe z. B. [Ha-M], 4.15). Das liefert uns

$$\mathrm{Hom}_{K_\infty}(\Lambda^1(\mathfrak{g}/\mathfrak{k}), (\mathcal{D}_n^+ \oplus \mathcal{D}_n^-) \otimes \mathcal{M}_{n,\mathbb{C}}) \subset \mathrm{Hom}_{K_\infty}(\Lambda^1(\mathfrak{g}/\mathfrak{k}), I_{\varphi_\infty} \otimes \mathcal{M}_{n,\mathbb{C}}).$$

Wir haben $\mathfrak{g}_\mathbb{C} = \mathfrak{k}_\mathbb{C} \oplus \mathfrak{p}_\mathbb{C}$ und mit

$$P_\pm = \begin{pmatrix} 1 & 0 \\ 0 & -1 \end{pmatrix} \pm i \otimes \begin{pmatrix} 0 & 1 \\ 1 & 0 \end{pmatrix}$$

wird $\mathfrak{p}_\mathbb{C} = \mathbb{C} \cdot P_+ \oplus \mathbb{C}P_-$. Dann bilden die beiden 1-Formen

$$\omega_{\mathrm{hol}}(P_+) = i^{n+1}\psi_{n+2} \otimes (X - iY)^n, \omega_{\mathrm{hol}}(P_-) = 0$$

und

$$\bar{\omega}_{\mathrm{hol}}(P_+) = 0, \bar{\omega}_{\mathrm{hol}}(P_-) = i^{-n-1}\psi_{-n-2} \otimes (X + iY)^n$$

eine Basis von

$$\mathrm{Hom}_{K_\infty}(\Lambda^1(\mathfrak{g}/\mathfrak{k}), (\mathcal{D}_n^+ \oplus \mathcal{D}_n^-) \otimes \mathcal{M}_{n,\mathbb{C}}).$$

Ist $\epsilon = \begin{pmatrix} -1 & 0 \\ 0 & 1 \end{pmatrix}$, dann sieht man $\epsilon\omega_{\mathrm{hol}} = \bar{\omega}_{\mathrm{hol}}$. Wir setzen

$$\omega_{\mathrm{top}} = \frac{1}{2}(\omega_{\mathrm{hol}} - \epsilon\omega_{\mathrm{hol}}).$$

Verfolgt man diese Klasse unter den Abbildungen (siehe [Ha-M], IV, 4.3.3 und V, 5.4)

$$\begin{array}{ccc}\mathrm{Hom}_{K_\infty}(\Lambda^1(\mathfrak{g}/\mathfrak{k}), I_{\varphi_\infty}\otimes\mathcal{M}_{n,\mathbb{C}}) & \xrightarrow{\sim} & \mathrm{Hom}_{K_\infty^T}(\Lambda^1(\mathfrak{t}\oplus\mathfrak{u}), \mathbb{C}\varphi_\infty\otimes\mathcal{M}_{n,\mathbb{C}}) \\ & & \downarrow \\ & & H^1(\mathfrak{u},\mathcal{M}_{n,\mathbb{C}}),\end{array}$$

so sieht man, daß sie auf

$$\{E_+ \longrightarrow Y^n\}$$

abgebildet wird (siehe [Ha M], 5.4). Dieses Element ist ein (normalisiertes) erzeugendes Element von $H^1(\mathfrak{g}, K_\infty, I_{\varphi_\infty}\otimes\mathcal{M}_{n,\mathbb{C}})$. Wenden wir den Eisenstein-Operator an, dann erhalten wir eine 1-Form

$$\mathrm{Eis}(\omega_{\mathrm{top}}\otimes\psi_f)\in\mathrm{Hom}_{K_\infty}(\Lambda^1(\mathfrak{g}/\mathfrak{k}), \mathcal{A}(G(\mathbb{Q})\backslash G(\mathbb{A}))).$$

Wir wollen zunächst das asymptotische Verhalten dieser Form an den Spitzen studieren. Wir beginnen mit der Bemerkung, daß der lokale Verkettungsoperator T_∞^{loc} die Form ω_{top} annulliert. Das hat zur Folge, daß der konstante Term einfach

$$\omega_{\mathrm{top}}\otimes\psi_f\in\mathrm{Hom}_{K_\infty}(\Lambda^1(\mathfrak{g}/\mathfrak{k}), I_{\varphi_\infty}\otimes\mathcal{M}_{n,\mathbb{C}})$$

ist. Wollen wir nun das Verhalten davon an den Spitzen verstehen. Wir erinnern an die Beschreibung der Menge der Spitzen am Anfang dieses Abschnittes.

Wegen der Wahl von ψ_{p_0} verschwindet der konstante Term der Eisensteinform an den Spitzen Σ_0. Dann kann man die 1-Form in der Nähe der Spitzen Σ_0 modifizieren zu

$$\widetilde{\mathrm{Eis}}(\omega_{\mathrm{top}}\otimes\psi_f)=\mathrm{Eis}(\omega_{\mathrm{top}}\otimes\psi_f)-d\Phi,$$

wobei Φ eine Form ist, deren Träger in einer kleinen Umgebung von Σ_0 liegt und wobei

$$\lim_{y\to\Sigma_0}\Phi(y)=0.$$

Wir nennen diesen Prozeß die *kanonische Liftung*. Die Form $\widetilde{\mathrm{Eis}}(\omega_{\mathrm{top}}\otimes\psi_f)$ definiert eine Klasse $[\widetilde{\mathrm{Eis}}(\omega_{\mathrm{top}}\otimes\psi_f)]$ in $H^1_B(X_1(p_0),\mathcal{M}^\#_{n,\mathbb{C}})$ und diese Klasse hängt nicht von der Wahl von Φ ab.

Ferner sieht man leicht, wenn man die Argumentation aus [Ha-M], 5.4 mit leichter Modifikation übernimmt, daß die Restriktion von $[\widetilde{\mathrm{Eis}}(\omega_{\mathrm{top}}\otimes\psi_f)]$ auf Σ_∞ ein erzeugendes Element in

$$H^1_B(\Sigma_\infty,\mathcal{M}^\#)[\eta]$$

ist. Die Operation von F_∞ auf $H^1_B(X_1(p_0).\mathcal{M}^\#)$ wird auf dem Niveau der Formen durch ϵ gegeben, also ist

$$F_\infty[\widetilde{\mathrm{Eis}}(\omega_{\mathrm{top}}\otimes\psi_f)]=-[\widetilde{\mathrm{Eis}}(\omega_{\mathrm{top}}\otimes\psi_f)]$$

und daher ist $[\widetilde{\mathrm{Eis}}(\omega_{\mathrm{top}}\otimes\psi_f)]$ gerade das Bild eines erzeugenden Elementes aus

$$H^1_B(\Sigma_\infty,\mathcal{M}^\#)[\eta].$$

Die Resultate über die Nenner der Eisensteinklasse zeigen, daß

$$B(\eta,n)[\widetilde{\mathrm{Eis}}(\omega_{\mathrm{top}}\otimes\psi_f)]$$

ein erzeugendes Element des Moduls $s_B(\mathcal{O}_F(-n-1)\otimes\eta_B)$ in der kanonischen Spaltung ist.

Auf ganz analoge Weise erhalten wir den de Rham-Schnitt, indem wir für ω_∞ die Form ω_{hol} einsetzen. Dann ist

$$\mathrm{Eis}(\omega_{\mathrm{hol}}\otimes\psi_f)\in H^0(X_1(p_0)\times_{\mathbb{Q}}\mathbb{C},\mathcal{M}_{n,\mathbb{C}}\otimes\Omega^1_{\log}(\Sigma_\infty))=H^0(\tilde{X}_1(p_0)\times\mathbb{C},\omega^{\otimes(n+2)}),$$

also eine klassische Modulform vom Gewicht $n+2$.

Schränken wir diese Klasse auf Σ_∞ ein, so sehen wir, daß sie gerade gleich

$$\frac{1}{G(\zeta,\eta)\cdot(2\pi i)^{n+1}}\times\xi_{DR}$$

ist, wobei $\xi_{DR}\in H^1_{DR}(\Sigma_\infty,\mathcal{M}_n^{\#})[\eta]$ ein erzeugendes Element ist. Also ist

$$G(\zeta,\eta)(2\pi i)^{n+1}\cdot\mathrm{Eis}(\omega_{\mathrm{hol}}\otimes\psi_f)$$

eingeschränkt auf den Rand Σ_∞ ein erzeugendes Element.

Aber diese Klasse ist nicht ganzzahlig, denn wenn man sich die q-Entwicklung der Eisensteinreihe ansieht, so bemerkt man, daß man sie mit $B(\eta,n)$ multiplizieren muß, damit sie ganz wird.

Wir setzen jetzt

$$\Delta\omega=\omega_{\mathrm{hol}}-\omega_{\mathrm{top}},$$

dann ist $\mathrm{Eis}(\Delta\omega\otimes\psi_f)$ eine geschlossene Form. Sie liefert also in der gewöhnlichen Kohomologie Null. Wir bilden die kanonische Liftung dieser Klasse zu einer Form

$$\widetilde{\mathrm{Eis}}(\Delta\omega\otimes\psi_f)=\mathrm{Eis}(\Delta\omega\otimes\psi_f)-d\Phi,$$

und diese Klasse liegt dann in $\mathcal{O}_F(0)_{DR}\otimes_{\mathcal{O}_F,\mathrm{Id}}\mathbb{C}$ (Wir haben $\sigma=\mathrm{Id}$ gewählt.) und ist bis auf einen Faktor das gesuchte Element $\Delta_{B,DR}$. Der Faktor ist gerade

$$B(\eta,n)\cdot G(\zeta,\eta)\cdot(2\pi i)^{n+1},$$

wenn wir ganzzahlig rechnen wollen, oder einfach

$$G(\zeta,\eta)(2\pi i)^{n+1},$$

wenn wir nur mod F^* rechnen wollen. Für $\sigma=\mathrm{Id}$ — und damit für alle σ — bekommen wir also

$$B(\eta,n)\cdot G(\zeta,\eta)\cdot(2\pi i)^{n+1}\widetilde{\mathrm{Eis}}(\Delta\omega\otimes\psi_f)=R(H^1(\mathcal{M}^{\#})[\eta])\cdot 1_{\mathcal{O}_F(0)_{DR}}.$$

Wie können wir $\widetilde{\mathrm{Eis}}(\Delta\omega\otimes\psi_f)$ berechnen?

Wir gehen so vor, daß wir sie auf einem geeigneten modularen Symbol auswerten (siehe [Ha-M], Chap VI, 6.2.) Mit $\langle,\rangle$ bezeichnen wir die übliche unter SL_2 invariante Paarung auf $\mathcal{M}^\vee\times\mathcal{M}$, die durch

$$\langle\binom{n}{\mu}X^\mu Y^{n-\mu},X^{n-\lambda}Y^\lambda\rangle=\delta_{\mu,\lambda}$$

gegeben wird. Ich mache darauf aufmerksam, daß nach Tensorierung mit $\mathbb{Q}$ diese Paarung sogar GL_2-invariant wird, wenn ich in der zweiten Variablen die Operation von GL_2 auf dem Modul $\mathcal{M}[0]_{\mathbb{Q}}$ wähle.

Ich erinnere an die Berechnung der Homologie durch Kettenkomplexe, wie sie in [Ha-M] Kap. E.1 genauer erläutert wird. Dazu bildet man zunächst die Tensorprodukte

$$C_\bullet(\bar{H}) \otimes \mathcal{M}, C_\bullet(\bar{H}, \partial\bar{H}) \otimes \mathcal{M},$$

wobei der linke Faktor jeweils der gewöhnliche singuläre Kettenkomplex ist. Auf diesen Tensorprodukten operiert dann $\Gamma_1(p_0)$, wenn wir zu den Koinvarianten übergehen, dann erhalten wir die Komplexe

$$C_\bullet(\Gamma_1(p_0)\backslash\bar{H}, \underset{\sim}{\mathcal{M}}) = (C_\bullet(\bar{H}) \otimes \mathcal{M})_{\Gamma_1(p_0)}$$

und

$$C_\bullet(\Gamma_1(p_0)\backslash\bar{H}, \partial(\Gamma_1(p_0)\backslash\bar{H}), \underset{\sim}{\mathcal{M}}) = (C_\bullet(\bar{H}, \partial(\bar{H})) \otimes \mathcal{M})_{\Gamma_1(p_0)},$$

die uns die Homologie und die relative Homologie modulo Rand von $\Gamma_1(p_0)$ mit Koeffizienten in $\mathcal{M}$ ausrechnen. Diese Homologie sind dann in Dualität zu den entsprechenden Homologiegruppen.

Mit $\partial_0(\Gamma_1(p_0)\backslash\bar{H})$, bezeichnen wir den über Σ_0 liegenden Teil der Borel-Serre-Kompaktifizierung. Dann ist klar, daß die Homologiegruppen, die zu $H^1_B(X_1(p_0), \mathcal{M}^\#)$ in Dualität stehen, gerade durch den Kettenkomplex

$$C_\bullet(\Gamma_1(p_0)\backslash\bar{H}, \partial_0(\Gamma_1(p_0)\backslash\bar{H}), \underset{\sim}{\mathcal{M}})$$

gegeben sind.

Wir müssen also die obige Klasse auf relativen Zykeln (genauer auf erzeugenden Elementen) in

$$C_1(\Gamma_1(p_0)\backslash\bar{H}, \partial_0(\Gamma_1(p_0)\backslash\bar{H}), \underset{\sim}{\mathcal{M}}_n)$$

auswerten.

Für einen Zykel

$$c \in Z_1(\Gamma_1(p_0)\backslash\bar{H}, \partial_0(\Gamma_1(p_0)\backslash\bar{H}), \underset{\sim}{\mathcal{M}}_n)$$

ist diese Auswertung durch das Integral

$$\int_c \mathrm{Eis}(\Delta\omega \otimes \psi_f) - d\Phi$$

gegeben. Aber wegen der Wahl von Φ ist

$$\int_c d\Phi = 0$$

daher konvergiert das Integral

$$\int_c \mathrm{Eis}(\Delta\omega \otimes \psi_f)$$

und gibt den gesuchten Wert von $\widetilde{\mathrm{Eis}}(\Delta\omega \otimes \psi_f)$ auf c.

Wir betrachten die exakte Sequenz

$$H_1(\Gamma_1(p_0)\backslash\bar{H}, \underset{\sim}{\mathcal{M}}_n) \longrightarrow H_1(\Gamma_1(p_0)\backslash\bar{H}, \partial_0(\Gamma_1(p_0)\backslash\bar{H}), \underset{\sim}{\mathcal{M}}_n)$$

$$\longrightarrow H_0(\partial_0(\Gamma_1(p_0)\backslash\bar{H}), \underset{\sim}{\mathcal{M}}_n)$$

und das modulare Symbol $[\infty, 0] \otimes X^n$ (im Sinne von [Ha-M], Chap IV). Es ist einfach das Bild der 1-Kette von 0 nach ∞ multipliziert mit X^n in dem Raum der Koinvarianten. Der Rand dieses modularen Symbols ist (Siehe 4.1.2.)

$$\{0\}_\infty \otimes X^n - \{\infty\}_0 \otimes X^n.$$

Im Gegensatz zu der Situation in [Ha-M], Chap. IV haben wir das Element w nicht in der Gruppe $\Gamma_1(p_0)$. Die Stabilisatoren der Punkte $\{0\}_\infty \in H_{\infty,\infty}$ und $\{\infty\}_0 \in H_{0,\infty}$ (siehe 4.1.2.) sind die beiden parabolischen Untergruppen

$$\Gamma_\infty = \left\{ \begin{pmatrix} 1 & m \\ 0 & 1 \end{pmatrix} | m \in \mathbb{Z} \right\}$$

$$\Gamma_0 = \left\{ \begin{pmatrix} 1 & p_0 m \\ 0 & 1 \end{pmatrix} | m \in \mathbb{Z} \right\}$$

Falls $n > 0$ können wir $\{0\}_\infty \otimes X^n$ als Rand eines 1-Zykels in $C_1(\Gamma_\infty\backslash H_{\infty,\infty}, \underset{\sim}{\mathcal{M}}_n)$ schreiben, d. h.

$$\{\infty\}_\infty \otimes X^n = \partial \mathcal{Z}_n^\infty$$

(siehe [Ha-M],Chap. IV). (Auf den Fall $n = 0$ komme ich noch in 4.3.4 zurück.) Daher ist

$$\mathcal{Z}_n = [\infty, 0] \otimes X^n - \mathcal{Z}_n^\infty \in Z_1(\Gamma_1(p_0)\backslash\bar{H}, \partial_0(\Gamma_1(p_0)\backslash\bar{H}), \underset{\sim}{\mathcal{M}}_n).$$

Es ist klar, daß der Nullzykel $\{0\}_\infty \otimes X^n \in C_0(\Gamma_0\backslash\bar{H}_{0,\infty}, \underset{\sim}{\mathcal{M}}_n)$ auf die η-Komponente

$$H_0(\partial_0(\Gamma_1(p_0)\backslash\bar{H}), \underset{\sim}{\mathcal{M}}_n)[\eta]$$

projizert ein erzeugendes Element liefert, d.h. wenn wir das erzeugende Element $1_{\mathcal{O}_F(0)_{DR}} = 1_{\mathcal{O}_F(0)_B}$ darauf auswerten erhalten wir eins.

Wir müssen das Integral

$$\int_{\mathcal{Z}_n} \mathrm{Eis}(\Delta\omega \otimes \psi_f)$$

ausrechnen.

Dies Integral läßt sich nun überraschend einfach auswerten. Wir betrachten die Form

$$\Delta\omega \otimes \psi_f \in \mathrm{Hom}_{K_\infty}(\Lambda^1(\mathfrak{g}/\mathfrak{k}), I_{\varphi_\infty} \otimes \mathcal{M}_{n,\mathbb{C}} \otimes I_{\varphi_f}).$$

Nach Konstruktion ist

$$\Delta\omega = \omega_{\mathrm{hol}} - \omega_{\mathrm{top}} = \frac{1}{2}(\omega_{\mathrm{hol}} + \bar{\omega}_{\mathrm{hol}})$$

und diese Form liefert Null, wenn wir zur Kohomologie $H^1(\mathfrak{g}, K_\infty, I_{\varphi_\infty} \otimes \mathcal{M}_{n,\mathbb{C}})$ übergehen. Also können wir schreiben

$$\Delta\omega = d\alpha$$

mit $\alpha \in \mathrm{Hom}_{K_\infty}(\Lambda^0(\mathfrak{g}/\mathfrak{k}), I_{\varphi_\infty} \otimes \mathcal{M}_{n,\mathbb{C}})$. Also ist

$$\mathrm{Eis}(\alpha \otimes \psi_f) \in \mathrm{Hom}_{K_\infty}(\Lambda^0(\mathfrak{g}/\mathfrak{k}), \mathcal{A}(G(\mathbb{Q})\backslash G(\mathbb{A}) \otimes \mathcal{M}_{n,\mathbb{C}})$$

und

$$d\mathrm{Eis}(\alpha \otimes \psi_f) = \mathrm{Eis}(\Delta\omega \otimes \psi_f).$$

Der Witz ist nun, daß die $\mathcal{M}_{n,\mathbb{C}}$-wertige Form $\mathrm{Eis}(\alpha \otimes \psi_f)$ nicht nach Null geht, wenn wir uns den Spitzen Σ_0 nähern. Wir werden weiter unten sehen, daß dies an dem zweiten Term im konstanten Term der Eisensteinreihe liegt, den wir weiter oben schon genau berechnet haben.

Wir müssen uns jetzt an die Rezepte erinnern, mit deren Hilfe man die Integrale von $\mathcal{M}_{n,\mathbb{C}}$-wertigen Formen gegen $\mathcal{M}_{n,\mathbb{C}}$-wertige Zyklen berechnet. In unserem Fall ist die in ([Ha-M], E.5) mit $\tilde{\sigma}$ bezeichnete Abbildung durch

$$y \longrightarrow \begin{pmatrix} (y,1\ldots,1\ldots) & 0 \\ 0 & 1 \end{pmatrix} = \underline{y}$$

gegeben, wobei $y \in \mathbb{R}_{>0}$ und $(y,1\ldots,1\ldots) \in I_{\mathbb{Q}}$. Wie in [Ha-M] 6.2.3 modifizieren wir den Zykel $\mathcal{Z}_n$ zu einen Zykel $\mathcal{Z}[t_0]$, der nicht mehr in die Spitze Σ_∞ hineinläuft Das Integral über $\mathcal{Z}_n[t_0]$ wird dann gleich dem "Integral" über den nulldimensionalen Rand, d.h. es wird gleich dem Limes

$$\lim_{a\to 0}\langle \begin{pmatrix} y & 0 \\ 0 & 1 \end{pmatrix} \mathrm{Eis}(\alpha \otimes \psi_f)(\underline{y}), X^n\rangle = \lim_{y\to 0} y^{-n}\langle \mathrm{Eis}(\alpha \otimes \psi_f)(\underline{y}), X^n\rangle.$$

Wir bemerken zunächst, daß $\mathrm{Eis}(\alpha\otimes\psi_f)(\underline{y}) = \mathrm{Eis}(\alpha\otimes\psi_f)(w\underline{y}) = \mathrm{Eis}(\alpha\otimes\psi_f)(\underline{y}^{-1}w)$, daher wird das asymptotische Verhalten unsere Funktion für $y \to 0$ durch den konstanten Term längs der Boreluntergruppe B bestimmt, d. h. durch das Integral

$$\int_{\mathbb{Q}\backslash\mathbb{A}} \mathrm{Eis}(\alpha \otimes \psi_f)\left(\begin{pmatrix} 1 & \underline{u} \\ 0 & 1 \end{pmatrix} \begin{pmatrix} (y^{-1},1\ldots,1,\ldots) & 0 \\ 0 & 1 \end{pmatrix} w\right) d\underline{u}.$$

Wir setzen $g_\mu = (X+iY)^\mu(X-iY)^{n-\mu}$, dies ist dann eine Eigenfunktion für die Operation von

$$e(\theta) = \begin{pmatrix} \cos\theta & \sin\theta \\ -\sin\theta & \cos\theta \end{pmatrix} \in K$$

mit dem Eigenwert $e^{(2\mu-n)2i\pi\theta}$. Man kann sich nun entweder durch Nachdenken oder durch Rechnen davon überzeugen, daß man für α den Ausdruck

$$\alpha = \frac{i^{n+1}}{4(n+1)} \sum_{\mu=0}^{\mu=n} (-1)^\mu \psi_{n-2\mu} \otimes g_\mu,$$

wählen muß. Wenn wir nun die induzierte Darstellung I_{φ_∞} mit dem Eisenstein-Operator in den Raum der automorphen Formen abbilden dann haben wir für $\psi = \psi_\infty \otimes \psi_f$ die Formel

$$\mathcal{F}^{B_\infty}(\psi) = \psi + M(0) \cdot T^{\text{loc}}(\psi).$$

Nach Konstruktion verschwindet der lokale Faktor ψ_{p_0} an der Stelle w, denn die Funktion ψ_{p_0} entspricht der Funktion f_∞. Also verschwindet der erste Term. Der zweite Term ist dann

$$y^{-n} M(0) \cdot \frac{i^{n+1}}{4(n+1)} \langle \sum_{\mu=0}^{\mu=n} (-1)^\mu T_\infty^{\text{loc}}(\psi_{n-2\mu}) \left(\begin{pmatrix} y^{-1} & 0 \\ 0 & 1 \end{pmatrix} w \right) \otimes g_\mu, X^n \rangle \cdot T_f^{\text{loc}}(\psi_f)(w).$$

Wir erinnern uns an die Einbettung

$$\mathcal{M}_{n,\mathbb{C}} \longrightarrow I_{w \cdot \varphi_\infty},$$

die durch

$$P \longrightarrow \left\{ \begin{pmatrix} a & b \\ c & d \end{pmatrix} \longrightarrow P(c,d) \right\}$$

gegeben wird (siehe [Ha-M], 4.1.5.4). Dann wird $\psi_{n-2\mu} = i^{2\mu-n} g_{n-\mu}$. Wir setzen an: $T_\infty^{\text{loc}}(\psi_{n-2\mu}) = c(n,\mu) g_{n-\mu}$. Dann wird

$$T_\infty^{\text{loc}}(\psi_{n-2\mu}) \left(\begin{pmatrix} 1 & 0 \\ 0 & y \end{pmatrix} w \right) = c(n,\mu)(-1)^\mu y^n.$$

Die Potenzen von y kürzen sich heraus. Wenn wir noch berücksichtigen, daß die Beiträge der lokalen Verkettungsoperatoren an allen von p_0 verschiedenen Stellen gleich eins sind, dann erhalten wir für den Limes $y \to 0$ den Ausdruck

$$M(0) \cdot \frac{i^{1-n}}{4(n+1)} \cdot \left(\sum_{\mu=0}^{\mu=n} c(n,\mu)(-1)^\mu \otimes g_\mu, X^n \right) \cdot T_{p_0}^{\text{loc}}(\psi_{p_0})(w).$$

Nach Definition der Paarung haben wir

$$\langle g_\nu, X^n \rangle = \langle (X+iY)^\mu (X-iY)^{n-\mu}, X^n \rangle = i^{2\mu-n},$$

wir erhalten den Wert

$$M(0) \cdot \frac{i(-1)^n}{4(n+1)} (\sum_{\mu=0}^{\mu=n} c(n,\mu)) T_{p_0}^{\text{loc}}(\psi_{p_0})(w).$$

Wir bestimmen die Koeffizienten $c(n,\mu)$. Nach Konstruktion geht der Tensor

$$\sum_{\mu=0}^{\mu=n}(-1)^{\mu}\psi_{n-2\mu}\otimes g_{\mu}$$

unter der Abbildung T_{∞}^{loc} in den Tensor

$$\beta=\sum_{\mu=0}^{\mu=n}(-1)^{\mu}c(n,\mu)g_{-\mu}\otimes g_{\mu}$$

über. Nun ist der Tensor

$$\sum_{\mu=0}^{\mu=n}(-1)^{\mu}\binom{n}{\mu}g_{-\mu}\otimes g_{\mu}$$

invariant unter SL_2, weil er gerade die invariante Paarung definiert. Da er bis auf einen skalaren Faktor der einzige invariante Tensor ist, folgt, daß die $c(n,\mu)$ zu den Binomialkoeffizienten proportional sind.

Da der lokale Verkettungsoperator so normiert ist, daß

$$T_{\infty}^{\mathrm{loc}}(\psi_{\tau(\eta_\infty)})=\psi_{\tau(\eta_\infty)}.$$

ergibt sich

$$c(n,\mu)=\begin{pmatrix} & n & \\ [\frac{n}{2}] & + & \tau(\eta_\infty)\end{pmatrix}^{-1}\cdot\binom{n}{\mu}$$

und wir erhalten für den Wert des Limes

$$\frac{i(-1)^n}{4(n+1)}\begin{pmatrix} & n & \\ [\frac{n}{2}] & + & \tau(\eta_\infty)\end{pmatrix}^{-1}2^n\cdot M(0)\,T_{p_0}^{\mathrm{loc}}\,(\psi_{p_0})(w).$$

Jetzt schlägt die große Stunde der Funktionalgleichung. Man prüft leicht nach, daß sie die Form

$$L_\infty(\eta,s)L(\eta,s)=i^{\tau(\eta_\infty)}p_0^{-s}G(\zeta,\eta)L(\eta^{-1},1-s)L_\infty(\eta,1-s)$$

hat. Wir haben oben den Wert $M(0)$ als

$$\frac{1}{2}\frac{L(\eta,n+1)}{L(\eta,n+2)}\cdot\frac{L_\infty(\eta,n+1)}{L_\infty(\eta,n+2)}$$

bestimmt. Wir führen einen Parameter s ein und erhalten

$$\frac{L(\eta,n+1+s)}{L(\eta,n+2+s)}\cdot\frac{L_\infty(\eta,n+1+s)}{L_\infty(\eta,n+2+s)}\bigg|_{s=0}=p_0\frac{L(\eta^{-1},-n-s)}{L(\eta^{-1},-n-1-s)}\cdot\frac{L_\infty(\eta,-n-s)}{L_\infty(\eta,-n-1-s)}\bigg|_{s=0}.$$

Es ist

$$L_\infty(\eta,-n-s)=\pi^{\frac{n-\tau(\eta_\infty)+s}{2}}\Gamma\left(\frac{-n+\tau(\eta_\infty)}{2}-\frac{s}{2}\right)$$

und

$$L_\infty(\eta,-n-1-s)=\pi^{\frac{n+1-\tau(\eta_\infty)+s}{2}}\Gamma\left(\frac{-n-1+\tau(\eta_\infty)}{2}-\frac{s}{2}\right).$$

Da die Parität von n gleich der Parität von η_∞ ist, ist $n + \tau(\eta_\infty)$ gerade und die Funktionalgleichung der Γ-Funktion liefert

$$\Gamma\left(\frac{-n+\tau(\eta_\infty)}{2} - \frac{s}{2}\right) = \frac{\Gamma(1-\frac{s}{2})}{\left(-\frac{n-\tau(\eta_\infty)}{2} - \frac{s}{2}\right)\left(-\frac{n-\tau(\eta_\infty)}{2} + 1 - \frac{s}{2}\right)\dots\left(-\frac{s}{2}\right)}.$$

Entsprechend gilt

$$\Gamma\left(-\frac{n+1-\tau(\eta_\infty)}{2} - \frac{s}{2}\right) = \frac{\Gamma\left(\frac{1}{2}+\frac{s}{2}\right)}{\left(-\frac{n-\tau(\eta_\infty)+1}{2} - \frac{s}{2}\right)\left(-\frac{n-\tau(\eta_\infty)+1}{2} + 1 - \frac{s}{2}\right)\dots\left(-\frac{1}{2} - \frac{s}{2}\right)}.$$

Wir erhalten

$$M(0) = \frac{p_0}{2}\frac{L(\eta^{-1}, -n-s)}{L(\eta^{-1}, -n-1-s)} \cdot \frac{L_\infty(\eta, -n-s)}{L_\infty(\eta, -n-1-s)}\Bigg|_{s=0}$$

$$= \frac{p_0}{\pi}\frac{L'(\eta^{-1}, -n)}{L(\eta^{-1}, -n-1)} \cdot \frac{(n-\tau(\eta_\infty)+1)(n-\tau(\eta_\infty)-1)\dots\cdot 1}{2^{\frac{n-\tau(\eta_\infty)}{2}+1}\cdot\left(\frac{n-\tau(\eta_\infty)}{2}\right)!}.$$

Wir setzen dies in die obige Formel ein, eine elementare Rechnung liefert uns als Wert für den Limes

$$(-1)^n i\frac{p_0}{8\pi}\frac{L'(\eta^{-1}, -n)}{L(\eta^{-1}, -n-1)}T^{loc}_{p_0}(\psi_{p_0})(w).$$

Den Wert des Regulators $R(H^1(\mathcal{M}^\#)[\eta])$ erhalten wir, wenn wir den oben errechneten Ausdruck mit $B(\eta, n)\cdot G(\zeta, \eta)\cdot(2\pi i)^{n+1}$ multiplizieren. Wir sind an Werten der L-Funktion links von der kritischen Geraden interessiert. Ich erinnere an die Rechnungen am Ende des ersten Kapitels. Der Regulator ist invariant gegenüber Twisten mit $\mathcal{O}_F(0)\otimes\eta^{-1}$. Wenn wir $H^1(\mathcal{M}^\#)[\eta])$ damit twisten, dann erhalten wir die Sequenz

$$0 \to \mathcal{O}_F(0)\otimes\eta^{-1} \to H^1(\mathcal{M}^\#)[\eta])\otimes\eta^{-1} \to \mathcal{O}_F(-n-1) \to 0.$$

Damit sind wir genau in den Notationen des ersten Kapitels, das Motiv M von dort ist $\mathcal{O}_F(0)\otimes\eta^{-1}$ also ist

$$R^\vee(H^1(\mathcal{M}^\#)[\eta]) = \Delta(\mathcal{O}_F(0)\otimes\eta^{-1}, n+1)R(H^1(\mathcal{M}^\#)[\eta]).$$

wobei

$$\Delta(\mathcal{O}_F(0)\otimes\eta^{-1}, n+1) = \frac{i^{\tau(\eta_\infty)}p_0^{n+1}}{G(\zeta,\eta)}\frac{L_\infty(\eta, n+1+s)}{L_\infty(\eta, -n-s)}s\Bigg|_{s=0} = \frac{i^{\tau(\eta_\infty)}p_0^{n+1}}{G(\zeta,\eta)\cdot\pi^n\cdot 2^{n-1}}$$

malnehmen. Wenn ich das nun alles richtig gerechnet habe, dann ergibt dies

$$R^\vee(H^1(\mathcal{M}^\#)[\eta]) = -\frac{B(\eta, n)}{2L(\eta^{-1}, -n-1)}\cdot n!\cdot L'(\eta^{-1}, -n)T^{loc}_{p_0}(\psi_{p_0})(w).$$

Diese Formel müssen wir jetzt nur noch richtig interpretieren. Wir wollen den Regulator $R^\vee(H^1(\mathcal{M}^\#)[\eta])$ ausrechnen. Wir erinnern uns daran, daß dies ein Vektor mit komplexen Komponenten ist, der mit den Einbettungen $\sigma : F \to \mathbb{C}$ indiziert ist. Wir haben seine Komponente für $\sigma = Id$ ausgerechnet, die Berechnung der anderen Komponenten geht genauso. Aber das Resultat ist nur modulo $\mathcal{O}_F^*$ wohlbestimmt, wobei wir noch bedenken, daß wir bei p lokalisiert haben. Wir können also alle Faktoren, die in $\mathcal{O}_F^*$ liegen rauswerfen, das gilt insbesondere für die Potenzen von p_0. Wir hatten außerdem die Faktoren $B(\eta, n)$ als die Zähler von $L(\eta^{-1}, -n-1)$ definiert. Also ist der erste Quotient in unserem obigen Ausdruck gerade der Nenner von $L(\eta^{-1}, -n-1)$. Dieser Nenner ist trivial, wenn $\eta \neq 1$ und für $\eta = 1$ wird er nach dem Satz von von Staudt-Clausen bestimmt, wir nennen ihn N_{n+2}. Das liefert die Formel

$$R^\vee(H^1(\mathcal{M}^\#)[\eta]) = N_{n+2} \cdot n! \cdot T_{p_0}^{loc} \cdot (\psi_{p_0})(w) \cdot (\ldots, L'(\sigma \circ \eta^{-1}, -n), \ldots)_{\sigma : F \to \mathbb{C}} \bmod \mathcal{O}_F^*$$

4.3.4. *Die Interpretation der Formel für den Regulator.* Diese Formel bestätigt, daß $H^1(\mathcal{M}^\#)[\eta]$ ein kritisches Motiv im Sinne von Scholl ist.

Man muß natürlich noch ein wenig darüber nachdenken, inwiefern der Regulator wirklich $\bmod \mathcal{O}_F^*$ definiert ist. Das hängt davon ab, ob die etwas spekulativen Betrachtungen in 4.2.4, die die ganzzahlige Struktur der de Rham Kohomologie betreffen, wirklich korrekt sind.

Wenn wir das annehmen, dann müssen wir noch bedenken, daß wir an allen Primzahlen p, die kein Teiler von $p_0(p_0 - 1)$ sind, lokalisiert haben. Das heißt, wenn wir uns daran erinnern, daß $F = \mathbb{Q}(\zeta_{p_0-1})$, dann sehen wir, daß wir eine Formel für $L'(\eta^{-1}, -n)$ gefunden haben, die sogar modulo $\mathbb{Z}[\zeta_{p_0-1}][\frac{1}{p_0(p_0-1)}]^*$ gilt.

Falls $\eta \neq 1$, dann ist p_0 bestimmt und die Formel wird sehr befriedigend und einfach. Der Faktor außerhalb des Vektors der L-Werte ist $n!$.

Falls $\eta = 1$, dann spielt p_0 die Rolle einer Hilfsprimzahl. Sie dient im wesentlichen dazu, uns eine Kurve mit mehreren Spitzen zu verschaffen. Wir können also im Prinzip p_0 variieren. Dann müßte man natürlich noch überlegen, ob die erhaltenen Motive alle gleich sind, oder in welchem Sinne sie gleich sind. Das kann man sicher diskutieren, wenn man sich von der Einschränkung löst, daß der Führer eine Primzahl ist. Wenn man zwei Primzahlen p_0, p_1 vorgibt, müßte man die Konstruktionen für p_0 und p_1 mit der Konstruktion für $p_0 p_1$ vergleichen.

Interessant ist zweifellos die Feststellung, daß der Term

$$T_{p_0}^{\mathrm{loc}}(\psi_{p_0})(w) = \frac{p_0^{n+1} - 1}{p_0^{n+2} - 1}$$

Nenner an der Stelle p einführen kann. Dabei ist zu bemerken, daß es nach Wahl von p offensichtlich besonders gute Wahlen von p_0 gibt, nämlich dann, wenn die p-Potenz in $p_0^{n+2} - 1$ gerade gleich der Potenz von p im Nenner N_{n+2} der Bernoulli-Zahl ist. Wenn man diese Wahl von p_0 trifft, ist dann das Motiv an der Stelle p am wenigsten verzweigt? Ich frage mich auch, ob die Potenz von p in $\frac{N_{n+2}}{p_0^{n+2}-1}$ etwas damit zu tun hat, daß sich die ganzzahligen Galoismoduln $H^1_{\text{ét}}(\mathcal{M}^\#)[\eta]$ (hier ist $\eta = 1$) unter der Operation der Trägheitsgruppe an der Stelle p_0 nicht spalten lassen.

Schließlich möchte ich noch kurz auf den speziellen Fall $n = 0$ eingehen, den wir bei der Berechnung des Regulators ausgelassen hatten.

Dann ist das Koeffizientensystem trivial, und wir haben es mit einer Kurve $X_1(p_0)$ zu tun, auf der wir zwei Teilmengen von Punkten Σ_0, Σ_∞ haben. Wir erhalten dann die gleiche Formel für den Regulator, wenn wir in der Rechnung aus dem vorangehenden Abschnitt das modulare Symbol durch eine Kombination von modularen Symbolen ersetzen, wobei diese Symbole von verschiedenen Spitzen in Σ_0 in eine Spitze in Σ_∞ laufen. Dann können wir bei geeigneter Wahl der Kombination den Rand des Symbols in $\partial_\infty(\Gamma_1(p_0)\backslash\overline{H})$ wieder beranden und die Rechnung geht dann im wesentlichen genauso wie im vorangehenden Abschnitt.

4.3.5. *Die p-adische Erweiterungsklasse.* Die gemischten Motive liefern uns auch exakte Sequenzen von Galoismoduln

$$0 \to \mathcal{O}_\mathfrak{p}(0)_\eta \to H^1(X_1(p_0), \mathcal{M}^\#) \otimes \mathcal{O}_\mathfrak{p}[\eta] \to \mathcal{O}_\mathfrak{p}(-n-1) \otimes \eta \to 0,$$

und es ist natürlich ein interessantes Problem, diese Klasse zu berechnen. Für $n = 0$ wird dies Problem in der Dissertation von Ch. Brinkmann [Br] gelöst. Ich will kurz darauf eingehen.

Ein Element in $H^1(\partial_\infty(\Gamma_1(p_0)\backslash\overline{H}), \mathbb{Z})$ kann als Divisor D, der von Σ_∞ getragen wird, interpretiert werden. Sei nun $\operatorname{div}^0(\Sigma_\infty)$ die Untergruppe der Divisoren vom Grad 0 und es sei $D \in \operatorname{div}^0(\Sigma_\infty)$. Das Manin-Drinfeld Prinzip sagt in diesem Fall, daß dieser Divisor D nach Multiplikation mit einer Zahl $N > 0$ ein Hauptdivisor ist. Wir schreiben also ND als Divisor einer Funktion f_D. Sie ist nur bis auf einen skalaren Faktor bestimmt. Weil der Divisor über $K = \mathbb{Q}(\zeta_{p_0})^+$ definiert ist, ist es auch die Funktion f_D, dann ist auch der unbestimmte Faktor in K^*.

Diese Funktion kann dann an den Punkten in Σ_0 ausgewertet werden. Wir erhalten einen Vektor

$$(\ldots, f_D(P), \ldots)_{P \in \Sigma_0} \in (K^*)^{\frac{p_0-1}{2}},$$

der bis auf ein Element aus K^*, das diagonal operiert, eindeutig bestimmt ist. Wir bekommen also einen Homomorphismus

$$\Phi : \operatorname{div}^0(\Sigma_\infty) \otimes \mathbb{Q} \longrightarrow \left((K^*)^{\frac{p_0-1}{2}} / \Delta(K^*)\right) \otimes \mathbb{Q}.$$

Dieser Homomorphismus enthält alle Informationen über die Erweiterungsklassen: Er bestimmt sie, das wird die folgende Betrachtung zeigen.

Ich erinnere an die Situation in 4.3.1.. Dort hatten wir das Motiv $H^1(X_1(p_0), \tilde{\mathcal{M}}^\#)$ mit Hilfe des Manin-Drinfeld Argumentes zerlegt. Ich bezeichne mit

$$H^1_{\mathrm{Eis}}(X_1(p_0), \tilde{\mathcal{M}}^\#)$$

den Eisensteinanteil; es ist also

$$H^1_{\mathrm{Eis}}(X_1(p_0), \tilde{\mathcal{M}}^\#) \otimes F = \bigoplus_{\eta : \mathrm{Par}\,(\eta) = n} H^1(\mathcal{M}^\#)[\eta].$$

In unserem Fall bekommen wir dann

$$0 \to \mathbb{Q}(0) \to \bigoplus_{p \in \Sigma_0} \mathbb{Q}(0) \to H^1_{\mathrm{Eis}}(X_1(p_0), \mathbb{Q}^\#) \to R_{K/\mathbb{Q}}(\mathbb{Q}(-1)) \to \mathbb{Q}(-1) \to 0.$$

(Ich will jetzt Ganzzahligkeitsbetrachtungen nicht mehr durchführen.) Jetzt rechnen wir über K. Dann liefert uns jede Linearform

$$\lambda : \bigoplus_{P\in\Sigma_\infty} \mathbb{Q}(0)/\mathbb{Q}(0) \longrightarrow \mathbb{Q}(0)$$

$$\lambda : (\dots x_P \dots)_{P\in\Sigma_\infty} \longmapsto \Sigma n_P x_P$$

(es ist $\Sigma n_P = 0$) und jedes Element

$$\begin{array}{lcccl} \mu & : & \mathbb{Q}(-1) & \to & \ker\left(R_{K/\mathbb{Q}}(\mathbb{Q}(-1)) \times_{\mathbb{Q}} K \to \mathbb{Q}(-1)\right) \\ \mu & : & y & \to & (\dots m_Q y \dots)_{Q\in\Sigma_\infty(\mathbb{C})} \end{array}$$

(Es gilt auch hier $\Sigma m_Q = 0$) ein gemischtes Motiv über K

$$0 \to \mathbb{Q}(0) \to H^1_{\mathrm{Eis}}(X_1(p_0), \mathbb{Q}^\#)_{\lambda,\mu} \to \mathbb{Q}(-1) \to 0.$$

Ein solches Motiv ist ein Kummer-Motiv oder besser ein Kummer-1-Motiv (siehe [Br]) und als solches ist es durch eine Zahl

$$a_{\lambda,\mu} \in K^*$$

bestimmt, die noch eine Einheit sein muß (wegen der in 1.2.10.(4) formulierten Forderung).

Wenn wir diese Zahl $a_{\lambda,\mu}$ kennen, dann kennen wir die Erweiterungsklasse von $H^1_{\mathrm{Eis}}(X_1(p_0), \mathbb{Q}^\#)$ und insbesondere kann man dann für jedes ℓ die Erweiterungsklasse des Galoismodules

$$0 \to \mathbb{Q}_\ell(0) \to H^1_{\mathrm{Eis}}(X_1(p_0), \mathbb{Q}^\#)_{\lambda,\mu,\ell} \to \mathbb{Q}_\ell(-1) \to 0$$

berechnen. Es ist der Kummermodul

$$\varprojlim_m \{\xi \mid \xi^{\ell^m} = a_{\lambda,\mu}, \xi \in \overline{\mathbb{Q}}^\times\}.$$

Es kommt also darauf an, die Zahlen $a_{\lambda,\mu}$ zu bestimmen. Sie berechnen sich aus Φ wie folgt: Das Element μ definiert den Divisor $D_\mu = \Sigma m_Q Q \in \mathrm{div}^0(\Sigma_\infty)$, der definiert den Vektor

$$\left(\dots f_{D_\mu}(P) \dots\right)_{P\in\Sigma_\infty}.$$

Es folgt leicht

$$a_{\lambda,\mu} = \prod_P f_{D_\mu}(P)^{n_P}.$$

Die Unbestimmtheit von f_{D_μ} fällt heraus.

Es kommt also darauf an, die lineare Abbildung Φ zu bestimmen. Das Hauptresultat von Brinkmann formuliert sich nun am elegantesten, wenn man mit F tensoriert. Dann kann man wieder nach Eigenräumen unter der Hecke-Algebra zerlegen. Man bekommt für jedes η einen Homomorphismus

$$\Phi_\eta : \mathrm{div}^0(\Sigma_\infty) \otimes F[\eta] \to (K^*)^{\frac{p_0-1}{2}} / \Delta(K^*) \otimes F.$$

Erinnern wir uns an die Beschreibung von Σ_∞ im 4.1.1, so findet man, daß

$$\sum_{P\in(\mathbb{Z}/p_0\mathbb{Z})^*/\{\pm 1\}} P\otimes\eta(P)$$

ein erzeugendes Element von $\operatorname{div}^0(\Sigma_\infty)\otimes F[\eta]$ ist.

Man muß sein Bild unter Φ bestimmen. Der Satz von Brinkmann liefert

$$\Phi(\Sigma P\otimes\eta(P)) = \sum_a (1-\zeta_{p_0}^a)\otimes\eta(a).$$

Im Hinblick auf die Formeln für die Werte von $L(1,\eta)$ für gerades η kann man dies sehr suggestiv als

$$\Phi(\Sigma P\otimes\eta(P)) = e^{L(\eta,1)}$$

schreiben.

Ch. Brinkmann beweist diese Formel unter Benutzung der Theorie der Siegelschen Einheiten.

Es ist auch möglich, sie mit dem Ansatz aus 4.3.3. zu beweisen, indem man sich an den klassischen Beweis von Abels Theorem erinnert.

Wenn der Divisor $D\in\operatorname{div}^0(\Sigma_\infty)$ vorgegeben ist, dann gibt es eine ganzzahlige Eisensteinklasse, deren Restriktion auf Σ_∞ ein Vielfaches dieses Divisors ergibt.

Nach Abel bekommt man eine Funktion mit dem vorgegebenen Divisor indem man das Integral

$$e^{2\pi i\int_{z_0}^{z}\operatorname{Eis}(\omega_{\mathrm{hol}}\otimes\psi_f)} = f_D(z)$$

bildet. (Der Divisor ist in ψ_{p_0} verschlüsselt.) Legt man dann z_0 in eine der Spitzen P_0 in Σ_0 und integriert man über einen Weg zu einer anderen Spitze P_1 von Σ_∞, dann erhält man den Wert in dieser anderen Spitze. Das kann man dann so machen, daß man mit einem modularen Symbol von P_0 nach Σ_∞ geht und dann von dort mit einem modularen Symbol nach P_1.

Also bekommt man

$$f_D(P_1) = e^{2\pi i\left(\int_{P_0}^{Q}\operatorname{Eis}(\omega_{\mathrm{hol}},\psi_f)+\int_{Q}^{P_1}\operatorname{Eis}(\omega_{\mathrm{hol}},\psi_f)\right)}.$$

Nun ist aber leicht zu sehen, daß

$$\int_{P_0}^{Q}\operatorname{Eis}(\omega_{\mathrm{top}},\psi_f)+\int_{Q}^{P_1}\operatorname{Eis}(\omega_{\mathrm{top}},\psi_f)\in\mathbb{Z}$$

(mit den Methoden aus [Ha-M], Chap. VI und C. Kaiser). Wir können das also oben im Integranden abziehen und bekommen

$$f_D(P_1) = e^{2\pi i(\int_{P_0}^{Q}\operatorname{Eis}(\Delta\omega,\psi_f)+\int_{Q}^{P_1}\operatorname{Eis}(\Delta\omega,\psi_f))},$$

und dann bekommen wir den Wert genauso wie in 4.3.3.

Anhang

Letter to Goresky and MacPherson on the topological trace formula

Dear Bob, dear Mark

I want to make a suggestion concerning the way of writing the contribution of the fixed points at infinity in your topological trace formula. In this form it seems to be well suited to make the comparison with characteristic $p > 0$. By this I mean the comparison between the topological trace formula on one side and the arithmetic trace formula for a product of a Hecke operator and a high power of the Frobenius acting on the reduction mod p of a Shimura variety on the other side

This is now a revised and extended version of the letter I wrote one year ago. I am sorry for the many misprints and errors in the old letter, it was not pleasant to find so many of them. One reason for writing this letter again is that I want to force myself to get an as clear as possible picture of the whole situation. I discussed the formula at a meeting in Oberwolfach very briefly with J. Rohlfs, B. Speh and J. Franke. After these discussions I meditated again. I am now convinced that the assertion stated below follows from your formula.

My main concern is that am still trying to clarify the ideas which I explained in the second half of my lecture at MIT in fall 1989. I really think that they are important, they may be summarized by saying that the

non matching of the terms at infinity for the topological trace formula and the arithmetic trace formula is the source for the occurrence of mixed motives in the cohomology of Shimura varieties.

I start from a reductive group $G/\mathbb{Q}$. We will denote by $G^{(1)}$ its derived group, let $Z/\mathbb{Q}$ be the maximal split torus in the centre of G. For a group $H/\mathbb{Q}$ let H_∞ be the group of its real points, i.e. $H(\mathbb{R})$, let $H(\mathbb{A})$ be the group with values in the adeles, we decompose it into its finite and its infinite part: $H(\mathbb{A}) = H_\infty \times H(\mathbb{A}_f)$ I choose a suitable group $K_\infty \subset G_\infty = G(\mathbb{R})$. It should be of the form $Z^0_\infty \cdot K^{(1)}_\infty$ where $K^{(1)}_\infty$ is the connected component of a maximal compact subgroup in $G^{(1)}_\infty$. Let K_f be a variable open compact subgroup in $G(\mathbb{A}_f)$. I define

$$S^G_K = G(\mathbb{Q})\backslash G(\mathbb{A})/K_\infty \times K_f.$$

Let $\mathcal{M}$ be a rational representation of $G/\mathbb{Q}$, I denote the corresponding coefficient system by the same letter. (It is a system of rational vector spaces). Let $i : S^G_K \to S^{G,\wedge\wedge}_K$ be the reductive Borel-Serre compactification. To any ($\mathbb{Q}$ -valued) function f on $G(\mathbb{A}_f)$ which is biinvariant under K_f and which has compact support we attach a Hecke operator $\mathbf{T}_f$. This operator acts by convolution on the cohomology. We want an expression for its trace on

$$H^\bullet(S^{G,\wedge\wedge}_K, i_*\mathcal{M}) = H^\bullet(S^G_K, \mathcal{M}).$$

Here I adopt your notation that $i_*(\mathcal{M})$ is already the derived sheaf.

Let me introduce some notations: Let $\mathcal{P}$ be the set of $G(\mathbb{Q})$ conjugacy classes of parabolic subgroups. May be it is reasonable at this point to choose a minimal parabolic subgroup $P_0/\mathbb{Q}$ and to represent each class in $\mathcal{P}$ by the parabolic subgroup which contains P_0. Let $S/\mathbb{Q}$ be a maximal split torus in P_0, let $\Delta \subset X(S)$ be the set of roots. Let $\pi \subset \Delta$ be the set of simple positive roots with respect to P_0. Let Ω be the set of dominant fundamental weights in $X(S) \otimes \mathbb{Q}$. The parabolic subgroups P containing P_0 correspond to the subsets $\Omega_P \subset \Omega$: for a given Ω_P the corresponding parabolic subgroup P is the largest parabolic subgroup for which all $\omega \in \Omega_P$ extend to characters on $\omega : P \to G_m$. Let $d(P)$ be the corank of P, this is the cardinality of Ω_P.

Let M be the reductive quotient of P, the set π_M of positive simple roots belonging to M is the set

$$\pi_M = \{\alpha \in \pi | < \alpha, \omega >= 0 \text{ for all } \omega \in \Omega_P.$$

We express the simple roots $\alpha \in \pi \setminus \pi_M$ in the form

$$\alpha = \sum_{\omega \in \Omega_P} n_{\alpha,\omega}\omega + \sum_{\beta \in \pi_M} m_{\alpha,\beta}\beta$$

and put

$$\alpha_P = \sum_{\omega \in \Omega_P} n_{\alpha,\omega}\omega,$$

and Δ_P will be the set of the α_P with $\alpha \in \pi \setminus \pi_M$.

After these notations I explain the trace formula, it should have the following form: For each $P \in \mathcal{P}$ let $M = M_P$ be its reductive Levi quotient. We define K_∞^M(resp. K_f^M) to be the image of $P(\mathbb{R}) \cap K_\infty$ (resp $P(\mathbb{A}_f) \cap K_f$) under the projection map to M. To any Hecke operator $\mathbf{T}_f$ and any parabolic subgroup $P \supset P_0$ I will construct a Hecke operator

$$\mathbf{T}_f^{M,\mathrm{trunc}}$$

on the reductive group M, this construction will be explained later. To our Levi quotients M we can attach the spaces $S_{K^M}^{M,\wedge\wedge}$ as above and the Lie algebra cohomology $H^\bullet(\mathfrak{u}_P, \mathcal{M})$ provides us coefficient systems on these spaces.

Then the formula should be

$$tr(\mathbf{T}_f)|H^\bullet(S_K^{G,\wedge\wedge}, i_*\mathcal{M}) = \textit{elliptic terms} + \sum_{P \in \mathcal{P}} (-1)^{d(P)+1} tr(\mathbf{T}_f^{M,\mathrm{trunc}})|H^\bullet(S_{K^M}^M, H^\bullet(\mathfrak{u}_P, \mathcal{M})).$$

The *elliptic terms* are given as a sum over $G(\mathbb{Q})$-conjugacy classes of elements $\gamma \in G(\mathbb{Q})$ which are elliptic modulo the centre (i.e. their component in $G^{(1)}(\mathbb{R})$ lies in a maximal compact subgroup). Each such conjugacy class contributes by a term which is a product of an Euler characteristic $E(\gamma)$ attached to the locally symmetric space that belongs to the centralizer Z_γ times the trace $tr(\gamma|\mathcal{M})$ times an orbital integral

$$\int_{Z_\gamma(\mathbb{A}_f)\backslash G(\mathbb{A}_f)} f(x_f^{-1}\gamma x_f)dx_f$$

which "counts the fixed points for which γ is responsible". The Euler characteristic can be computed as a product $e(\gamma)\tau(Z_\gamma)$ where the second factor is a Tamagawa number and the first factor $e(\gamma)$ is a rational number which is a sign times a ratio of orders of Weyl groups.. It can be interpreted as the ratio of the Tamagawa measure and the

Gauss-Bonnet measure at infinity. Hence the final contribution of such an elliptic term is

$$e(\gamma)\tau(Z_\gamma)tr(\gamma|\mathcal{M})\int_{Z_\gamma(\mathbb{A}_f)\backslash G(\mathbb{A}_f)} f(x_f^{-1}\gamma x_f)dx_f.$$

(Some tedious questions of normalization of measures have to be observed.)

Following the conventions I will call the left hand side of the trace formula the χ-expression for the trace, it can be written as a sum of traces on irreducible pieces. The elliptic term on the left hand side is an $\mathcal{O}$-expression since we are summing orbital integrals. The second term on the right hand side is again a χ expression.

The formula can be written in a different form. With respect to the formula above we define $tr(\mathbf{T}_f)_{\text{ell}}$ to be the *elliptic terms* in the formula for the trace. Then the above formula is equivalent to

$$tr(\mathbf{T}_f)|H^\bullet(\mathcal{S}_K^{G,\wedge\wedge},i_*\mathcal{M}) = tr(\mathbf{T}_f)_{\text{ell}}H^\bullet(\mathcal{S}_K^{G,\wedge\wedge},i_*\mathcal{M})+ \sum_{P\in\mathcal{P}} tr(\mathbf{T}_f^{M,\text{trunc}})_{\text{ell}}|H^\bullet(\mathcal{S}_{K^M}^{M,\wedge\wedge},H^\bullet(\mathfrak{u}_P,\mathcal{M})).$$

Now all of the right hand side is a $\mathcal{O}$-expression.

Now I tell you how $\mathbf{T}_f^{M,\text{trunc}}$ is defined. This was not clear to me when we discussed the subject in Princeton and in Boston. I want to concentrate on the case of an unramified Hecke operator. This means that the function f defining the Hecke operator is of the form

$$f = \Pi f_p$$

where the local components f_p satisfy certain conditions. Before stating these conditions I should choose an integral structure $\mathcal{G}/\mathbb{Z}$ for my group $G/\mathbb{Q}$. Then for almost all p this has good reduction, i.e it is a smooth reductive group scheme over $\mathbb{Z}_{(p)}$, the local ring at p. We also choose our subgroup K_f so that it is the product of subgroups $K_p \subset G(\mathbb{Q}_p)$ and $K_p = \mathcal{G}(\mathbb{Z}_p)$ for almost all p. My conditions are

(1) f_p = *characteristic function of* K_p for almost all p and especially at those places where G does not have good reduction.

(2) At the finite set Σ of places where f_p is not of this form I want

$$f_p = char(K_p t_p K_p)$$

where $K_p = \mathcal{G}(\mathbb{Z}_p)$ and $t_p \in G(\mathbb{Q}_p)$.

I recall the theory of the unramified Hecke algebra. I discuss the local situation at a prime $p \in \Sigma$. We required that our integral structure has good reduction at $p \in \Sigma$ and this has strong consequences. It implies that $G \times \mathbb{Q}_p$ is quasisplit, moreover we can find a Borel subgroup $B_p/\mathbb{Q}_p \subset P_0 \times \mathbb{Q}_p$. This Borel subgroup contains a torus $T_p/\mathbb{Q}_p$ which splits over an unramified extension of $\mathbb{Q}_p$ and for which we have $K_p \cap T_p(\mathbb{Q}_p)$ is maximal compact in $T_p(\mathbb{Q}_p)$, i.e. it is the group of units. We call this subgroup $T_p(\mathbb{Z}_p)$ we could also get it from an integral structure. It is well known that any double coset $K_p t_p K_p$ has a representative in $T_p(\mathbb{Q}_p)/T_p(\mathbb{Z}_p)$. Let $Y(T_p) =$ Hom$(G_m, T_p \times \bar{\mathbb{Q}}_p)$ is the module of cocharacters. There is a finite normal extension $E_p/\mathbf{Q}_p$ that splits the torus, let Γ_p be its Galois group. Then the map $\mu \to \mu(p)$ provides an isomorphism

$$Y(T_p)^{\Gamma_p} \xrightarrow{\sim} T_p(\mathbf{Q}_p)/T_p(\mathbf{Z}_p).$$

Every cocharacter $\mu \in Y(T_p)^{\Gamma_p}$ defines a double coset $K_p\mu(p)K_p$ and all double cosets are of this form. Let $\mathbf{T}_\mu$ be the corresponding Hecke operator. Now we look at the module of quasicharacters

$$\mathrm{Hom}(T_p(\mathbf{Q}_p)/T_p(\mathbf{Z}_p), \mathbf{C}^*) = \Lambda(T_p).$$

This module contains a special element δ_G, which is the half sum of positive roots. For each $\lambda \in \Lambda(T_p)$ we define the standard spherical function

$$\phi_\lambda(g) = \phi_\lambda(bk) = \lambda(b) = b^\lambda.$$

It is invariant under K_p on the right. This spherical function is an eigenvalue for $\mathbf{T}_\mu$, we write

$$\mathbf{T}_\mu(\varphi_\lambda) = \hat{\mathbf{T}}_\mu(\lambda)\varphi_\lambda.$$

There is a formula for these Fourier transforms $\hat{\mathbf{T}}_\mu(\lambda)$ by MacDonald, which we do not use here. What we have to know is the following: For any $\mu \in Y(T_p)^{\Gamma_p}$ we define

$$\mu_G(\lambda) = \sum_{w \in W_p/W_{p,\mu}} (w\mu)(p)^{\lambda-\delta_G}$$

where $W_p = N(T_p)(\mathbf{Q}_p)/T_p(\mathbf{Q}_p)$ is the local Weylgroup and $W_{p,\mu}$ is the stabilizer of μ. Let us denote the pairing between the character module and the cocharacter module of T by $<\,,\,>$. We define the positive Weyl chamber $(Y(T_p)^{\Gamma_p})^+ = \{\mu \mid <\mu,\alpha> \geq 0\}$ where α runs over the positive roots with respect to B_p. Each $\mu \in Y(T_p)^{\Gamma_p}$ is conjugate to an element in $(Y(T_p)^{\Gamma_p})^+$ under the action of the local Weyl group. For $\mu', \mu \in (Y(T_p)^{\Gamma_p})^+$ we say $\mu' \leq \mu$ if the dominant weights are positive on $\mu - \mu'$ and this will also be viewed as an order relation on the space of orbits.

Then we have

$$\hat{\mathbf{T}}_\mu(\lambda) = \sum_{\mu' \leq \mu} a(\mu', \mu)\mu'_G(\lambda).$$

A fundamental result of Satake asserts that this system is invertible: For any $\mu \in Y(T_p)^{\Gamma_p}$ there is a Hecke operator

$$\mathbf{T}^G[\mu]$$

so that $\hat{\mathbf{T}}^G[\mu](\lambda) = \mu_G(\lambda)$. We pick a parabolic subgroup $P \supset P_0$, then we may decompose $\mathbf{T}[\mu]$ into a sum of Hecke operators on M. If we choose representatives

$$r \in W_p^M \backslash W_p/W_{p,\mu}$$

then

$$(r\mu)_M(\lambda) = \sum_{w \in W_p^M/r^{-1}W_{p,\mu}r \cap W_p^M} wr\mu(p)^{\lambda-\delta_M}$$

is the Fourier transform of a Hecke operator

$$\mathbf{T}^M[r\mu]$$

on M. One checks easily that $d_M(r,\mu) = \mu(p)^{r^{-1}(\delta_M - \delta_G)}$ does not depend on the choice of r and that we get an equation

$$\hat{\mathbf{T}}^G[\mu](\lambda) = \sum_{r \in W_p^M \backslash W_p / W_{p,\mu}} d_M(r,\mu) \hat{\mathbf{T}}^M[r\mu](\lambda). \qquad (*)$$

Now I can explain the construction of $\mathbf{T}_f^{M,\mathrm{trunc}}$. Let us assume that we have $\underline{\mu} = (\dots, \mu_p, \dots)_{p \in \Sigma}$ where $\mu_p \in Y(T)^{\Gamma_p}$. Then we have an unramified Hecke operator

$$\mathbf{T}^G[\underline{\mu}] = \prod_{p \in \Sigma} \mathbf{T}^G[\mu_p].$$

Here we assume that we have a torus $T/\mathbb{Q}$ that provides a torus of the above type at the finitely many places $p \in \Sigma$.

We expand the product

$$\prod_{p \in \Sigma} \left(\sum_{r_p \in W_p^M \backslash W_p / W_{\mu_p,p}} d_M(r_p,\mu_p) \mathbf{T}^M[r_p \mu_p] \right) = \sum_{\underline{r}} \prod_{p \in \Sigma} d_M(r_p,\mu_p) \mathbf{T}^M[r_p \mu_p]$$
$$= \sum_{\underline{r}} d_M(\underline{r},\underline{\mu}) \mathbf{T}^M[\underline{r\mu}],$$

where the notation explains itself. Each term in the sum on the right hand side is a Hecke operator on M. For any summand we attach to $\underline{r\mu}$ an adele

$$< \underline{r\mu} >= (\dots, r_p \mu_p(p), \dots)$$

where the local component is equal to one at all places not in Σ. We say that the term is strictly contracting if for all $\alpha_P \in \Delta_P$ the idele norm satisfies

$$|\alpha_P(< \underline{r\mu} >)| > 1.$$

I define

$$\mathbf{T}[\underline{\mu}]^{M,\mathrm{trunc}} = \sum_{\underline{r}, < \underline{r\mu} > \textit{strictly contracting}} \prod_{p \in \Sigma} d_M(r_p,\mu_p) \mathbf{T}^M[r_p \mu_p].$$

This will be extended by linearity to all Hecke operators, and I claim that with this definition the trace formula above becomes true. In the case of groups of rank one this is also discussed in [Be].

I am very thankful to Jens Franke for pointing out to me that I have to use the α_P to define the truncation condition instead of the $\omega \in \Omega_P$, as I did in earlier versions of this letter. This does not effect the computations in the examples, because they are essentially of rank one.

The following is now an answer to remarks and questions of J. Franke, J. Rohlfs and B. Speh at a Oberwolfach meeting.

Of course I claim, that it is always possible to define the truncated operator. First we look at a fixed place p. We define $\mathcal{H}_p^G$ to be the full Heck e algebra of compactly supported functions f on $G(\mathbb{Q}_p)$ which are biinvariant under a suffiently small open compact subgroup (depending on f). If M is the Levi-quotient of a parabolic subgroup P then we can construct a map

$$i_{G,M} : \mathcal{H}_p^G \to \mathcal{H}_p^M$$

which is characterized by the following property: If π_M is an admissible representation of $M(\mathbb{Q}_p)$ and if I_{π_M} is the unitarily induced representation, then we have

$$tr(\mathbf{T}_f|I_{\pi_M}) = tr(i_{G,M}(\mathbf{T}_f)|\pi_M).$$

(The above formula (*) makes this explicit in the case of an unramified operator.)

You will easily understand this map, if you consider the induced representation I_{π_M} as the space of sections in the bundle on the profinite set $P(\mathbb{Q}_p)\backslash G(\mathbb{Q}_p)$ which is obtained from π_M and then you apply Lefschetz fixed point formula to this bundle (this is the contribution of the theory of vector bundles over finite sets to our subject). Once we have Hecke operators on M, we may write them as linear combinations of characteristic functions of double cosets $K_p^M m_p K_p^M$. For $\alpha \in \Delta_P$ we can evaluate $\alpha_P(m_p)$ and also take its absolute value. Then putting all places together we can define the truncated operator the same way as before.

It is clear that only the *strictly* contracting terms count, because for those which are only contracting we will have that the factor $tr(\gamma_M|H^\bullet(S_{K^M}^M, H^\bullet(\mathfrak{u}_P, \mathcal{M})))$ will vanish.

You certainly see that the condition of being strictly contracting may be very complicated if the Hecke operator has many non trivial local components (for instance when is a monomial expression in prime numbers greater than one?) .

Now I assume that G gives rise to a hermitian symmetric domain. I will discuss the comparison to characteristic $p > 0$. Under this assumption the complex space S_K^G is a quasiprojective variety which has a canonical model over the so called reflex field $E \subset \mathbb{C}$; this reflex field can be computed from the given data.

We change the notation: From now on S_K^G/E is the canonical model, and then our old space becomes the set of complex points on it:

$$S_K^G(\mathbb{C}) = G(\mathbb{Q})\backslash G(\mathbb{A})/K_\infty K_f.$$

Now it should be so that for any prime p where our group scheme $\mathcal{G}/\mathbb{Z}$ is smooth and where $E/\mathbb{Q}$ is unramified the canonical model should have good reduction at all primes $\mathfrak{p}$ above p. Moreover the experts (Langlands, Kottwitz, ...) tell us that for each $\mathfrak{p} \mid p$ there should be an element $\varphi_\mathfrak{p} \in Y(T_p)^{\Gamma_\mathfrak{p}}$, such that for all $m > 0$ the Hecke operator $\mathbf{T}[m\varphi_\mathfrak{p}]$ should "correspond" to the Frobenius $\Phi_\mathfrak{p}^m$. (Sometimes we have to take linear combinations of those, see for instance the third example further down. For the following considerations it suffices to look at one term.)

Roughly the following strategy is used: Let $\mathbf{T}_{h'}$ be a Hecke operator supported outside of p. Then $\mathbf{T}_{h'}$ still induces a correspondence on the reduction $S_K^G \times \mathcal{O}_\mathfrak{p}/\mathfrak{p} =$

$S_K^G \times k(\mathfrak{p})$. We now use the cohomology H_c with compact supports and we want to compare the traces

$$\mathbf{T}[m\varphi_{\mathfrak{p}}] \times \mathbf{T}_{h'} \quad \text{on} \quad H_c^\bullet(S_K^G(\mathbb{C}), \mathcal{M})$$

and

$$\Phi_{\mathfrak{p}}^m \times \mathbf{T}_{h'} \quad \text{on} \quad H_c^\bullet(S_K^G \times_{k(\mathfrak{p})} \overline{k(\mathfrak{p})}, \mathcal{M} \otimes \mathbb{Q}_\ell).$$

Let π_f be an irreducible representation of $G(\mathbb{A}_f)$ (or better the Hecke algebra $\mathcal{H}(K_f\backslash G(\mathbb{A}_f)/K_f)$) which "occurs" with some multiplicity in $H_c^\bullet(S_K^G(\mathbb{C}), \mathcal{M} \otimes \bar{\mathbb{Q}})$. Let us assume it occurs in the "cuspidal" cohomology only and it is sufficiently "generic". (We need to extend the coefficients to $\bar{\mathbb{Q}}$ since we have the eigenvalues of the Hecke operators in the coefficient field.)

Then it will only occur in the middle degree d. This representation is a tensor product of local representations and at our prime p the local component π_p will be an unramified principal series representation. This means that we have a $\lambda_p : T(\mathbb{Q}_p)/T(\mathbb{Z}_p) \to \bar{\mathbb{Q}}^*$ such that

$$\pi_p(\lambda_p) = \mathrm{Indunit}_{B_p(\mathbb{Q}_p)}^{G(\mathbb{Q}_p)} \lambda_p = \left\{f : G(\mathbb{Q}_p) \to \bar{\mathbb{Q}} \mid f(bg) = b^{\lambda_p+\delta_G} f(g)\right\}.$$

Here λ_p is the "unitary" parameter of our representation π_p. This means that our earlier spherical function in this induced representation is $\varphi_{\lambda_p+\delta_G}$. Let us assume that $\mathbf{T}_{h'}$ is a projector to the π'_f-isotypical component. Then

$$tr(\mathbf{T}[m\varphi_{\mathfrak{p}}] \times \mathbf{T}_{h'}) \mid H_c^\bullet(S_K^G(\mathbb{C}), \mathcal{M}) = (-1)^d m(\pi_f)(\hat{\mathbf{T}}[m\varphi_{\mathfrak{p}}](\lambda_p))$$

with

$$\mathbf{T}[m\varphi_{\mathfrak{p}}](\lambda_p) = \sum_{w \in W_p/W_{\varphi_{\mathfrak{p}}}} w\varphi_{\mathfrak{p}}(p)^{\lambda_p m}.$$

These people (I mean the experts mentioned above) think that for generic π_f these numbers $\{w\varphi_{\mathfrak{p}}(p)^{\lambda_p}\}$ — which *depend only on the local component* of π_f at p — should be the eigenvalues of $\Phi_{\mathfrak{p}}$(counted with multiplicities, i.e. we have $[W_p : W_{\phi_{\mathfrak{p}}}]$ numbers). (They have a more sophisticated way of saying this they view this expression as a trace of a certain element in the dual group under a certain representation r_μ.)

This would be clear if we could prove the equality

$$[W : W_{\varphi_{\mathfrak{p}}}] \cdot tr(\Phi_{\mathfrak{p}}^m \times \mathbf{T}_{h'}) \mid H_c^\bullet(S_K^G \times_{k(\mathfrak{p})} \overline{k(\mathfrak{p})}, \mathcal{M}) = tr(\mathbf{T}[m\varphi_{\mathfrak{p}}] \times \mathbf{T}_{h'}) \mid H_c^\bullet(S_K^G(\mathbb{C}), \mathcal{M})$$

for this particular operator $\mathbf{T}_{h'}$. It suffices to prove the formula for all $m >> 0$.

We hope to get this equality from the trace formula. We compute the left hand side by an *arithmetic* trace formula and compares the result to the right hand side, which is computed by the *topological* trace formula.

The comparison should come from the comparison of the two $\mathcal{O}$-expressions. In the arithmetic trace formula it follows from the recent results of Pink and Sphiz that only the interior (elliptic) fixed points contribute provided $m >> 0$. Then this trace can also be computed as a sum over the conjugacy classes of elements in $G(\mathbb{Q})$ which are elliptic modulo the centre. (See for instance Kottwitz ...).

The topological trace is a sum of the elliptic terms + the terms at infinity. I claim that the contribution at infinity for the cohomology with compact supports is equal to the contribution which we have for the ordinary cohomology. (Despite of the fact that it is computed differently.) Under our strong assumption on $\mathbf{T}_{h'}$ and on π_f the contribution at infinity in the $\mathcal{O}$-expression in the topological fixed point formula and the Eisenstein contributions to the χ-expressions should cancel. Then comparison should be obtained by proving the equality of the individual contributions of the elliptic conjugacy classes. I come back to this point later, we will see this happen in our first example.

There is another nice feature of the proposed form for the terms at infinity: Under the same assumption $m >> 0$ also the computation of $(\mathbf{T}[m\varphi_p] \times \mathbf{T}_{h'})^{M,\text{trunc}}$ turns out to be rather simple. This is what I am going to explain next.

If we pick an $r_p \in W_p^M \backslash W_p / W_{p,\varphi_p}$ and $\alpha_P \in \Delta_P$ then the absolute value

$$|\alpha_P(r_p\varphi_p(p))|_p^m$$

is either equal to one (for all m) or very big or very small. If it is different from one then already this factor decides whether

$$|\alpha_P(<\underline{r\varphi}>)|$$

is less than one or bigger than one. But if it is equal to one then it has no influence on the idele norm above.

Hence for a given r_p we can write

$$\Delta_P = \Delta_P^+(r_p) \cup \Delta_P^0(r_p) \cup \Delta_P^-(r_p).$$

Of course an element r_p for which $\Delta_p^-(r_p) \neq \emptyset$ cannot occur in the sum defining the truncated operator.

If $\Delta_P^-(r_p) = \emptyset$ then $\Delta_P^0(r_p)$ defines a parabolic subgroup $P(r_p) \supset P$ and a reductive subgroup $M(r_p)$. Isn't it clear that the truncated operator will simply be

$$\sum_{r_p, \Delta_P^-(r_p)=\emptyset} \mathbf{T}^M[mr_p\varphi_p] \times \mathbf{T}_{h'}^{M(r_p),\text{trunc}} ?$$

This is, as I think, as simple as it possibly can be.

Hence, if we want to compare the two sides of the trace formula above (now for arbitrary Hecke operators $\mathbf{T}_{h'}$), the real difficulty left is the comparison of the contributions from the elliptic fixed points on both sides.

I want to discuss some examples:

The first example which I want to study is the group $GL_2/\mathbf{Q}$ (or better PGL_2). I take as a coefficient system the modules $\mathcal{M}_n$ of homogeneous polynomials $P(X,Y)$ of degree n (coefficients in $\mathbf{Q}$). I assume that n is even, then PGL_2 is acting. For K_f I take the maximal compact subgroup $K_f = \prod_p GL_2(\mathbf{Z}_p)$, hence we get

$$S_K^G(\mathbf{C}) = \Gamma \backslash H$$

where $\Gamma = SL_2(\mathbf{Z})/\{\pm \mathrm{Id}\}$. (One has to take $K_\infty = SO(2)/\{\pm 1\}$, then G_∞/K_∞ has two components which are flipped by $\begin{pmatrix} -1 & 0 \\ 0 & 1 \end{pmatrix}$. This reduces the arithmetic group to $SL_2(\mathbf{Z})/\pm\mathrm{Id}$.)

Let us take a Hecke operator

$$\mathbf{T}_m = \prod \mathbf{T}_{p_i^{k_i}}$$

where $\mathbf{T}_{p_i^{k_i}}$ is the characteristic function of matrices $\begin{pmatrix} a & b \\ c & d \end{pmatrix} \in M_2(\mathbf{Z}_p)$ with determinant $\in p^{k_i}\mathbf{Z}_p^*$.

This operator $\mathbf{T}_m$ is not the classical Hecke operator. To get the classical operator, we have to multiply it by $m^{\frac{n}{2}}$. We denote

$$m^{\frac{n}{2}}\mathbf{T}_m = T_m.$$

This is now the Hecke operator which you find in the textbooks on modular forms. (One has to use Eichler-Shimura isomorphism to make the translation.) We refer to this process as *normalizing* the Hecke operator. After normalizing the eigenvalues will become algebraic integers. To avoid confusion the standard maximal torus is now called S. We introduce the cocharacter

$$\phi \ : \ G_m \longrightarrow S$$
$$\phi \ : \ t \mapsto \begin{pmatrix} t & 0 \\ 0 & 1 \end{pmatrix}.$$

Of course

$$T_m = \prod T_{p^{k_i}},$$

and it follows from well known formulae that

$$T_{p^k} = p^{k \cdot \frac{n+1}{2}} \left(\mathbf{T}^G[k\phi] + \ \mathbf{T}^G[(k-2)\phi] \ldots + \begin{cases} \mathbf{T}^G[\phi] \\ \\ \mathbf{T}^G[0] \end{cases} \right)$$

Then we have at a place p

$$\mathbf{T}^G[\mu\phi]\varphi_\lambda = \phi(p)^{\mu\lambda - \mu\delta} + \phi(p)^{-\mu\lambda+\mu\delta}$$

and hence

$$\mathbf{T}^G[\mu\phi] = p^{-\mu\delta}\mathbf{T}^S[\mu\phi] + p^{\mu\delta}\mathbf{T}^S[-\mu\phi].$$

For the operator T_m we know that at agiven place the parameter μ_p runs over all integers

$$k_p \geq \mu_p \geq -k_p \qquad\qquad k_p \equiv \mu_p \bmod 2.$$

Therefore we get for the truncation of T_m (we make a slight change of notation)

$$m^{\frac{n+1}{2}} \cdot \sum_{\underline{\mu}=(\ldots\mu_p\ldots)} \prod_p p^{-\mu_p\delta} \cdot \mathbf{T}^S[\mu_p\phi]$$

where we sum over all $\underline{\mu}$ for which

$$\prod_p p^{\mu_p} < 1.$$

The operator $\mathbf{T}^S[\underline{\mu}] = \prod_p \mathbf{T}^S[\mu_p]$ acts on

$$H^0(pt, i_*\mathcal{M}_n) = \mathcal{M}_n^{\langle \begin{pmatrix} 1 & 1 \\ 0 & 1 \end{pmatrix} \rangle}$$

and

$$H^1(pt, i_*\mathcal{M}_n) = \mathcal{M}_n / \left(\mathrm{Id} - \begin{pmatrix} 1 & 1 \\ 0 & 1 \end{pmatrix} \right) \mathcal{M}_n$$

where pt is the point at infinity. The operator $\mathbf{T}^S[\mu_p]$ acts on

$$H^0(pt, i_*\mathcal{M}_n) \quad \text{by multiplication by} \quad p^{\mu_p \cdot \frac{n}{2}}$$

and on

$$H^1(pt, i_*\mathcal{M}_n) \quad \text{by multiplication by} \quad p^{\mu_p(-\frac{n}{2}-1)}.$$

We observe that $\phi(p)^\delta = p^{-\frac{1}{2}}$, hence we get the following contributions of the individual terms

$$\prod_p p^{k_p \cdot \frac{n+1}{2}} p^{\frac{1}{2}\mu_p} \cdot \begin{cases} p^{\mu_p \cdot \frac{n}{2}} = \prod_p p^{\frac{k_p+\mu_p}{2}(n+1)} & \text{on} \quad H^0 \\ p^{\mu_p(-\frac{n}{2}-1)} = \prod_p p^{\frac{k_p-\mu_p}{2}(n+1)} & \text{on} \quad H^1. \end{cases}$$

We write

$$\prod p^{\frac{k_p+\mu_p}{2}} = d'$$

$$\prod p^{\frac{k_p-\mu_p}{2}} = d$$

then $dd' = m$. The condition of summation in the definition of truncated operators requires that we have to sum over those terms which satisfy $d'/d < 1$. Hence we find

$$tr(T_m^{S,\mathrm{trunc}} \mid H^\bullet(pt, i_*\mathcal{M})) = \sum_{dd'=m, d>d'} (d')^{n+1} - d^{n+1},$$

and this is consistent with the classical trace formula for Hecke operators. You find this also in Langlands' Antwerp paper.

I want to discuss the comparison of the topological and the arithmetical trace formula in this case. We decompose the cohomology

$$H_c^1(\mathcal{S}_K^G(\mathbb{C}), \mathcal{M} \otimes \bar{\mathbb{Q}}) = H^1_{c,\,\mathrm{Eis}}(\mathcal{S}_K^G(\mathbb{C}), \mathcal{M} \otimes \bar{\mathbb{Q}}) \oplus \bigoplus_{\pi_f} H^1{}_{\mathrm{cusp}}(\mathcal{S}_K^G(\mathbb{C}), \mathcal{M} \otimes \bar{\mathbb{Q}})(\pi_f).$$

Here the first summand comes from the boundary map

$$H^0(pt, i_*(\mathcal{M})) \longrightarrow H^1(\mathcal{S}_K^{G,\wedge\wedge}(\mathbb{C}), i_!(\mathcal{M}))(= H_c^1(\mathcal{S}_K^G(\mathbb{C}), \mathcal{M})),$$

and the second term is the cuspidal contribution. We have this splitting since the Manin-Drinfeld principle is available.

The isotypical components π_f in the cuspidal spectrum come with multiplicity two. Our Shimura variety has a canonical model defined over $\mathbb{Q}$. Let us pick a prime p, then

$\varphi_p = \varphi_p = \phi$ where ϕ is as above. The χ-expression of the trace of a Hecke operator (normalized at p)

$$p^{\frac{n}{2}m} \cdot \mathbf{T}_p^G[m\phi] \times \mathbf{T}_{h'}$$

on the cohomology will be

$$-(p^{m(n+1)}+1)\cdot \mathbf{T}_{h'}(Eis) - 2\sum_{\pi_f} p^{\frac{n}{2}m}((\phi(p)^{\lambda_p})^m + (\phi(p)^{-\lambda_p})^m)\cdot \mathbf{T}_{h'}(\pi'_f)$$

where $\pi_f = \pi_p \times \pi'_f = \pi_p(\lambda_p)\times\pi'_f$. (The cohomology sits in degree one, hence the minus sign.) We also exploit strong multiplicity one. The local component at p is determined by π'_f.)

We start from the trace formula

$$tr(T_p^G[m\phi]\times \mathbf{T}_{h'}) \mid H_c^\bullet(S_K^{G,\wedge\wedge}, i_*\mathcal{M}) = \textit{elliptic terms} + tr((\mathbf{T}_p^G[m\phi]\times \mathbf{T}'_h)^{S,\mathrm{trunc}}) \mid H^\bullet(pt, i_*\mathcal{M}).$$

(I recall that the contributions from infinity are the same for the ordinary cohomology and the cohomology with compact supports.) But for $m >> 0$

$$(T_p^G[m\phi]\times \mathbf{T}_{h'})^{S,\mathrm{trunc}} = T_p^S[-m\phi]\times \mathbf{T}_{h'}$$

and its trace on the cohomology at infinity is (look at the rules I gave above)

$$(1-p^{m(n+1)})\mathbf{T}_{h'}(Eis).$$

Now we consider the arithmetic fixed point formula for $2(\Phi_p^m \times \mathbf{T}_{h'})$ on

$$H_c^\bullet(S_K^G \times_{\mathbb{F}_p} \bar{\mathbb{F}}_p, \mathcal{M}\otimes\bar{\mathbb{Q}}_\ell).$$

One checks that

$$H^1_{c,\mathrm{Eis}}(S_K^G \times_{\mathbb{F}_p} \bar{\mathbb{F}}_p, \mathcal{M}\otimes\bar{\mathbb{Q}}_\ell) = \bar{\mathbb{Q}}_\ell(0)$$

hence the trace of $2\Phi_p^m \times \mathbf{T}_{h'}$ is simply $-2\mathbf{T}_{h'}(\mathrm{Eis})$. Now we see that the the terms at infinity and the contribution from Eisenstein classes cancel. Hence we have to show that

$$\sum_{\pi_f}((p^{\frac{n}{2}}\phi(p)^{\lambda_p})^m + (p^{\frac{n}{2}}\phi(p)^{-\lambda_p})^m)\mathbf{T}_{h'}(\pi_f)$$

and

$$2\sum_{\pi'_f} tr(\Phi_p^m \mid H^\bullet_{\mathrm{cusp}}(S_K^G \times_{\mathbb{F}_p} \bar{\mathbb{F}}_p, \mathcal{M})\otimes\mathbb{Q}_\ell)(\pi_f))\cdot \mathbf{T}_{h'}(\pi_f)$$

are equal. This is clear *provided* we can show that the elliptic contributions in the $\mathcal{O}$-expressions in the topological and arithmetical fixed point formula match (In this case they do!). This shows that the eigenvalues of Φ_p on $H^\bullet_{\mathrm{cusp}}(S_K^G \times_{\mathbb{F}_p} \bar{\mathbb{F}}_p, \mathcal{M})\otimes\mathbb{Q}_\ell)(\pi_f))$ are the numbers $p^{\frac{n}{2}}\phi(p)^{\lambda_p}, p^{\frac{n}{2}}\phi(p)^{-\lambda_p}$ and this are the famous Eichler-Shimura relations.

The following has been inserted in April 1993 and explains the sentence "In this case they do!" above

Comparaison of elliptic terms in the $\mathcal{O}$-expansions:

The strategy: Both trace formulae express the traces in terms of a sum over local contributions from fixed points of the correspondences $\mathbf{T}[m\phi] \times \mathbf{T}_{h'}$(resp. $\Phi_p^m \times \mathbf{T}_{h'}$) on $\mathcal{S}_K^G(\mathbb{C})$ (resp $\mathcal{S}_K^G(\bar{\mathbb{F}}_p)$)

In the topological trace formula each elliptic conjugacy classes $\gamma \in G(\mathbb{Q})$ will contribute by a term, which we shall call $top(\gamma)$. Of course almost all of these terms will be zero.

In the arithmetic fixed point formula we will get a sum of contributions which looks different at the first glance. We use the modular interpretation of $\mathcal{S}_K^G \times_{\mathbb{F}_p} \bar{\mathbb{F}}$ and we view $\mathcal{S}_K^G(\bar{\mathbb{F}}_p)$) as the set of elliptic curves over $\bar{\mathbb{F}}$ which also carry a level structure. We divide this set according to isogeny classes. This looks as follows: For any elliptic curve $\mathcal{E}/\bar{\mathbb{F}}$ we have the field of rational endomorphisms $\mathrm{End}(\mathcal{E}) \otimes \mathbb{Q}$. The results of Honda-Tate imply that this field determines the isogeny class. Furthermore we have the following possibilities for this field:

A) an imaginary quadratic extensions of $E/\mathbb{Q}$ which splits at the prime p

B) or the quaternion algebra $D/\mathbb{Q}$ which is ramified exactly at the two places ∞, p.

Our correspondence $\Phi_p^m \times \mathbf{T}_{h'}$ respects these classes, hence we can divide the sum over the fixed points into pieces.

A) The contribution of a field $E/\mathbb{Q}$ will be a sum of terms over the elements $\gamma^* \in E^* \setminus \mathbb{Q}^*$. We denote such a term by $arith(E, \gamma^*)$.

B) This contribution will be a sum over all classes $\gamma^* \in D(\mathbb{Q})$ modulo conjugation. Such a term will be denoted by $arith(D, \gamma^*)$.

We conclude that we have a matching of the indices of the summation. Each $\gamma \in G(\mathbb{Q})_{\mathrm{ell}}$ modulo conjugation defines an imaginary quadratic extension of $E = \mathbb{Q}(\gamma)/\mathbb{Q}$ or it is central. If it is not central then we have the two possibilities:

A) The extension splits at p then γ corresponds to two elements γ^* and its conjugate $\bar{\gamma}^*$ in E^*. (We have to take into account that $\gamma, \bar{\gamma}$ are conjugate in $G(\mathbb{Q})$ but not inside the torus $T(\mathbb{Q}) = E^*$.)

B) It does not split, then we can embed $\mathbb{Q}(\gamma)$ into $D/\mathbb{Q}$ and we have a corresponding element γ^* that occurs under B). (In this case the corresponndence between conjugacy classes is one to one because now we have to consider conjugacy in $D(\mathbb{Q})$.)

Finally we observe that the two groups $D/\mathbb{Q}, G/\mathbb{Q}$ have the same centre, hence the central elements match anyway. These terms belong to B.)

We have to show that the individual summands are equal, i.e. we have to prove

$$top(\gamma) = 2(arith(E, \gamma^*) + arith(E, \bar{\gamma}^*)) \text{ and } top(\gamma) = 2(arith(D, \gamma^*))$$

in the cases A.) and B.) respectively. This means have to understand what the contribution of the elements γ^* to the arithmetic fixed point formula are. This requires a description of the set $\mathcal{S}^G{}_K(\bar{\mathbb{F}})$ and an understanding how the correspondence $h' \times \Phi_p^m$ moves the points around.

To do this we change the level, i.e. we modify our group K. We always thought of this group as being a product of local groups, we write

$$K = \prod_{q \neq p} K_q \times Gl_2(\mathbb{Z}_p) = K^{(p)} \times Gl_2(\mathbb{Z}_p).$$

We have to choose the maximal compact at p because we want to have good reduction at p. But at the primes different from p we may go to smaller and smaller groups. It is not so difficult to justify the passage to the projective limit hence we eventually get

$$\mathcal{S}(\bar{\mathbb{F}}_p) = \varprojlim \mathcal{S}_K^G(\bar{\mathbb{F}}_p)$$

where $K^{(p)}$ runs over all groups of this from. We introduce the rings $\mathbb{A}_f^{(p)}, \hat{\mathbb{Z}}^{(p)}$, the first is the ring of adeles outside p (i.e. we drop the factor p) and the second is the ring of integers in it, hence we have $\mathbb{A}_f^{(p)} = \hat{\mathbb{Z}}^{(p)} \times \mathbb{Q}$. Our passage to the limit has the advantage that we have an action of $G(\mathbb{A}^{(p)})$ on $\mathcal{S}(\bar{\mathbb{F}}_p)$ and our Hecke operator becomes convolution.

The set $\mathcal{S}(\bar{\mathbb{F}}_p)$ can now be seen as the set of objects $(\mathcal{E}, \psi : T_{\hat{\mathbb{Z}}^{(p)}}(\mathcal{E}) \to (\hat{\mathbb{Z}}^{(p)})^2)$ where $\mathcal{E}/\bar{\mathbb{F}}$ is an elliptic curve and ψ an isomorphism of its outside p Tate module with the outside p component of the integral adeles.

To get a more group theoretic description of this set, I need to introduce the Dieudonne-module of an elliptic curve over $\bar{\mathbb{F}}$. Let $W(\bar{\mathbb{F}})$ be the ring of Witt vectors over $\bar{\mathbb{F}}$. On this ring we have the Frobenius σ acting. The Dieudonne- module $\mathcal{D}_p(\mathcal{E})$ of $\mathcal{E}$ is a free $W(\bar{\mathbb{F}})$- module of rank 2 together with a σ-linear $\Phi_p : \mathcal{D}_p(\mathcal{E}) \to \mathcal{D}_p(\mathcal{E})$ which satisfies in addition $[\mathcal{D}_p(\mathcal{E}) : \Phi_p(\mathcal{D}_p(\mathcal{E}))] = p$. We may write $\mathcal{D}_p(\mathcal{E}) = (W(\mathbb{F}_p))^2 \otimes W(\bar{\mathbb{F}})$ and then Φ_p is given by a two by two matrix A with entries in the Witt ring and determinant equal to $p \times unit$. Two such matrices A, A' give isomorphic Dieudonne-modudels if they are σ-conjugate, i.e. if $A = BA'B^{-\sigma}$. It is not too difficult to prove that in our situation we can classify all the possible Dieudonne-modules: The above matrix can be chosen to be

$$\begin{pmatrix} p & 0 \\ 0 & 1 \end{pmatrix} \text{ or } \begin{pmatrix} 0 & p \\ 1 & 0 \end{pmatrix}.$$

For such a Dieudonne-module we have a ring of endomorphisms. These are linear maps $\alpha : \mathcal{D}_p(\mathcal{E}) \to \mathcal{D}_p(\mathcal{E})$ which satisfy $\alpha \circ \Phi_p = \Phi_p \circ \alpha$. It it clear that this ring is a $\mathbb{Z}_p$-module and it is $\mathbb{Z}_p \oplus \mathbb{Z}_p$ in the first case and equal to the maximal order $\mathcal{O}_p$ in the quaternion algebra $D \otimes \mathbb{Q}_p/\mathbb{Q}_p$ which has invariant $1/2$. For any elliptic curve $\mathcal{E}/\bar{\mathbb{F}}$ we can interprete the multiplicative group End($\mathcal{E}$) as the group of $\mathbb{Q}$-rational points of an algebraic group $I(\mathcal{E})/\mathbb{Q} = I/\mathbb{Q}$. Then we have-this is the p-adic version of Tates theorem- that $I(\mathbb{Q}_p)$ is the algebraic group of automorphisms of $(\mathcal{D}_p(\mathcal{E}), \Phi_p) \otimes \mathbb{Q}_p$. We put $Y_p = I(\mathbb{Q}_p)/I(\mathbb{Z}_p)$. This is $\mathbb{Z} \oplus \mathbb{Z}$ in the first case and $\mathbb{Z}$ in the second. The element Φ_p itself corresponds to $(1,0)$ in the first case and to 1 in the second.

Remark: We can also say what $I(\mathbb{Q}_q)$ for $q \neq p$ is. Our elliptic curve $\mathcal{E}$ is defined over some extension $\mathbb{F}_{q^N}$ and we may choose N big enough so that all the endomorphisms are also defined over $\mathbb{F}_{q^N}$. Then we have an action of the Galois group Gal($\bar{\mathbb{F}}/\mathbb{F}_{q^N}$) on the Tate module $T_q(\mathcal{E}) \otimes \mathbb{Q}_q$ and again Tates theorem yields $I(\mathbb{Q}_q)$ is the centralizer of this action of the Galois group.

Now we are ready to give the more group theoretic description of our set of points. To an object of the above kind we associate another object namely

$$(\mathcal{E}, \psi_{\mathbb{Q}} : T_{\mathbb{A}_f^{(p)}}(\mathcal{E}) \to (\mathbb{A}_f^{(p)})^2, \mathcal{D}_p(\mathcal{E}), \Phi_p).$$

Two such objects

$$(\mathcal{E},\psi_{\mathbb{Q}}:T_{\mathbb{A}_f^{(p)}}(\mathcal{E})\to(\mathbb{A}_f^{(p)})^2,\mathcal{D}_p(\mathcal{E}),\Phi_p),(\mathcal{E}',\psi'_{\mathbb{Q}}:T_{\mathbb{A}_f^{(p)}}(\mathcal{E}')\to(\mathbb{A}_f^{(p)})^2,\mathcal{D}_p(\mathcal{E}'),\Phi_p)$$

are equal if we have an isogeny $\lambda:\mathcal{E}\to\mathcal{E}'$ which commutes with the ψ and induces an isomorphism between the Dieudonne-modules. One can show that this induces a bijection between the set of objects of the above kind and $\mathcal{S}(\bar{\mathbb{F}})$.

We divide the set according to isogeny classes of elliptic curves. To any isogeny class of elliptic curves over $\bar{\mathbb{F}}$ we have its group of rational isomorphisms $I(\mathbb{Q})$. The group $I(\mathbb{Q}_p)$ is exactly the group of automorphisms of our rational Dieudonne-module $(\mathcal{D}_p(\mathcal{E}),\Phi_p)\otimes\mathbb{Q}_p$.

Hence we find that $I(\mathbb{Q})$ is either the multiplicative group of an imaginary quadratic extension $E/\mathbb{Q}$ or the multiplicative group of our division algebra $D(\mathbb{Q})$.

We have to convince ourselves that the set of points in such an isogeny class is given by

$$I(\mathbb{Q})\backslash Gl_2(\mathbb{A}_f^{(p)})\times Y_p.$$

This is rather clear but we have to observe a subtle point. We choose a curve $\mathcal{E}/\mathbb{Q}$ and an isomorphism

$$\psi_{\mathbb{A}_f^{(p)}}:T_{\mathbb{A}_f^{(p)}}(\mathcal{E})\to(\mathbb{A}_f^{(p)})^2.$$

This together with the Dieudonne-module yields an element in $\mathcal{S}(\bar{\mathbb{F}})$. It corresponds to the element $(Id,0)$ in our description above. We get all the others if we let $G(\mathbb{A}_f^{(p)})\times\Phi_p^m$ act. We have to find out when two such objects are the same. The identification is given by the action of $I(\mathbb{Q})$. The subtle point is that only the choice of $\psi_{\mathbb{A}_f^{(p)}}$ gives us an embedding of $I(\mathbb{Q})$ into $Gl_2(\mathbb{A}_f^{(p)})\times Y_p$ and two such embeddings are locally conjugate to each other everywhere. (At this point we have trouble in the more general cases). But now it is clear that two points in $Gl_2(\mathbb{A}_f^{(p)})\times Y_p$ give the same object, if they are are in the same orbit under the action of $I(\mathbb{Q})$..

The operator $\Phi_p^m\times\mathbf{T}_{h'}$ acts on such a set by convolution by h' on the first coordinate and by multiplication by Φ_p^m on Y_p. We denote by χ_m the characteristic function of $0\cdot\Phi_p^m$ in Y_p. Then we find for the contribution to the summation in the fixed point formula of the isogeny class of I and $\gamma^*\in I(\mathbb{Q})$ is given by the expression

$$\tau(Z_{\gamma^*})tr(\gamma^*|\mathcal{M})\cdot\prod_{q\neq p}\int_{Z_{\gamma^*}(\mathbb{Q}_q)\backslash G(\mathbb{Q}_q)}h_q(x_q^{-1}\gamma^*x_q)dx_q\cdot\chi_m(\gamma^*).$$

(Here we assume that $m>>0$ which excludes the elements in the centre in case A).)

Now we know everything what we need for the comparaision of the two $\mathcal{O}-$expansions. The contributions of an element γ to the topological fixed point formula is given by

$$e(\gamma)\tau(Z_\gamma)tr(\gamma|\mathcal{M})\prod_{q\neq p}\int_{Z_q(\mathbb{Q}_q)\backslash G(\mathbb{Q}_q)}h_q(x_q^{-1}\gamma x_q)dx_q\int_{Z_p(\mathbb{Q}_p)\backslash G(\mathbb{Q}_p)}\mathbf{T}_p[m\phi](x_p^{-1}\gamma x_p)dx_p.$$

For two corresponding elements γ^*,γ we have equality of the Tamagawa numbers $Z_{\gamma^*}(\mathbb{Q}_q)=Z_\gamma(\mathbb{Q}_q)\subset I(\mathbb{Q}_q)\subset Gl_2(\mathbb{Q}_q)$ and the factor $e(\gamma)=2$. The local integrals coincide outside p. We have to compare the local integrals at p and this requires a fundamental lemma (This is the final definition of a fundamental lemma: Comparing two local orbital integrals on different groups.) I will not discuss this fundamental lemma here I only give you the result.

If we are in the case A) we have two terms in the arithmetic trace formula corresponding to one term in the topological trace formula. The fundamental lemma says that in this case

$$\int_{Z_p(\mathbb{Q}_p)\backslash G(\mathbb{Q}_p)} \mathbf{T}_p[m\phi](x_p^{-1}\gamma x_p)dx_p = (\chi_m(\gamma^*) + \chi_m(\bar{\gamma}^*)).$$

In case B.) it is simpler to state

$$\int_{Z_p(\mathbb{Q}_p)\backslash G(\mathbb{Q}_p)} \mathbf{T}_p[m\phi](x_p^{-1}\gamma x_p)dx_p = \chi_m(\gamma^*).$$

Hence we see the in the difference of the elliptic terms of the topological trace formula minus 2 times the (elliptic) terms in the arithmetic trace formula we have a complete cancellation of the individual terms and hence the difference is zero.

Before I discuss further examples I want to look at the problem of comparison from a more general point of view.

Let me fix a level $K_f \subset G(\mathbb{A}_f)$. We consider the Hecke algebra

$$\mathcal{H}_{K_f} = \mathcal{C}_{\infty,c}(K_f\backslash G(\mathbb{A}_f)/K_f).$$

This algebra is a tensor product of local algebras. The local factors $\mathcal{H}_{K_p}$ may not be commutative, but local factors corresponding to different primes commute.

If we consider the Jordan-Hölder series of $H_c^\bullet(\mathcal{S}_K^G(\mathbb{C}), \mathcal{M}\otimes\bar{\mathbb{Q}})$ with respect to the action of $\mathcal{H}_{K_f}$ then each irreducible quotient defines and irreducible representation π_f of $\mathcal{H}_{K_f}$ We may not be able to decompose

$H_c^\bullet(\mathcal{S}_K^G(\mathbb{C}), \mathcal{M}\otimes\bar{\mathbb{Q}})$ into irreducible modules, but the trace of operator $\mathbf{T}_h^G$ on the cohomology is given by (general χ-expression:)

$$tr(\mathbf{T}_h^G) \mid H_c^\bullet(\mathcal{S}_K^G(\mathbb{C}), \mathcal{M}\otimes\bar{\mathbb{Q}}) = \sum_{\pi_f} \chi(H_c^\bullet(\mathcal{S}_K^G(\mathbb{C}), \mathcal{M})(\pi_f)) \cdot (tr\mathbf{T}_h^G \mid \pi_f).$$

We fix a good prime p (i.e. $K_p = \mathcal{G}(\mathbb{Z}_p)$) and a $\mathfrak{p}$ on E dividing p and look at the operator

$$\mathbf{T}^G[m\varphi_\mathfrak{p}] \times \mathbf{T}_{h'}.$$

Then we write $\pi_f = \pi_p \times \pi'_f$ we take into account that perhaps π_p is not determined by π'_f. Then we have the topological χ-expression

$$tr(\mathbf{T}^G[m\varphi_{\mathfrak p}] \times \mathbf{T}_{h'}) \mid H_c^\bullet(\mathcal{S}_K^G(\mathbb{C}), \mathcal{M} \otimes \bar{\mathbb{Q}}) =$$

$$\sum_{\pi'_f}\Big(\sum\nolimits_{\pi_p} \chi(H_c^\bullet(\mathcal{S}_K^G(\mathbb{C}), \mathcal{M} \otimes \bar{\mathbb{Q}})(\pi_f) \cdot \Big(\sum_{w \in W_p/W_{p,\mathfrak{p}}} \varphi_{\mathfrak p}(p)^{\lambda(\pi_p)m}\Big)\Big)\pi'_f(T_{h'}^G)$$

$$= tr_{\mathrm{ell}}(\mathbf{T}^G[m\varphi_{\mathfrak p}] \times \mathbf{T}_{h'})+$$

$$\sum\nolimits_P (-1)^{d(P)+1}(tr(\mathbf{T}^G[m\varphi_{\mathfrak p}] \times \mathbf{T}_{h'})^{M,\mathrm{trunc}} | H^\bullet(\mathcal{S}_{K^M}^M, H^\bullet(\mathfrak{u}_P, \mathcal{M})) \otimes \bar{\mathbb{Q}}$$

$$= tr_{\mathrm{ell,top}} + tr_{\infty,\mathrm{top}}.$$

Remark: Here we have a minor difficulty with notations. The space $\mathcal{S}_{K^M}^M$ sits in the boundary of the reductive Borel-Serre compactification, hence in general it is not the set of complex points of something over a number field. Hence there is no argument ($\mathbb{C}$). But on the other hand in special situations it may be the set of complex points of a Shimura variety, then the notation is a little bit inconsistent

We look at the trace of $\Phi_{\mathfrak p}^m \times \mathbf{T}_{h'}^G$ on

$$H_c^\bullet(\mathcal{S}_K^G \times_{k(\mathfrak p)} \overline{k(\mathfrak p)}, \mathcal{M} \otimes \bar{\mathbb{Q}}_\ell),$$

and get (if we believe in the right comparison theorems)

$$tr(\Phi_{\mathfrak p}^m \times \mathbf{T}_{h'}^G) \mid H_c^\bullet(\mathcal{S}_K^G \times_{k(\mathfrak p)} \overline{k(\mathfrak p)}, \mathcal{M} \otimes \bar{\mathbb{Q}}_\ell) =$$

$$\sum_{\pi'_f} tr(\Phi_{\mathfrak p}^m \mid H_c^\bullet(\mathcal{S}_K^G \times_{k(\mathfrak p)} \overline{k(\mathfrak p)}, \mathcal{M} \otimes \bar{\mathbb{Q}}_\ell)(\pi'_f)) \cdot \pi'_f(\mathbf{T}_{h'}^G) =,$$

$$tr_{\mathrm{ell}}(\Phi_{\mathfrak p}^m \times \mathbf{T}_{h'}^G) = tr_{\mathrm{ell,arith}}$$

for $m >> 0$ we do not have a contribution from the points at infinity in the arithmetic trace formula.

Now we want to compare the two expressions for the trace. We face the following problem. We fix a π'_f and we assume again that $\mathbf{T}_{h'}^G$ is a projector to π'_f. Then the trace of $\mathbf{T}_{h'}^G$ reduces to

$$\sum_{\pi_p} \chi(\pi_p \times \pi'_f)\Big(\sum_w w\varphi_{\mathfrak p}(p)^{\lambda(\pi_p)m}\Big).$$

We want to compare this to

$$[W_p : W_{\phi_{\mathfrak p}}] tr(\Phi_{\mathfrak p}^m \mid H_c^\bullet(\mathcal{S}_K^G \times_{k(\mathfrak p)} \overline{k(\mathfrak p)}, \mathcal{M} \otimes \bar{\mathbb{Q}}_\ell)(\pi'_f)).$$

As I explained before we believe that for a sufficiently generic representation the π'_f-isotypical component sits only in the middle degree, and the eigenvalues of $\Phi_{\mathfrak p}$ are expected to be the members $w\varphi_{\mathfrak p}(p)^{\lambda(\pi_p)}$ counted with the right multiplicities so the terms should be equal.

But this cannot not be true for all representations π_f. In some cases it happens that the eigenvalues of $\Phi_{\mathfrak p}$ form only a subset of the set $\{w\varphi_{\mathfrak p}(p)^{\lambda(\pi_p)}\}_{w\in W}$. This is the case if the Galois representation attached to π_f has a smaller degree than in general and that means that π_f is the lift of a π_f^H of an endoscopic group. It may also happen, that the π'_f-piece of the cohomology is spread over different degrees which may even have different parities. Then the powers of the eigenvalues may even come with the wrong sign.

This difference becomes visible (and hopefully computable) if we stabilize the trace formula. Before saying more about this I discuss an example and I will resume the general discussion later.

The second example: This is the one I described in the second half of my talk in your seminar. In the following I refer to the first part of this volume by [A-E].

The group in question is the projective symplectic group $PGSp_2/\mathbb{Q} = G/\mathbb{Q}$. We keep the notations from [A-E], 3.1.. Especially we have the torus

$$T = \left\{ \begin{pmatrix} t_1 & & & 0 \\ & t_2 & & \\ & & t_3 & \\ 0 & & & t_4 \end{pmatrix} \middle| t_1 t_4 = t_2 t_3 \right\} \quad \bmod G_m.$$

The simple roots are

$$\beta = t_1/t_2 \quad , \quad \alpha = t_2/t_3$$

and the fundamental weights are

$$2\gamma_\beta = t_1/t_4 \quad , \quad \gamma_\alpha = t_1/t_3.$$

We identify the lattice generated by the fundamental weights with the lattice of cocharacters by means of the bilinear form. We choose a representation $\mathcal{M}$ with highest weight $\mu = n_\alpha \gamma_\alpha + n_\beta \gamma_\beta$. Since we want it to be a representation on the projective symplectic group, we have to require that $n_\beta \equiv 0 \bmod 2$.

We choose our level subgroup to be the group

$$K_f = \prod_p PGSp_2(\mathbb{Z}_p).$$

Let P_α, P_β be the two maximal parabolic subgroups containing the standard Borel of upper triangular matrices and corresponding to the root α, β: The group P_β contains the roots subgroup $U_{-\beta}$ and $\Omega_{P_\beta} = \{\gamma_\alpha\}$, $\Omega_{P_\alpha} = \{\gamma_\beta\}$. We have the following diagram relating the reductive Borel-Serre and the Baily-Borel compactification:

$$\begin{array}{ccccccccc}
\mathcal{S}_K^G(\mathbb{C}) & \xrightarrow{i} & \mathcal{S}_K^{G,\wedge\wedge} & = & \mathcal{S}_K^G(\mathbb{C}) & \cup & \Gamma_\alpha \backslash e(Q_\alpha) & \cup & \underbrace{\Gamma_\beta \backslash e(Q_\beta) \cap \Gamma_B \backslash e(B)} \\
& \searrow^{j} & \downarrow & & \downarrow id & & \downarrow \pi_\alpha & & \downarrow \pi_\beta \\
& & \mathcal{S}_K^{G,\wedge}(\mathbb{C}) & = & \mathcal{S}_K^G(\mathbb{C}) & \cup & \mathcal{S}_{K^{M_\alpha}}^{M_\alpha}(\mathbb{C}) & \cup & \mathcal{S}^{M_\beta}(\mathbb{C})
\end{array}$$

where $\mathcal{S}_{K^{M_\alpha}}^{M_\alpha}(\mathbb{C}) = (\mathbb{P}^1 \setminus \{\infty\})(\mathbb{C})$ und $\mathcal{S}_{K^{M_\beta}}^{M_\alpha}(\mathbb{C}) = pt$. (Here again we have the same kind of inconsistency as in the remark above. The spaces in the bottom row are the strata in the Baily -Borel compactification)

In [A-E] I gave a description of the sheaf $i_*(\mathcal{M})$ on the zero dimensional stratum $\{pt\}$, it is given by

$$\bigoplus_w H^\bullet(GL_2(\mathbb{Z}) \backslash X^{M_\beta}, H^{\ell(w)}(\mathfrak{u}_\beta, \mathcal{M})),$$

and I gave a table for the M_β-modules $H^{\ell(w)}(\mathfrak{u}_\beta, \mathcal{M})$ in [A-E],III,3.1.. I concentrate on the cases $w = w_\alpha,\ w_\alpha w_\beta$, then we look at the cuspidal cohomology of these sheaves in degree two and three and decompose into eigenspaces

$$H^1_{\text{cusp}}(GL_2(\mathbb{Z})\backslash X^{M_\beta}, H^\bullet(\mathfrak{u}_\beta, \mathcal{M})) = \bigoplus_{\underline{\sigma}_f^\bullet} H(\underline{\sigma}_f^\bullet)$$

where the modules $H(\underline{\sigma}_f^\bullet)$ are modules for the Hecke algebra of M_β and where the dot takes values 1 and 2 (These are the two values we are interested in at the present time.).

We recall [A-E], III, 3.1.. We have a decomposition $M_\beta = PGL_2 \times G_m$. On our maximal torus this corresponds to the decomposition

$$\left\{ \begin{pmatrix} t & & & 0 \\ & 1 & & \\ & & t & \\ 0 & & & 1 \end{pmatrix} \times \begin{pmatrix} u & & & 0 \\ & u & & \\ & & 1 & \\ 0 & & & 1 \end{pmatrix} \right\} = T = G_m \times G_m .$$

The character $\gamma_\alpha : T \to G_m$ is the projection to the second component. The cocharacter

$$t \longrightarrow \left\{ \begin{pmatrix} t & & & \\ & 1 & & \\ & & t & \\ & & & 1 \end{pmatrix} \right\}$$

is equal to $\frac{1}{2}$ of the cocharacter $\beta^\vee$ in [A-E], III, 3.1., which is the coroot. The modules $H(\underline{\sigma}_f^2)$, $H(\underline{\sigma}_f^3)$ are modules for the Hecke algebra of M_β, and as such they have to be seen as tensor products of one dimensional modules for the Hecke algebra of PGL_2, and the unramified Hecke algebra of G_m. We write

$$\underline{\sigma}_f^2 = \underline{\sigma}_f \otimes (|\ \ | \circ \gamma_\alpha)^{-\frac{n_\beta}{2}+1},$$

$$\underline{\sigma}_f^3 = \underline{\sigma}_f \otimes (|\ \ | \circ \gamma_\alpha)^{\frac{n_\beta}{2}+2},$$

where $\underline{\sigma}_f$ is the Hecke module for PGL_2, and the second factor is a one dimensional Hecke module for the Hecke algebra of the torus which is nothing else than a Dirichlet character. (Here is a slight change in notation. In [A-E], III, 3.1.3. these two modules are denoted by π_f and $w_0 \cdot \pi_f$). Especially we see that these two modules are very well different modules for the Hecke algebra of M_β.

Now we look at the "induced" module

$$I(\underline{\sigma}_f^\nu) = \operatorname{Ind}_{\mathcal{H}_{M_\beta}}^{\mathcal{H}_G} H(\underline{\sigma}_f^\nu).$$

Comment on induction: Actually here "induction" is simply restriction. The Hecke algebra $\mathcal{H}_{M_p}$ contains $\mathcal{H}_G$, hence $I(\sigma_f^\nu)$ is simply $H(\sigma_f^\nu)$ viewed as an $\mathcal{H}_G$-module. It should be observed and is essential that $I(\sigma_f^2) \simeq I(\sigma_f^3)$.

If we want to relate this to the familiar process of induction we look at cohomology in the limit

$$H^\bullet(\tilde{S}^G(\mathbb{C}), \mathcal{M}) = \varinjlim_{K_f} H^\bullet(S^G_{K_f}(\mathbb{C}), \mathcal{M})$$

and this is a $G(\mathbb{A}_f)$-module. We recover a finite level if we take the invariants under K_f, i.e.

$$H^\bullet(\tilde{\mathcal{S}}^G(\mathbb{C}),\mathcal{M})^{K_f} = H^\bullet(\mathcal{S}^G_{K_f}(\mathbb{C}),\mathcal{M}).$$

On such a finite level cohomology we have an action of

$$\mathcal{C}_c(K_f\backslash G(\mathbb{A}_f)/K_f) = \mathcal{H}^G_{K_f}$$

by convolution.

Hence it would be better to pass to the limit and to decompose the $M(\mathbb{A}_f)$-module

$$H^\bullet_{\text{cusp}}(\tilde{\mathcal{S}}^{M_\beta}, H^\bullet(\mathfrak{u}_\beta,\mathcal{M})) = \bigoplus_{\tilde{\underline{\sigma}}_f} H^\bullet_{\text{cusp}}(\tilde{\mathcal{S}}^{M_\beta}, H^\bullet(\mathfrak{u}_\beta,\mathcal{M}))(\tilde{\underline{\sigma}}_f)$$

into irreducible modules. Such a $\tilde{\underline{\sigma}}_f$ is called unramified, if it contains a $K^{M_\beta}_{f,0} = \prod_p M_\beta(\mathbb{Z}_p)$ invariant vector, then we have

$$H^\bullet_{\text{cusp}}(\tilde{\mathcal{S}}^{M_\beta}, H^\bullet(\mathfrak{u}_\beta,\mathcal{M}))(\tilde{\underline{\sigma}}_f)^{K^{M_\beta}_{f,0}} = H(\tilde{\underline{\sigma}}_f).$$

Such a $M_\beta(\mathbb{A}_f)$-module contributes to the cohomology of the M_β-stratum in the reductive Borel-Serre compactification by

$$\operatorname{Ind}^{G(\mathbb{A}_f)}_{P_\beta(\mathbb{A}_f)} H^\bullet_{\text{cusp}}(\tilde{\mathcal{S}}^{M_\beta}, H^\bullet(\mathfrak{u}_\beta,\mathcal{M}))(\tilde{\underline{\sigma}}_f).$$

This is now the normal process of induction which we have for the cohomology of groups. The result is an unramified $G(\mathbb{A}_f)$-module. Hence it contains a one-dimensional vector space of $K_{f,0}$- invariant vectors; this is $I(\tilde{\underline{\sigma}}_f) = H(\tilde{\underline{\sigma}}_f)$. This is the end of the comment.

I want to to recall formulae in [A-E]. We write

$$\tilde{\underline{\sigma}}_f = \bigotimes \sigma_{f,p}$$

where $\sigma_{f,p}$ is the local component at p. Since all representations are unramified we can write $\sigma_{f,p}$ as the K_p-invariants of a unitarily induced $PGL_2(\mathbb{Q}_p)$-module. We write

$$\sigma_{f,p} = \operatorname{Indunit}^{PGL_2(\mathbb{Q}_p)}_{B(\mathbb{Q}_p)} \lambda'_p,$$

and we put as in [A-E], 3.1.2.

$$\lambda'_p\left(\begin{pmatrix} p & 0 \\ 0 & 1 \end{pmatrix}\right) = \eta_p.$$

Maybe we should keep the option to write $\lambda'_p = \lambda'_p(\sigma_{f,p})$ and $\eta_p = \eta_p(\sigma_{f,p})$.

There we give the formula for the eigenvalues of two operators $T_{p,\alpha}$ and $T_{p,\beta}$, which are normalized by certain powers of p ([A-E], 3.1.2.1.). If we pull out the normalizing factors the eigenvalue for $T_{p,\alpha}$ is

$$p^{\frac{n_\alpha+\frac{n_\beta}{2}+3}{2}}\left(p^{-\frac{n_\beta+1}{2}} + (\eta_p + \frac{1}{\eta_p}) + p^{\frac{n_\beta+1}{2}}\right).$$

If we write the modules $I(\tilde{\underline{\sigma}}_f)^\nu$ as unitarily induced modules then we have to start from a character on the torus $T(\mathbb{Q}_p)$ and with respect to the above decomposition of T this character is

$$\lambda^\nu = \lambda(\underline{\sigma}_f^{(\nu)}) = \lambda_p \times |\ |^{\frac{\pm n_\beta+1}{2}},$$

where we have the minus sign if $\nu = 2$ and the plus sign for $\nu = 3$. We see that the expression inside the bracket is

$$\sum w\gamma_\alpha(p)^{\lambda^{(\nu)}},$$

hence it is the eigenvalue of $\mathbf{T}^G[\gamma_\alpha]$.

We do the same with the other operator, its eigenvalue is

$$p^{n_\alpha+n_\beta+2}\Big(p^{-\frac{n_\beta+1}{2}}(\eta_p+\frac{1}{\eta_p})+p^{\frac{n_\beta+1}{2}}(\eta_p+\frac{1}{\eta_p})\Big),$$

where the term inside the brackets is the eigenvalue of $\mathbf{T}^G[\gamma_\beta]$

We consider the exact sequence relating the cohomology with compact supports to the ordinary cohomology and the cohomology of the boundary. We discussed the modules $I(\tilde{\underline{\sigma}}_f)$ in [A-E], 3.1.4. where I stated that $I(\tilde{\underline{\sigma}}_f)$ is unitarizable if and only if $n_\beta = 0$. If $n_\beta > 0$ the cohomology sequence and the arguments in [A-E] show that the boundary operator

$$I(\underline{\sigma}_f^2) \xrightarrow{\delta} H^3(\mathcal{S}_{K_{f,0}}^{G,\wedge\wedge}, i_!(\mathcal{M})) = H_c^\bullet(\mathcal{S}_{K_{f,0}}^G(\mathbb{C}), \mathcal{M})$$

is injective. The image is isotypical, the module $I(\underline{\sigma}_f^2)$ occurs only once in the Jordan-Hölder-series of $H_c^\bullet(\mathcal{S}_{K_{f,0}}^G(\mathbb{C}), \mathcal{M})$.

If $n_\beta = 0$ then $I(\underline{\sigma}_f^2)$ is unitary and therefore this module may occur in the discrete and in the cuspidal part of the cohomology. It is interesting to know whether it does so, this will be discussed later.

Let us assume that we are in the case $n_\beta > 0$. We pick a prime p and we look at a Hecke operator

$$p^{\frac{t}{2}}\mathbf{T}_p^G[m\gamma_\alpha] \times \mathbf{T}_{h'},$$

where $\mathbf{T}_{h'}$ is supported outside of p. (One always has to throw in certain normalizing factors which are powers of p. Let us just assume that I know how to do this right.)

We choose $\mathbf{T}_{h'}$ so that it is a projector onto the isotypical subspace

$$\delta(I(\tilde{\underline{\sigma}}_f^2)) \subset H^3(\mathcal{S}_{K_{f,0}}^{G,\wedge\wedge}, i_!\mathcal{M}) = H_c^3(\mathcal{S}_{K_{f,0}}^G(\mathbb{C}), \mathcal{M}).$$

Then the trace of this operator on $H_c^\bullet(\mathcal{S}_{K_{f,0}}^G(\mathbb{C}), \mathcal{M})$ is

$$-\sum_w w\gamma_\alpha(p)^{\lambda_p m},$$

where of course $\lambda_p = \lambda_p(\sigma_{f,p})$, and this is

$$-p^{\frac{m}{2}}\left(p^{-\frac{n_\beta+1}{2}m}+\left(\eta_p^m+\frac{1}{\eta_p^m}\right)+p^{\frac{n_\beta+1}{2}m}\right).$$

(This is the χ-expression for the trace).

Now we look at the trace of

$$4\Phi_p^m \times \mathbf{T}_{h'}^G$$

on the cohomology $H_c^\bullet(\mathcal{S}_{K_{f,0}}^G(\mathbb{C}) \times_{\mathbb{F}_p} \bar{\mathbb{F}}_p, \mathcal{M}_\ell)$.

We have again the boundary map

$$H^2\left(\mathcal{S}_{K_{f,0}}^G(\mathbb{C}) \times_{\mathbb{F}_p} \bar{\mathbb{F}}_p, i_*\mathcal{M}_\ell\right) \longrightarrow H_c^3\left(\mathcal{S}_{K_{f,0}}^G(\mathbb{C}) \times_{\mathbb{F}_p} \bar{\mathbb{F}}_p, i_*\mathcal{M}_\ell\right),$$

and the left hand side contains our modules $I(\underline{\tilde{\sigma}}_f^2)$ as a direct summand. The results of Pink stated in [A-E] tell us that the term on the left is simply a direct sum of $\mathbb{Q}_\ell(\frac{n_\beta}{2})$, hence we get as its trace simply

$$-4 \cdot p^{-\frac{n_\beta}{2}m}.$$

This is just one of the four possible eigenvalues but counted with multiplicity four.

Now we compute the traces. We get

$$p^{\frac{m}{2}} tr(\mathbf{T}_p^G[m\gamma_\alpha] \times \mathbf{T}_{h'}) \mid H_c^\bullet(\mathcal{S}_{K_{f,0}}^G(\mathbb{C}), \mathcal{M}) =$$
$$p^{\frac{m}{2}} tr(\mathbf{T}_p^G[m\gamma_\alpha] \times \mathbf{T}_{h'})_{\text{ell,top}} + p^{\frac{m}{2}} tr(\mathbf{T}_p^G[m\gamma_\alpha] \times \mathbf{T}_{h'})^{M_\beta,\text{trunc}} \mid H^\bullet(pt, i_*\mathcal{M}).$$

It is clear that we have only to take the parabolic P_β into account, simply because $\mathbf{T}_{h'}$ is a projector to the isotypical part $I(\underline{\tilde{\sigma}}_f)$. We have for the arithmetic fixed point formula

$$4tr(\Phi_p^m \times \mathbf{T}_{h'}) \mid H_c^\bullet(\mathcal{S}_{K_{f,0}}^G(\mathbb{C}), \times_{\mathbb{F}_q} \bar{\mathbb{F}}_q, \mathcal{M}_\ell) = 4tr(\Phi_p^m \times \mathbf{T}_{h'})_{\text{ell,arith}},$$

Now we investigate the boundary term in the topological fixed point formula. Let s_α, s_β be the reflections at the simple roots α, β. Then we find a formula of type (*)

$$\mathbf{T}_p^G[m\gamma_\alpha] = \mathbf{T}_p^{M_\beta}[-m\gamma_\alpha] + d(s_\alpha, M)(\mathbf{T}_p^{M_\beta} + \mathbf{T}_p^{M_\beta}[-ms_\alpha\gamma_\alpha]) + d(-1, M) \cdot \mathbf{T}_p^{M_\beta}[m\gamma_\alpha],$$

where the three summands are Hecke operators on M_β.

There we see that for $m >> 0$ the truncated operator is

$$d(-1, M) \cdot \mathbf{T}_p^{M_\beta}[-m\gamma_\alpha] \times \mathbf{T}_{h'}^{M_\beta} + d(s_\alpha, M)(\mathbf{T}_p^{M_\beta}[ms_\alpha\gamma_\alpha] + \mathbf{T}_p^{M_\beta}[-ms_\alpha\gamma_\alpha]) \times \mathbf{T}_{h'}^{M_\beta,\text{trunc}}.$$

The first summand operates on

$$H^1(GL_2(\mathbb{Z})\backslash X^{M_\beta}, H^{\nu'}(\mathfrak{u}_\beta, \mathcal{M}))(\pi_f) = H^\nu(pt, i_*\mathcal{M})(\sigma_f)$$

by multiplication with

$$p^{\frac{m}{2}} \cdot p^{\pm\frac{n_\beta+1}{2}m}$$

where we have the minus sign in degre $\nu = 2$, and the plus sign in degree $\nu = 3$. Hence we get for the trace of the first term

$$p^{\frac{m}{2}}\left(p^{-\frac{n_\beta+1}{2}m} - p^{\frac{n_\beta+1}{2}m}\right).$$

Now we look at the second term of the truncated operator. There we have the problem that we have to understand

$$\mathbf{T}_{h'}^{M_\beta,\text{trunc}}.$$

To do this we use a simple trick. We multiply $\mathbf{T}_{h'}^{M_\beta \,\mathrm{trunc}}$ by still another operator supported outside p and outside the support of h'. Let us take the operator

$$\mathbf{T}_q^G[\gamma_\beta],$$

where we take q sufficiently large. This will have the effect that in the truncation of $\mathbf{T}_{h'}^G \times \mathbf{T}_q^G[\gamma_\beta]$ everything is dictated by what happens at q, simply because the conjugates by γ_β are never proportional to β. After we have modified $\mathbf{T}_{h'}$ to $\mathbf{T}_{h'} \times \mathbf{T}_q^G[\gamma_\beta]$ we get some changes in our previous considerations.

The truncation of $\mathbf{T}_p^G[m\gamma_\alpha] \times \mathbf{T}_{h'} \times \mathbf{T}_q^G[\gamma_\beta]$ has still the same form provided $m >> 0$. The individual traces which we computed on $H^\bullet_{c,\,\mathrm{top}}$ and $H^\bullet_{c,\,\mathrm{arith}}$ get multiplied by the eigenvalue of $\mathbf{T}_q^G[\gamma_\beta]$ on $I(\underline{\sigma}_f^\bullet)$, hence we get the eigenvalue

$$-p^{\frac{m}{2}}\left(p^{-\frac{n_\beta+1}{2}m} + \eta_p^m + \frac{1}{\eta_p^m} + p^{\frac{n_\beta+1}{2}m}\right)\left(q^{\frac{n_\beta+1}{2}} + q^{-\frac{n_\beta+1}{2}}\right)(\eta_q + \frac{1}{\eta_q})$$

on $H_c^\bullet(\mathcal{S}_{K_f,0}^G(\mathbb{C}), \mathcal{M})$ and on the arithmetic side we find as eigenvalue

$$-4p^{-\frac{n_\beta}{2}m}\left(q^{\frac{n_\beta+1}{2}} + q^{-\frac{n_\beta+1}{2}}\right)(\eta_q + \frac{1}{\eta_q}).$$

The same applies to to the first term of the truncated operator.

The second term of the truncated operator becomes

$$p^{\frac{m}{2}} d(s_\alpha, M_\beta) \cdot (\mathbf{T}^{M_\beta}[ms_\alpha\gamma_\alpha] + \mathbf{T}^{M_\beta}[-ms_\alpha\gamma_\alpha]) \times \mathbf{T}_{h'} \times (\mathbf{T}_q^{M_\beta}[-\gamma_\beta] + \mathbf{T}_q^{M_\beta}[s_\beta\gamma_\beta]),$$

and this operator has the trace

$$p^{\frac{m}{2}}(\eta_p^m + \frac{1}{\eta_p^m}) \cdot (\eta_q + \frac{1}{\eta_q})\left(q^{-\frac{n_\beta+1}{2}} - q^{\frac{n_\beta+1}{2}}\right).$$

We obtain the equality

$$\begin{aligned}
&p^{\frac{m}{2}} tr(\mathbf{T}_p[m\gamma_\alpha] \times \mathbf{T}_{h'} \times \mathbf{T}_q[\gamma_\beta]) \mid H_c^\bullet(\mathcal{S}_{K_f,0}^G(\mathbb{C}), \mathcal{M}) = \\
&-p^{\frac{m}{2}}\left(p^{-\frac{n_\beta+1}{2}m} + (\eta_p^m + \frac{1}{\eta_p^m}) + p^{\frac{n_\beta+1}{2}m}\right)(\eta_q + \frac{1}{\eta_q})\left(q^{\frac{n_\beta+1}{2}} + q^{-\frac{n_\beta+1}{2}}\right) = \\
&tr(\mathbf{T}_p[m\gamma_\alpha] \times \mathbf{T}_{h'} \times \mathbf{T}_q[\gamma_\beta])_{\mathrm{ell,top}} + \\
&p^{\frac{m}{2}}(\eta_p^m + \frac{1}{\eta_p^m})(\eta_q + \frac{1}{\eta_q})\left(q^{-\frac{n_\beta+1}{2}} - q^{\frac{n_\beta+1}{2}}\right) + \\
&p^{\frac{m}{2}}\left(p^{-\frac{n_\beta+1}{2}m} - p^{\frac{n_\beta+1}{2}m}\right)(\eta_q + \frac{1}{\eta_q})\left(q^{-\frac{n_\beta+1}{2}} + q^{\frac{n_\beta+1}{2}}\right)
\end{aligned}$$

and

$$\begin{aligned}
&4tr(\Phi_p^m \times \mathbf{T}_{h'} \times \mathbf{T}_q[\gamma_\beta]) \mid H_c^\bullet(\mathcal{S}_{K_f,0}^G \times_{\mathbb{F}_p} \bar{\mathbb{F}}_p, \mathcal{M}) = \\
&-4p^{-\frac{n_\beta}{2}m}(\eta_q + \frac{1}{\eta_q})\left(q^{-\frac{n_\beta+1}{2}} + q^{\frac{n_\beta+1}{2}}\right) = \\
&4tr(\Phi_p^m \times \mathbf{T}_{h'} \times \mathbf{T}_q[\gamma_\beta])_{\mathrm{ell,arith}}.
\end{aligned}$$

Subtracting the $\mathcal{O}$- expression for the trace from the χ-expression we find

$$p^{\frac{m}{2}}\left(3p^{-\frac{n_\beta+1}{2}m} - \eta_p^m - \frac{1}{\eta_p^m} - p^{\frac{n_\beta+1}{2}m}\right)(\eta_q + \frac{1}{\eta_q})\left(q^{-\frac{n_\beta+1}{2}} + q^{\frac{n_\beta+1}{2}}\right) =$$

$$tr_{\text{ell,top}} - tr_{\text{ell,arith}} + p^{\frac{m}{2}}\left(p^{-\frac{n_\beta+1}{2}} - p^{\frac{n_\beta+1}{2}}\right)(\eta_q + \frac{1}{\eta_q})\left(q^{-\frac{n_\beta+1}{2}} + q^{\frac{n_\beta+1}{2}}\right) +$$

$$p^{\frac{m}{2}}(\eta_p^m + \frac{1}{\eta_p^m})(\eta_q + \frac{1}{\eta_q})\left(q^{-\frac{n_\beta+1}{2}} - q^{\frac{n_\beta+1}{2}}\right).$$

Taking all the cancellations into account one gets

$$2p^{-\frac{n_\beta}{2}m}(\eta_q + \frac{1}{\eta_q})\left(q^{-\frac{n_\beta+1}{2}} + q^{\frac{n_\beta+1}{2}}\right) - 2\left((\sqrt{p}\,\eta_p)^m + \left(\frac{\sqrt{p}}{\eta_p}\right)^m\right)(\eta_q + \frac{1}{\eta_q}) \cdot q^{-\frac{n_\beta+1}{2}} =$$

$$tr_{\text{ell,top}} - tr_{\text{ell,arith}}.$$

Now I resume the general discussion. (At this point I made a very stupid remark in the old version of my letter. I will substitute it by another one in which I try to describe the general problem we are facing now. I hope it is at least less stupid.) We have to compute the difference of the two terms on the right hand side via the comparison of the to trace formulae. As I explained earlier both sides are sums over conjugacy classes of elliptic elements.

The difficulty is that the individual terms do not quite match, because they are not stable. This means that conjugacy classes γ, γ_0 which are conjugate over $G(\bar{\mathbb{Q}})$ but not conjugate in $G(\mathbb{Q})$ may give different contributions on both sides of the two trace formulae. We have to stabilize the trace formulae and this means that the terms have to be rearranged and will be written as sums

$$tr_{\text{ell,top}} = tr^{\text{stable}}_{\text{ell,top}} + \sum_H tr^{H,\text{stable}}_{\text{ell,top}}$$

where the sum is running over the so called endoscopic groups. The same process has to be applied to the arithmetic trace formula. The two first terms on the formulae are stable orbital integrals, this means the are product of local integrals over all places and the local integrals are sums of local integrals

$$\sum_{\gamma_p} signfactor(\gamma_p) O(f_p, \gamma_p),$$

where the local sum goes over local a stable conjugacy class and the last factor is an orbital integral (or twisted orbital integral). I understand that in this case it is proved that these two first terms are equal, i.e.

$$tr^{\text{stable}}_{\text{ell,top}} = 4 tr^{\text{stable}}_{\text{ell,arith}}.$$

(The factor 4 has to be replaced by some other factor in the general case)

Now there is a certain bunch of assertions which are summarized as "fundamental lemma“. They are all purely local assertions on p-adic groups, some of them are proved, some of them are conjectural. One version enters in the proof that the two stable terms are equal, but they are also necessary to make the process of stabilization work. And they give an expression for the individual terms in the sum over the endoscopic groups as traces of the Hecke operators f^H which obtained by transfer and these should act on the cohomology of the locally symmetric spaces attached to the group H (with suitable coefficients). This process makes the difference of the topological and arithmetical traces computable in terms of the cohomology on smaller groups. As far as I understand this is the most difficult part in the whole story, it requires a real master to understand these terms. I will call this difference in two elliptic contributions (topological and arithmetic) simply $\Delta_{\mathrm{ell}}^{\mathrm{endo}}$.

I come back to the special example. I want to discuss what happens in the case $n_\beta = 0$. This is especially interesting for me because this is the case where I expect the mixed motives to appear. In this case the module $I(\underline{\sigma}_f^\vee)$ may occur in the discrete spectrum and in the cuspidal spectrum. (for instance by the Saito-Kurakawa-Lifting).

Whether or not it occurs in the discrete but not cuspidal spectrum depends on the vanishing of an L-value , namely $L(\underline{\sigma}_f, 1)$ (see [A-E],3.1.3.). Now I describe what I think does happen:

If $L(\underline{\sigma}_f, 1) = 0$ then the Eisenstein contribution is the same as before we have $I(\underline{\sigma}_f^2) \hookrightarrow H_c^3(S_{K_f,0}^G(\mathbb{C}), \mathcal{M})$. But the module may occur with multiplicities $m_2 = m_4$ in $H^{2,4}_{\mathrm{cusp}}$ and with multiplicity m_3 in H^3_{cusp}. Then m_3 will be even. We have to view these multiplicities as functions of $\underline{\sigma}_f$ and want to find out how they depend on it. We consider traces and see that we have to add

$$(2m_2 - m_3)p^{\frac{m}{2}}\left(p^{-\frac{m}{2}} + \eta_p^m + \frac{1}{\eta_p^m} + p^{\frac{m}{2}}\right)(\eta_q + \frac{1}{\eta_q})\left(q^{\frac{1}{2}} + q^{-\frac{1}{2}}\right)$$

to our previous χ- expression for the topological trace of $p^{\frac{m}{2}}\mathbf{T}_p^G[m\gamma_\alpha]$. What is the term we have to add to the trace of $4(\Phi_p^m \times \mathbf{T}_{h'} \times \mathbf{T}_q[\gamma_\beta])$? It must be so that the eigenvalues of the Frobenius are

1	in degree	2
$p^{\frac{m}{2}}\eta_p^m, p^{\frac{m}{2}}\eta_p^{-m}$	in degree	3
p^m	in degree	4,

hence we have to add

$$\left(4m_2(1+p^m) - 2m_3\left(p^{\frac{m}{2}}\eta_p^m + p^{\frac{m}{2}}\cdot\frac{1}{\eta_p^m}\right)\right)(\eta_q + \frac{1}{\eta_q})\left(q^{\frac{1}{2}} + q^{-\frac{1}{2}}\right)$$

to the χ-expression of the arithmetic trace.

Hence the difference is changed into

$$\left[(3 - 2m_2 - m_3)1^m + (-1 + 2m_2 + m_3)\left(p^{\frac{m}{2}}\eta_p^m + p^{\frac{m}{2}}\frac{1}{\eta_p^m}\right) + (-1 - 2m_2 - m_3)p^m\right] \times$$
$$(\eta_q + \frac{1}{\eta_q}) \cdot \left(q^{\frac{1}{2}} + q^{-\frac{1}{2}}\right)$$

and this is equal to the right hand side (the difference of $\mathcal{O}$-expressions)

$$tr_{\mathrm{ell,top}} - tr_{\mathrm{ell,arith}} + tr_{\infty,\mathrm{top}}.$$

Again we have to ask for the master who is able to compute this right hand side. He would be able to compute the expressions $2m_2+m_3$, which are not of Euler characteristic type.

Now I look at the same problem but under the assumption that $L(\underline{\sigma}_f,1)\neq 0$. (This is somehow the generic case.) In this case the boundary map

$$I(\underline{\sigma}_f^2)\longrightarrow H_c^3(S_{K_{f,0}}^G(\mathbb{C}),\mathcal{M})$$

becomes zero and instead

$$I(\underline{\sigma}_f^3)\longrightarrow H_c^4(S_{K_{f,0}}^G,\mathcal{M})$$

becomes injective. So the extra copy of $I(\tilde{\underline{\sigma}}_f)$ which sits in the cohomology besides the cuspidal cohomology now lives in $H_c^4(S_{K_{f,0}}^G(\mathbb{C}),\mathcal{M})$. This means that the Eisenstein contribution to the topological χ-expression changes its sign, we have to add $2(1^m+(p\eta_p)^m+(p/\eta_p)^m+p^m)(\eta_q+\frac{1}{\eta_q})\left(q^{\frac{1}{2}}+q^{-\frac{1}{2}}\right)$ to our expression. Also the χ-Eisenstein term in the arithmetic formula changes its sign, but also the factor in front is changed from 1^m to p^m. Taking all this into account we get in this case for the difference of χ -expressions

$$\left[(1-2m_2-m_3)1^m+(1+2m_2+m_3)\left(p^{\frac{m}{2}}\eta_p^m+p^{\frac{m}{2}}\eta_p^{-m}\right)+(-3-2m_2-m_3)p^m\right]\times$$
$$(\eta_q+\frac{1}{\eta_q})\cdot\left(q^{\frac{1}{2}}+q^{-\frac{1}{2}}\right).$$

Now I can explain the speculative ideas I wanted to explain in the second half of my talk at MIT more than one year ago.

Somehow I think that one may be able to compute $tr_{\text{ell,top}}-4tr_{\text{ell,arith}}=\Delta_{\text{ell}}^{\text{endo}}$. As I explained earlier this difference should come from the endoscopic groups and should be computable using the fundamental lemma. I believe that this expression should be independent of whether $L(\underline{\sigma}_f,1)$ is zero or not. My knowledge on the Saito-Kurakawa lifting suggests to me that in the second case (i.e. L-value non zero) should have the (only) solution $m_2=m_3=0$. This would mean that the right hand side should be

$$tr_{\text{ell,top}}+tr_{\infty,\text{top}}-4tr_{\text{ell,arith}}=\left[1^m+p^{\frac{m}{2}}\eta_p^m+p^{\frac{m}{2}}\frac{1}{\eta_p^m}-3p^m\right](\eta_q+\frac{1}{\eta_q})\cdot\left(q^{\frac{1}{2}}+q^{-\frac{1}{2}}\right)$$

independently of the behavior of $L(\underline{\sigma}_f,1)$. We computed this differences earlier under the assumption that $n_\beta>0$ and if you compare, then you see a difference, it is not obtained by putting $n_\beta=0$. It should follow from an understanding of the endoscopic terms that this happens.

But in the case $L(\underline{\sigma}_f,1)=0$ (the first case) the comparison of the differences of the $\mathcal{O}$- and χ-expressions yields three times the same equation

$$2m_2+m_3=2$$

which has exactly two solutions, namely $m_2=1,m_3=0$ and $m_2=0,m_3=1$. Then we see that the vanishing of this L—value produces some cusp forms. Moreover it seems to be in accordance with the theory of the Saito-Kurakawa lifting and some conjectures of Jim Arthur, that we should have

$$m_3 = 2 \Longleftrightarrow \text{The sign in the functional equation for } L(\underline{\sigma}_f, s) \text{ is equal to minus one.}$$

(See :Arthur : Some problems suggested by the trace formula, SLN 1041, Lie Group Representations II, note added in proof at the end)

Now I discuss the *third example*

We start from an imaginary quadratic extension $F/\mathbb{Q}$, let σ be the non-trivial automorphism. We consider the hermitian form

$$f = z_1 z_3^\sigma + z_1^\sigma z_3 - z_2 z_2^\sigma.$$

Let us consider the group $GU(f)$ of similitudes, i. e.

$$GU(f)(\mathbb{Q}) = \{\alpha \in GL_3(F) \mid f(\alpha v, \alpha w) = \lambda(\alpha) f(v, w)\}.$$

To simplify notations and to avoid some annoying considerations concerning central characters I pass to the projective group

$$G/\mathbb{Q} = GU(f)/\text{centre}.$$

A maximal torus and a Borel subgroup containing it are given by

$$T(\ ) = \left\{ a(t) = \begin{pmatrix} tt^\sigma & & 0 \\ & t & \\ 0 & & 1 \end{pmatrix} \right\}, B(\ ) = \left\{ \begin{pmatrix} bb^\sigma & * & * \\ 0 & b & * \\ 0 & 0 & 1 \end{pmatrix} \right\}.$$

We identify this torus to $R_{F/\mathbb{Q}}(G_m)$ via the map $t \to a(t)$. Let $T^{(1)}$ be the maximal torus in the simply connected covering. This maps to T by

$$\begin{pmatrix} t & & \\ & t^\sigma/t & \\ & & t^{-\sigma} \end{pmatrix} \xrightarrow{\pi} \begin{pmatrix} tt^\sigma & & \\ & (t^\sigma)^2/t & \\ & & 1 \end{pmatrix}.$$

We identify $T^{(1)}(\mathbb{A}) = I_F$ using the variable t. The next datum I give myself is a rational representation

$$G \times_{\mathbb{Q}} \overline{\mathbb{Q}} = PGL_3/\overline{\mathbb{Q}} \to GL(\mathcal{M}),$$

it should be irreducible and has highest weight $\lambda = n_\alpha \gamma_\alpha + n_\beta \gamma_\beta$. We must require the congruence condition $n_\alpha \equiv n_\beta \mod 3$. I consider the cohomology

$$H^\bullet(S_K^G(\mathbb{C}), \mathcal{M}),$$

where I now allow arbitrary levels. Let us put

$$S_K^{G,\wedge\wedge}(\mathbb{C}) \setminus S_K^G(\mathbb{C}) = S_{\infty,K}^G(\mathbb{C}),$$

this is a finite set of point with an action of the Galois group on it (To be more precise, it is the set of complex valued points of a finite scheme $S_{\infty,K}^G/F$.).

The stalks of $i_*(\mathcal{M})$ on the points $x \in S^G_{\infty,K}(\mathbb{C})$ are

$$i_*(\mathcal{M})_x = \bigoplus_w H^{\ell(w)}(\mathfrak{u}_B, \mathcal{M})(w \cdot \lambda),$$

here $H^{\ell(w)}(\mathfrak{u}_B, \mathcal{M})(w \cdot \lambda)$ is a one dimensional vector space on which T acts by $w \cdot \lambda$. In my paper [Ha-GU] (I refer to the bibliography in the first part of this volume) I describe the cohomology at infinity as module for the Hecke-algebra:

$$H^\bullet(S^G_{\infty,K}(\mathbb{C}), i_*\mathcal{M}) = \bigoplus_w \bigoplus_{\varphi_f:\text{type}(\varphi_f)=w\cdot\lambda} I^{K_f}_{\varphi_f} \otimes H^{\ell(w)}(\mathfrak{u}_B, \mathcal{M})(w \cdot \lambda)$$

where φ_f is the finite part of a Hecke charakter φ (of type $w \cdot \lambda$) and where

$$I_{\varphi_f} = \{\psi : G(\mathbb{A}_f) \to \overline{\mathbb{Q}} \mid \psi(\underline{b} \cdot \underline{k}) = \varphi_f(\underline{b})\psi(\underline{k})\}$$

is the induced module (naive induction). If we take the invariants under K_f only finitely many characters φ will contribute.

We define the character $\varphi^{(1)}$ on $T^{(1)}(\mathbb{A}_f)$ as $\varphi^{(1)} = \varphi \circ \pi$. The group $T^{(1)}(\mathbb{A}_f)$ contains the group $I_{\mathbb{Q}}$ of rational ideles. It follows from the theory of local representations that I_{φ_f} has a unitary quotient J_{φ_f} if

$$\varphi^{(1)} \mid_{I_{\mathbb{Q}}} = | \ |^3_{\mathbb{Q}} \cdot \varepsilon_{F/\mathbb{Q}}.$$

This can only happen n_α or $n_\beta = 0$ and if we look at cohomology in degree 2 (Comp. [Ha-GU]). Now this unitary quotient may also occur in the discrete part of the cohomology. We denote by $H_!$ the image of the cohomology with compact supports in the ordinary cohomology and ask for the structure of

$$\mathrm{Hom}_{G(\mathbb{A}_f)}(J_{\varphi_f}, H^\bullet_!).$$

Let us denote by $H^\nu_![\varphi_f]$ the J_{φ_f}-isotypical part, we write

$$H^\nu_![\varphi_f] = J^{m_\nu(\varphi_f)}_{\varphi_f}.$$

We tensorise everything by $\overline{\mathbb{Q}}_\ell$ and then we get $\mathrm{Gal}(\overline{\mathbb{Q}}/F) \times G(\mathbb{A}_f)$ (or $\times \mathcal{H}(G(\mathbb{A}_f)//K_f)$)-modules. The Hecke characters also define via classfield theory ℓ-adic characters on the Galois group and I think it should follow from general principles that $\mathrm{Gal}(\overline{\mathbb{Q}}/F)$ acts upon $H^\nu_![\varphi_f] \otimes \overline{\mathbb{Q}}_\ell$ (after semisimplification) by the following λ-adic characters

$$\begin{array}{ll} \left(| \ |_F^{-2} \cdot \varphi_f^\sigma\right)_\ell & \text{if } \nu = 1 \\ \left(| \ |_F^{-1} \varphi_f/\varphi_f^\sigma\right)_\ell & \text{if } \nu = 2 \\ \left(\frac{1}{\varphi_f}\right)_\ell & \text{if } \nu = 3 \end{array}$$

(see [A-E],3.2.6.).

I pick a prime p which is inert and not ramified. We look at the Hecke operator $\mathbf{T}_p[m]$ whose eigenvalues on the spherical function of a principal series representation

I_{λ_p} with

$$\lambda_p : \begin{pmatrix} p^2 & & \\ & p & \\ & & 1 \end{pmatrix} \longrightarrow \omega_{\lambda_p} = \omega_p$$

are

$$p^{2m}(\omega_p^m + 1 + \omega_p^{-m}).$$

We consider the operator

$$\mathbf{T}_p[m] \times \mathbf{T}_{h'}$$

where $\mathbf{T}_{h'}$ is supposed to project to $H_!^\bullet[\varphi_f]$. For this operator we compare the two traces

$$tr_{\text{top}} = tr(\mathbf{T}_p[m] \times \mathbf{T}_{h'} \mid H_c^\bullet(\mathcal{S}_K^G, \mathcal{M})$$

$$3tr_{\text{arith}} = 3tr(\Phi_{p^2}^m \times \mathbf{T}_{h'} \mid H_c^\bullet(\mathcal{S}_K^G \times_{\mathbf{F}_{p^2}} \overline{\mathbf{F}}_p, \mathcal{M}).$$

Looking at the χ-expression first, we find

$$tr_{\text{top}} = \chi\left(H_!^\bullet[\varphi_f] + H_{\text{c,Eis}}^\bullet[\varphi_f]\right) p^{2m}\left(\omega_p^m + 1 + \omega_p^{-m}\right)$$

$$3tr_{\text{arith}} = -3m_1 p^{2m}\left(\omega_p^m + \omega_p^{-m}\right) + 3m_2 p^{2m} + 3tr\left(\Phi_p^m \mid H_{\text{c,Eis}}^\bullet[\varphi_f]\right).$$

We defined already the Hecke character $\phi^{(1)} = \varphi \circ \pi$, which we view as a character on I_F. Now it follows from the theory of Eisenstein series, that in the diagram

$$\begin{array}{ccc} J_{\varphi_f} & \xrightarrow{\delta_1[\varphi_f]} & H_{\text{c,Eis}}^2[\varphi] \\ \cap & & \cap \\ H^1(\mathcal{S}_\infty^G(\mathbb{C}), i_*\mathcal{M}) & \xrightarrow{\delta} & H_c^2(\mathcal{S}^G(\mathbb{C}), \mathcal{M}) \end{array}$$

the map $\delta_1[\varphi_f]$ is an isomorphism if $L(\varphi^{(1)}, -1) = 0$ and zero if $L(\varphi^{(1)}, -1) \neq 0$ (compare my paper [Ha-GU], we have to dualize the assertions made there). On the other hand if we look at

$$\begin{array}{ccc} I_{\varphi_f} & \xrightarrow{\delta_2[\varphi_f]} & H_{\text{c,Eis}}^3[\varphi_f] \\ \cap & & \cap \\ H^2(\mathcal{S}_\infty^G(\mathbb{C}), i_*\mathcal{M}) & \longrightarrow & H_c^3(\mathcal{S}^G(\mathbb{C}), \mathcal{M}) \end{array}$$

then the image of $\delta_2[\varphi_f]$ is zero if $L(\varphi^{(1)}, -1) = 0$ and it is $J_{\varphi_f} = H_{\text{c,Eis}}^3[\varphi_f]$ is $L(\varphi^{(1)}, -1) \neq 0$. Using the results of Pink (in this case also Kottwitz-Rapoport) we find that Φ_{p^2} has eigenvalue $p^{2m}\omega_p^{-m}$ on $H_{\text{c,Eis}}^1[\varphi_f] \otimes \overline{\mathbb{Q}}_\ell$ and $p^{2m}\omega_p^m$ on $H_{\text{c,Eis}}^3[\varphi_f] \otimes \overline{\mathbb{Q}}_\ell$ (Let us assume we normalized $|\omega_p| = p$.). Hence we get

$$\chi(\mathbf{T}_p[m] \mid H_{\text{c,Eis}}^\bullet[\varphi_f]) = \begin{cases} -p^{2m}(\omega_p^m + 1 + \omega_p^{-m}) & \text{if} \quad L(\varphi^{(1)}, -1) \neq 0 \\ p^{2m}(\omega_p^m + 1 + \omega_p^{-m}) & \text{if} \quad L(\varphi^{(1)}, -1) = 0 \end{cases}$$

and

$$3tr(\Phi_p^m \mid H_{\text{c,Eis}}^\bullet[\varphi_f] \otimes \overline{\mathbb{Q}}_\lambda) = \begin{cases} -3p^{2m}\omega_p^m & \text{if} \quad L(\varphi^{(1)}, -1) \neq 0 \\ 3p^{2m}\omega_p^{-m} & \text{if} \quad L(\varphi^{(1)}, -1) = 0. \end{cases}$$

Introducing numbers η, ξ (depending on φ_f) given by the rules

$$\eta\xi = 0, \eta + \xi = 1 \quad \text{and} \quad \xi = 1 \quad \text{iff} \quad L(\varphi^{(1)}, -1) \neq 0$$

we find as χ-expressions

$$\begin{aligned} tr_{\text{top}} &= (m_2 - 2m_1 + \eta - \xi)p^{2m}(\omega_p^m + 1 + \omega_p^{-m}) \\ 3tr_{\text{arith}} &= -3m_1p^{2m}(\omega_p^m + \omega_p^{-m}) + 3m_2p^{2m} - 3\xi p^{2m}\omega_p^m + 3\eta p^{2m}\omega_p^{-m}. \end{aligned}$$

Now we compute these traces by means of the trace formula. We find

$$\begin{aligned} tr_{\text{top}} &= tr_{\text{ell,top}} + (-p^{2m}\omega_p^{-m} + p^{2m}\omega_p^m) \\ 3tr_{\text{arith}} &= 3tr_{\text{ell,arith}} \end{aligned}$$

In the case $\xi = 1$ we should have $m_1 = m_2 = 0$, this for instance is an assertion in Rogawski's book [Ro]. Hence we get

$$\Delta_{\text{ell}}^{\text{endo}} = -p^{2m} + p^{2m} \cdot \omega_p^m,$$

in this case. But since we believe that the endoscopic terms are independent of the behavior of the L-function at 0 this expression should always be the correct one. Hence we get the following system of 3 linear equations for the multiplicities if $\xi = 0$:

$$\begin{aligned} m_1 + m_2 &= 1 \\ -2m_1 - 2m_2 &= -2 \\ m_1 + m_2 &= 1. \end{aligned}$$

This is the same kind of answer we got in the previous example.

Now I hope (and this contradicts a theorem in chap. 13 in Rogawski's book) that we have

$$m_2 = 1 \Longleftrightarrow W(\varphi^{(1)}) = -1.$$

I give you (and myself) some reasons why I think that I am right.

A. The analogous computation for the group Sp_2 gave a similar result

$$2m_2 + m_3 = 2,$$

and there we get by Saito-Kurokawa $m_3 = 2$ if the sign in the functional equation is minus one (at least in the totally unramified case).

B. The above result would fit beautifully into the ideas of Beilinson-Deligne about the existence of mixed motives: If $m_2 = 1$ then

$$\begin{array}{ccccc} H_!^2(S_K^G(\mathbb{C}), \mathcal{M}) & \longrightarrow & H^2(S_K^G(\mathbb{C}), \mathcal{M}) & \longrightarrow & H^2(S_{\infty,K}^G(\mathbb{C}), i_*\mathcal{M}) \\ \cup & & \downarrow & & \\ J_{\varphi_f}^{K_f} & & J_{\varphi_f}^{K_f} & & \end{array}$$

This yields a sequence of Hecke modules

$$0 \longrightarrow J_{\varphi_f}^{K_f} \longrightarrow X_{\varphi_f} \longrightarrow J_{\varphi_f}^{K_f} \longrightarrow 0,$$

and after tensoring by $\overline{\mathbb{Q}}_\ell$ we we get the following Hecke $\times$ Galois modules (see [A-E],3.2.7.)

$$\text{bottom } J_{\varphi_f}^{K_f} \quad \otimes \quad \overline{\mathbb{Q}}_\ell(|\ |_F^{-1}\cdot\varphi/\varphi^\sigma)$$
$$\text{top } J_{\varphi_f} \quad \otimes \quad \overline{\mathbb{Q}}_\ell(\varphi^{-1}).$$

Hence X_φ is a mixed motive of the form

$$X_\varphi = M(\varphi)\otimes J_{\varphi_f}^{K_f}$$

where $M(\varphi)$ is a rank 2 motive with coeffients in $\overline{\mathbb{Q}}$

$$0\to\overline{\mathbb{Q}}(|\ |_F^{-1}\cdot\varphi/\varphi^\sigma)\longrightarrow M(\varphi)\longrightarrow\overline{\mathbb{Q}}(\varphi^{-1})\longrightarrow 0.$$

Nontrivial extensions of the type above should exist, if and only if

$$L(|\ |_F^{-1}\varphi^2/\varphi^\sigma,-1) = L(\varphi^{(1)},-1)=0$$

more precisely Deligne made the conjecture

$$\dim \mathrm{Ext}^1_{\mathrm{Mixedmotives}}(\overline{\mathbb{Q}}(\varphi_f),\overline{\mathbb{Q}}(\varphi_f^\sigma/\varphi_f|\ |) = \text{ order of vanishing of } L(\varphi^{(1)},s) \text{ at } s=-1.$$

Hence we can hope, that our construction yields a generator, if $L(\varphi^{(1)},s)$ has a first order zero at $s=-1$. This is completely analogous to the situation in [A-E] where I discuss the expected relationship to Heegner points

C. There is some extra evidence that I am right.

It is also possible to apply the same game of comparison to the base change of G to

$$\tilde{G} = R_{F/\mathbb{Q}}(G\times_{\mathbb{Q}}F) = R_{F/\mathbb{Q}}(GL_3).$$

I refer to the remark 3.5.2 in my recent paper [Ha-GLn]. The representations $\mathcal{M}_d\otimes\mathcal{M}_d^\vee,\mathcal{M}_d^\vee\otimes\mathcal{M}_d$ descend to those on G with highest weight $d\gamma_\alpha, d\gamma_\beta$. Let us denote these representations of $\tilde{G}$ (resp. G) by $\tilde{\mathcal{M}}$ (resp. $\mathcal{M}$. If we have two matching Hecke operators $\mathbf{T}_f,\mathbf{T}_{\tilde{f}}\times\sigma$ we may compare

$$3\cdot tr(\mathbf{T}_{\tilde{f}}\times\sigma\mid H^\bullet(\mathcal{S}^{\tilde{G}},\tilde{\mathcal{M}})) - 4tr(\mathbf{T}_f\mid H^\bullet(\mathcal{S}^G,\mathcal{M})).$$

The factors 3 and 4 have to be there since 3 is the Euler characteristic of the discrete series on $U(3)$ and 4 is the σ-Euler characteristic of the lift of the discrete series.

The norm map composed with φ yields character $\tilde{\varphi}$ on $\tilde{T}(\mathbb{A})/\tilde{T}(\mathbb{Q})$, then it turns out that $\varphi^{(1)}=\varphi_\alpha^{(1)}$ (comp. notations in [Ha-GLn] loc.cit.) We may choose $\mathbf{T}_{\tilde{f}},\mathbf{T}_f$ properly so that they project to $\tilde{H}^\bullet(\mathcal{S}^{\tilde{G}},\tilde{\mathcal{M}})[\tilde{\varphi}]$, $H^\bullet(\mathcal{S}^G,\mathcal{M})[\varphi]$ (better is nonzero only on these pieces, so we still can multiply by more local components). Then the computation indicated in [Ha-GLn] yields for the χ-expression of the twisted Hecke operator

$$3tr(\mathbf{T}_{\tilde{f}}\times\sigma\mid\tilde{H}^\bullet(\mathcal{S}^{\tilde{G}},\tilde{\mathcal{M}})[\tilde{\varphi}]) = 3(tr(\mathbf{T}_{\tilde{f}}\times\sigma)\mid J_{\tilde{\varphi}})(a(\tilde{\varphi})+2b(\tilde{\varphi})W(\varphi))$$

where

$$a(\tilde{\varphi})=-1\ ,\ b(\tilde{\varphi})=0 \text{ if } L(\tilde{\varphi}_\alpha^{(1)},-1)=L(\varphi^{(1)},-1)\neq 0$$
$$a(\tilde{\varphi})=1\ ,\ b(\tilde{\varphi})=-1 \text{ if } L(\tilde{\varphi}_\alpha^{(1)},-1)=0.$$

Here we see a strong dependence on the sign of the functional equation which is caused by the so called ghost classes. On the other side we find as χ-expression

$$4tr(\mathbf{T}_f \mid H^\bullet(\mathcal{S}^G, \mathcal{M})) = 4tr(\mathbf{T}_f \mid J_\varphi)(-2m_1 + m_2 + \delta(\varphi))$$

where $\delta(\varphi) = -1$ if $L(\varphi^{(1)}, -1) \neq 0$ and $\delta(\varphi) = +1$ if $L(\varphi^{(1)}, -1) = 0$. Now let us assume again that $m_1 = m_2 = 0$ if $L(\varphi^{(1)}, -1) \neq 0$. (This is also stated in [Ro]). Then the difference of traces is

$$-3tr(\mathbf{T}_{\tilde{f}} \times \sigma \mid J_{\tilde{\varphi}_f}) + 4tr(\mathbf{T}_f \mid J_{\varphi_f}),$$

which is also consistent with certain necessary cancellations between the endoscopic term and the tr_∞ terms.

Now we assume $tr(\mathbf{T}_{\tilde{f}} \times \sigma \mid J_{\tilde{\varphi}_f}) = tr(\mathbf{T}_f \mid J_{\varphi_f}) = A$. If $L(\varphi^{(1)}, -1) = 0$, $W(\varphi^{(1)}) = 1$ and if $m_1 = 1, m_2 = 0$ we find again

$$-3A + 4A = -3A + 4A.$$

But for $W(\varphi^{(1)}) = -1$ we get

$$9A + 4(2m_1 - m_2 - 1)A = -3A + 4A.$$

This requires $4(2m_1 - m_2 - 1) = -8$ and hence we get the hoped for solution $m_2 = 0$, $m_2 = 1$.

(I believe that there is an error in the computation of [Ro] in Chap 13. I think that Rogawski does not handle correctly the contributions of certain terms in the twisted trace formula. These terms come from residual discrete classes on the two maximal parabolics, the contribution depend on the sign of an operator $M(0)$, and he overlooks its depence on the sign of the functional equation.

Of course I will send this also to Rogawski and ask his opinion. Since it is so much more beautiful if I am right (not for personal but aesthetical reasons) he may be not too unhappy. Of course if I am wrong ....)

(This question has been settled in the meantime see also this volume [A-E], 3.2.6.)

In any case it seems to be interesting to see, that the trace formula produces cuspidal cohomology which looks like Eisenstein cohomology. I wonder if this is related to the classes which are called ***shadows*** of Eisenstein series by Rallis and Schiffman. Hence -if my considerations turn out to be right- we would see that the ***ghost*** classes in the cohomology of $\tilde{G}$ produce ***shadows*** of Eisenstein series.

Finally I want to add another remark. The third example shows that the comparaison between the topological and the arithmetical trace formulae gives information on multiplicities of certain rather special constituents. These information are given by the above system of three equations for m_1, m_2. Interestingly these equations are **not of Euler-characteristic type**, they do not have the sign factors $(-1)^{\mathbf{degree}}$. In the third example I also sketch a comparaison between two topological trace formulae, there we get the signs. Apparently this is good enough to get full information about these multiplicities.

Regards Günter

LITERATUR

[Ba-Bo] **W. Baily, A. Borel :** Compactification of arithmetic quotients of bounded symmetric domains, Ann. of Math. 84 (1966), 442-528

[Be] **J. Bewersdorff :** Eine Lefschetzsche Fixpunktformel für Hecke-Operatoren. Bonner Mathematische Schriften , Nr. 164

[Bo] **A. Borel :** Stable Real Cohomology of Arithmetic Groups II Progress in Math. Boston 14, 21-55 (1981)

[Bo-Se] **A. Borel , J.-P. Serre :** Corners and arithmetic groups. Comment. Math. Helv. **48**: 436-491 (1973)

[Bv] **M. Borovoi:** Langlands's Conjecture concerning Conjugation of Shimura Varieties, Sel. Math. Sov. 3 (1983/4), 3-39

[Bou] **N. Bourbaki :** Groupes et algèbres de Lie Elements de Mathématiques, Herman, Paris

[Br] **Ch. Brinkmann :** Andersons gemischte Motive Dissertation Bonn 1991 Bonner Mathematische Schriften 223

[Ca1] **W. Casselman :** L^2-Cohomology for groups of real rank 1 Progress in Math. 40, Boston (1983), 103-140

[Ca2] **W. Casselman :** Introduction to the Theory of Admissible Representations of p-adic Reductive Groups

[De-Mf] **P. Deligne:** Formes modulaires et représentations ℓ-adiques. Séminaire Bourbaki, 1968/69, Exp. 335

[De-Sh1] **P. Deligne:** Travaux de Shimura Séminaire Bourbaki, 1970/71,exp. 389, SLN 244

[De-Sh2] **P. Deligne:** Variétés de Shimura. Proc. Symp. Pure Math 33 (1979), part. 2: 247-290.

[De-Val] **P. Deligne :** Valeurs de fonctions L et périodes d'intégrales. Proc. Symp. Pure Math. 33 (1979), part. 2: 313-346.

[De-We1] **P. Deligne :** La Conjecture de Weil, I Pub. Math., IHES, No 43, 1974, S. 273-308

[De-We2] **P. Deligne :** La Conjecture de Weil, II
Pub. Math., IHES, No 52, 1980, S. 312-428

[De-Ho] **P. Deligne :** Théorie de Hodge II,
Publ. Math. IHES **40** (1971) S. 5-58

[De-P1] **P. Deligne :** Le Groupe Fondamental de la
Droite Projéctive Moins Trois Points
Galois Groups over $\mathbb{Q}$, MSRI Publications,
ed. Ihara, Ribet, Serre, vol16, S. 79-293

[De-Ra] **P. Deligne, M. Rapoport :** Les schémas de modules de courbes elliptiques.
Modular Functions of One Variable II,
Springer LN 349, 1973,143-174.

[Ev] **U. Everling :** Lokale Verkettungsoperatoren
Dissertation Bonn 1991

[Eu1] **L. Euler:** De summis serierum reciprocarum
Commentarii acadedemiae
scientiarum Petropolitanae 7
(1734/5), 1740, p. 123-134

[Eu2] **L. Euler:** Remarques sur un beau rapport entre
les séries des Puissances tant directes
que réciproques, Mém. de l'academie
des sciences de Berlin, 1768, 83-106

[Fe] **J. M. Feustel :** Zur groben Klassifikation
der Picardschen Modulflächen
Math. Nachr. 118 (1984) 215-251

[Ge] **Th. Geisser:** Galoiskohomologie reeller halbeinfacher
algebraischer Gruppen
Diplomarbeit Bonn 1990

[G-Z] **B.H. Gross, D. Zagier :** Heegner points and derivatives
of L-series, Inv. Math. 84, 225-320, (1986)

[Gr] **A. Grothendieck :** On the de Rham Cohomology of Algebraic
Varieties. Pub. Math.,
IHES, **29** (1966) S. 351-359

[Ha-Bom] **G. Harder :** On the Cohomology of discrete
arithmetically defined Groups,
Proceedings of the Int. Coll.,Bombay 1973

[Ha-M] **G. Harder :** Manuskript zur Vorlesung.
SS 1987 - SS 1988

[Ha-E] **G. Harder :** Eisenstein-Kohomologie arithmetischer Gruppen: Allgemeine Aspekte, Preprint Bonn

[Ha-GL2] **G. Harder :** Eisenstein cohomology of arithmetic groups. The case Gl_2
Inventiones math., 89, S. 37-118(1987)

[Ha-GLn] **G. Harder :** Some results on the Eisenstein cohomology of arithmetic subgroups of GL_n .
In: Cohomology of arithmetic groups, Proceedings of a conference held at CIRM ed.: J-P Labesse-J.Schwermer, Springer Lecture Notes 1447

[Ha-ICM] **G. Harder :** Eisenstein Cohomology of Arithmetic Groups and its Applications to Number Theory
Proceedings ICM Kyoto

[Ha-GU] **G. Harder :** Eisensteinkohomologie für Gruppen vom Typ $GU(2,1)$
Math. Ann. 278 , 563-592 (1987)

[Ha-P] **G. Harder, R. Pink :** Modular konstruierte unverzweigte abelsche p - Erweiterungen von $\mathbb{Q}(\zeta_p)$ und die Struktur ihrer Galoisgruppen
Math. Nachr.,159 (1992),83-99

[H] **M. Harris :** Functorial properties of toroidal compactifications of locally symmetric varieties Proc. London Math. Soc (3), 59 (1989) S. 1-22.

[H-C] **Harish-Chandra :** Automorphic forms on semisimple Lie groups
Springer Lecture Notes, 62 (1968)

[H-S] **P.J. Hilton, U. Stammbach :** A Course in Homological Algebra
Graduate Texts in Mathematics, Springer 1970

[Ho] **R.-P. Holzapfel:** Geometry and Arithmetic Auround Euler Partial Differential Equations
D. Reidel Publishing Company1986

[Kai] **C. Kaiser :** Die Nenner von Eisensteinklassen für gewisse Kongruenzgruppen
Diplomarbeit Bonn 1991

[Ky] **D. Keys :** Principal Series Representations of special unitary groups over local fields,
Compos. Math. ,51, 115-130 (1984)

[Ko] **R. Kottwitz :** Shimura Varieties and λ-adic Representations in Automorphic Forms, Shimura Varieties and L-Functions, I. ed.: L. Clozel and J. S. Milne, Perspectives in Mathematics, 10 (1990), S. 161-209

[K-P-S] **M. Kuga, W. Parry, Sah :** Group Cohomology and Hecke Operators. In Manifolds and Lie Groups. ed.: Hano, J. et al. Progress in Math., 14, (1981) ,S. 223-266

[La] **R. Langlands :** Euler Products, Lecture Notes Yale University (1967)

[L-R] **R. Langlands et al. :** The Zeta Functions of Picard Modular Surfaces ed. R.P. Langlands und D. Ramakrishnan Les Publication CRM, Montreal

[Lo-Ra] **E. Looijenga, M. Rapoport :** Weights in the Local Cohomology of a Baily-Borel Compactification, Proc. Symp. Pure Math,53.223-260

[Mi] **J. S. Milne :** The action of automorphisms of $\mathbb{C}$ on a a Shimura-Variety and its special points, in Papers dedicated to I. R. Shafarewich Progress in Mathematics, 35 (1983), 239-265

[PS] **I.I Piateski-Shapiro :** On the Saito-Kurakawa lifting Inventiones math., 71 , S. 309-338(1983)

[P1] **R. Pink:** Arithmetical Compactification of mixed Shimura Varieties, Dissertation Bonn, Bonner Mathematische Schriften 209. 1989

[P2] **R. Pink :** On ℓ-adic sheaves on Shimura varieties and their higher direct images in the Baily-Borel compactification. Math. Ann. 292, 1992, !97-240

[Ral] **S. Rallis :** L-Functions and the Oscillator Representation SLN, 1245, 1987

[Ra-S-S] **M. Rapoport et al. :** Beilinsons Conjectures on Special Values of L-Functions Perspectives in Mathematics vol. 4

[Ri] **K. Ribet :** A modular construction of unramified p-extensions of $\mathbf{Q}(\mu_p)$. Inv. Math. 34, 1976, 151-162

[Ro] **J. Rogawski:** Automorphic Representations of Unitary Groups in Three Varibles Princeton University Press

[Scha] **N. Schappacher :** Periods of Hecke Characters SLN 1301,1988

[Sch1] **A. J. Scholl :** Remarks on special values of L-functions in L-functions and Arithmetic, Proc. of the Durham Symposion July 1989, London Math. Soc., Lecture Note Series 153, S. 373-392

[Sch2] **A. J. Scholl :** Height pairings and special values of L-functions to appear in Proc. Symp. Pure Math, AMS Symposion in Seattle 1992

[Sch] **J. Schwermer :** On Euler products and residual Eisenstein cohomology classes for Siegel modular varieties, erscheint in Forum Mathematicum

[Si] **J. H. Silverman :** The Arithmetic of Elliptic Curves, Graduate Texts in Mathematics, 1986

[Za] **D. Zagier :** Sur la Conjecture de Saito-Kurakawa (d'aprés Maass)Seminaire de Theorie de Nombres, DPP, Birkhäuser, Progress in Mathematics, vol 12, 1981, p. 371-394

Stichworte

Seitenzahl bezieht sich auf das erste Auftreten des Stichwortes.

Druck: Weihert-Druck GmbH, Darmstadt
Bindearbeiten: Buchbinderei Schäffer, Grünstadt

Lecture Notes in Mathematics

For information about Vols. 1–1384
please contact your bookseller or Springer-Verlag

Vol. 1385: A.M. Anile, Y. Choquet-Bruhat (Eds.), Relativistic Fluid Dynamics. Seminar, 1987. V, 308 pages. 1989.

Vol. 1386: A. Bellen, C.W. Gear, E. Russo (Eds.), Numerical Methods for Ordinary Differential Equations. Proceedings, 1987. VII, 136 pages. 1989.

Vol. 1387: M. Petković, Iterative Methods for Simultaneous Inclusion of Polynomial Zeros. X, 263 pages. 1989.

Vol. 1388: J. Shinoda, T.A. Slaman, T. Tugué (Eds.), Mathematical Logic and Applications. Proceedings, 1987. V, 223 pages. 1989.

Vol. 1000: Second Edition. H. Hopf, Differential Geometry in the Large. VII, 184 pages. 1989.

Vol. 1389: E. Ballico, C. Ciliberto (Eds.), Algebraic Curves and Projective Geometry. Proceedings, 1988. V, 288 pages. 1989.

Vol. 1390: G. Da Prato, L. Tubaro (Eds.), Stochastic Partial Differential Equations and Applications II. Proceedings, 1988. VI, 258 pages. 1989.

Vol. 1391: S. Cambanis, A. Weron (Eds.), Probability Theory on Vector Spaces IV. Proceedings, 1987. VIII, 424 pages. 1989.

Vol. 1392: R. Silhol, Real Algebraic Surfaces. X, 215 pages. 1989.

Vol. 1393: N. Bouleau, D. Feyel, F. Hirsch, G. Mokobodzki (Eds.), Séminaire de Théorie du Potentiel Paris, No. 9. Proceedings. VI, 265 pages. 1989.

Vol. 1394: T.L. Gill, W.W. Zachary (Eds.), Nonlinear Semigroups, Partial Differential Equations and Attractors. Proceedings, 1987. IX, 233 pages. 1989.

Vol. 1395: K. Alladi (Ed.), Number Theory, Madras 1987. Proceedings. VII, 234 pages. 1989.

Vol. 1396: L. Accardi, W. von Waldenfels (Eds.), Quantum Probability and Applications IV. Proceedings, 1987. VI, 355 pages. 1989.

Vol. 1397: P.R. Turner (Ed.), Numerical Analysis and Parallel Processing. Seminar, 1987. VI, 264 pages. 1989.

Vol. 1398: A.C. Kim, B.H. Neumann (Eds.), Groups – Korea 1988. Proceedings. V, 189 pages. 1989.

Vol. 1399: W.-P. Barth, H. Lange (Eds.), Arithmetic of Complex Manifolds. Proceedings, 1988. V, 171 pages. 1989.

Vol. 1400: U. Jannsen. Mixed Motives and Algebraic K-Theory. XIII, 246 pages. 1990.

Vol. 1401: J. Steprans, S. Watson (Eds.), Set Theory and its Applications. Proceedings, 1987. V, 227 pages. 1989.

Vol. 1402: C. Carasso, P. Charrier, B. Hanouzet, J.-L. Joly (Eds.), Nonlinear Hyperbolic Problems. Proceedings, 1988. V, 249 pages. 1989.

Vol. 1403: B. Simeone (Ed.), Combinatorial Optimization. Seminar, 1986. V, 314 pages. 1989.

Vol. 1404: M.-P. Malliavin (Ed.), Séminaire d'Algèbre Paul Dubreil et Marie-Paul Malliavin. Proceedings, 1987–1988. IV, 410 pages. 1989.

Vol. 1405: S. Dolecki (Ed.), Optimization. Proceedings, 1988. V, 223 pages. 1989. Vol. 1406: L. Jacobsen (Ed.), Analytic Theory of Continued Fractions III. Proceedings, 1988. VI, 142 pages. 1989.

Vol. 1407: W. Pohlers, Proof Theory. VI, 213 pages. 1989.

Vol. 1408: W. Lück, Transformation Groups and Algebraic K-Theory. XII, 443 pages. 1989.

Vol. 1409: E. Hairer, Ch. Lubich, M. Roche. The Numerical Solution of Differential-Algebraic Systems by Runge-Kutta Methods. VII, 139 pages. 1989.

Vol. 1410: F.J. Carreras, O. Gil-Medrano, A.M. Naveira (Eds.), Differential Geometry. Proceedings, 1988. V, 308 pages. 1989.

Vol. 1411: B. Jiang (Ed.), Topological Fixed Point Theory and Applications. Proceedings. 1988. VI, 203 pages. 1989.

Vol. 1412: V.V. Kalashnikov, V.M. Zolotarev (Eds.), Stability Problems for Stochastic Models. Proceedings, 1987. X, 380 pages. 1989.

Vol. 1413: S. Wright, Uniqueness of the Injective III_1 Factor. III, 108 pages. 1989.

Vol. 1414: E. Ramirez de Arellano (Ed.), Algebraic Geometry and Complex Analysis. Proceedings, 1987. VI, 180 pages. 1989.

Vol. 1415: M. Langevin, M. Waldschmidt (Eds.), Cinquante Ans de Polynômes. Fifty Years of Polynomials. Proceedings, 1988. IX, 235 pages.1990.

Vol. 1416: C. Albert (Ed.), Géométrie Symplectique et Mécanique. Proceedings, 1988. V, 289 pages. 1990.

Vol. 1417: A.J. Sommese, A. Biancofiore, E.L. Livorni (Eds.), Algebraic Geometry. Proceedings, 1988. V, 320 pages. 1990.

Vol. 1418: M. Mimura (Ed.), Homotopy Theory and Related Topics. Proceedings, 1988. V, 241 pages. 1990.

Vol. 1419: P.S. Bullen, P.Y. Lee, J.L. Mawhin, P. Muldowney, W.F. Pfeffer (Eds.), New Integrals. Proceedings, 1988. V, 202 pages. 1990.

Vol. 1420: M. Galbiati, A. Tognoli (Eds.), Real Analytic Geometry. Proceedings, 1988. IV, 366 pages. 1990.

Vol. 1421: H.A. Biagioni, A Nonlinear Theory of Generalized Functions, XII, 214 pages. 1990.

Vol. 1422: V. Villani (Ed.), Complex Geometry and Analysis. Proceedings, 1988. V, 109 pages. 1990.

Vol. 1423: S.O. Kochman, Stable Homotopy Groups of Spheres: A Computer-Assisted Approach. VIII, 330 pages. 1990.

Vol. 1424: F.E. Burstall, J.H. Rawnsley, Twistor Theory for Riemannian Symmetric Spaces. III, 112 pages. 1990.

Vol. 1425: R.A. Piccinini (Ed.), Groups of Self-Equivalences and Related Topics. Proceedings, 1988. V, 214 pages. 1990.

Vol. 1426: J. Azéma, P.A. Meyer, M. Yor (Eds.), Séminaire de Probabilités XXIV, 1988/89. V, 490 pages. 1990.

Vol. 1427: A. Ancona, D. Geman, N. Ikeda, École d'Eté de Probabilités de Saint Flour XVIII, 1988. Ed.: P.L. Hennequin. VII, 330 pages. 1990.

Vol. 1428: K. Erdmann, Blocks of Tame Representation Type and Related Algebras. XV. 312 pages. 1990.

Vol. 1429: S. Homer, A. Nerode, R.A. Platek, G.E. Sacks, A. Scedrov, Logic and Computer Science. Seminar, 1988. Editor: P. Odifreddi. V, 162 pages. 1990.

Vol. 1430: W. Bruns, A. Simis (Eds.), Commutative Algebra. Proceedings. 1988. V, 160 pages. 1990.

Vol. 1431: J.G. Heywood, K. Masuda, R. Rautmann, V.A. Solonnikov (Eds.), The Navier-Stokes Equations – Theory and Numerical Methods. Proceedings, 1988. VII, 238 pages. 1990.

Vol. 1432: K. Ambos-Spies, G.H. Müller, G.E. Sacks (Eds.), Recursion Theory Week. Proceedings, 1989. VI, 393 pages. 1990.

Vol. 1433: S. Lang, W. Cherry, Topics in Nevanlinna Theory. II, 174 pages.1990.

Vol. 1434: K. Nagasaka, E. Fouvry (Eds.), Analytic Number Theory. Proceedings, 1988. VI, 218 pages. 1990.

Vol. 1435: St. Ruscheweyh, E.B. Saff, L.C. Salinas, R.S. Varga (Eds.), Computational Methods and Function Theory. Proceedings, 1989. VI, 211 pages. 1990.

Vol. 1436: S. Xambó-Descamps (Ed.), Enumerative Geometry. Proceedings, 1987. V, 303 pages. 1990.

Vol. 1437: H. Inassaridze (Ed.), K-theory and Homological Algebra. Seminar, 1987–88. V, 313 pages. 1990.

Vol. 1438: P.G. Lemarié (Ed.) Les Ondelettes en 1989. Seminar. IV, 212 pages. 1990.

Vol. 1439: E. Bujalance, J.J. Etayo, J.M. Gamboa, G. Gromadzki. Automorphism Groups of Compact Bordered Klein Surfaces: A Combinatorial Approach. XIII, 201 pages. 1990.

Vol. 1440: P. Latiolais (Ed.), Topology and Combinatorial Groups Theory. Seminar, 1985–1988. VI, 207 pages. 1990.

Vol. 1441: M. Coornaert, T. Delzant, A. Papadopoulos. Géométrie et théorie des groupes. X, 165 pages. 1990.

Vol. 1442: L. Accardi, M. von Waldenfels (Eds.), Quantum Probability and Applications V. Proceedings, 1988. VI, 413 pages. 1990.

Vol. 1443: K.H. Dovermann, R. Schultz, Equivariant Surgery Theories and Their Periodicity Properties. VI, 227 pages. 1990.

Vol. 1444: H. Korezlioglu, A.S. Ustunel (Eds.), Stochastic Analysis and Related Topics VI. Proceedings, 1988. V, 268 pages. 1990.

Vol. 1445: F. Schulz, Regularity Theory for Quasilinear Elliptic Systems and – Monge Ampère Equations in Two Dimensions. XV, 123 pages. 1990.

Vol. 1446: Methods of Nonconvex Analysis. Seminar, 1989. Editor: A. Cellina. V, 206 pages. 1990.

Vol. 1447: J.-G. Labesse, J. Schwermer (Eds), Cohomology of Arithmetic Groups and Automorphic Forms. Proceedings, 1989. V, 358 pages. 1990.

Vol. 1448: S.K. Jain, S.R. López-Permouth (Eds.), Non-Commutative Ring Theory. Proceedings, 1989. V, 166 pages. 1990.

Vol. 1449: W. Odyniec, G. Lewicki, Minimal Projections in Banach Spaces. VIII, 168 pages. 1990.

Vol. 1450: H. Fujita, T. Ikebe, S.T. Kuroda (Eds.), Functional-Analytic Methods for Partial Differential Equations. Proceedings, 1989. VII, 252 pages. 1990.

Vol. 1451: L. Alvarez-Gaumé, E. Arbarello, C. De Concini, N.J. Hitchin, Global Geometry and Mathematical Physics. Montecatini Terme 1988. Seminar. Editors: M. Francaviglia, F. Gherardelli. IX, 197 pages. 1990.

Vol. 1452: E. Hlawka, R.F. Tichy (Eds.), Number-Theoretic Analysis. Seminar, 1988–89. V, 220 pages. 1990.

Vol. 1453: Yu.G. Borisovich, Yu.E. Gliklikh (Eds.), Global Analysis – Studies and Applications IV. V, 320 pages. 1990.

Vol. 1454: F. Baldassari, S. Bosch, B. Dwork (Eds.), p-adic Analysis. Proceedings, 1989. V, 382 pages. 1990.

Vol. 1455: J.-P. Françoise, R. Roussarie (Eds.), Bifurcations of Planar Vector Fields. Proceedings, 1989. VI, 396 pages. 1990.

Vol. 1456: L.G. Kovács (Ed.), Groups – Canberra 1989. Proceedings. XII, 198 pages. 1990.

Vol. 1457: O. Axelsson, L.Yu. Kolotilina (Eds.), Preconditioned Conjugate Gradient Methods. Proceedings, 1989. V, 196 pages. 1990.

Vol. 1458: R. Schaaf, Global Solution Branches of Two Point Boundary Value Problems. XIX, 141 pages. 1990.

Vol. 1459: D. Tiba, Optimal Control of Nonsmooth Distributed Parameter Systems. VII, 159 pages. 1990.

Vol. 1460: G. Toscani, V. Boffi, S. Rionero (Eds.), Mathematical Aspects of Fluid Plasma Dynamics. Proceedings, 1988. V, 221 pages. 1991.

Vol. 1461: R. Gorenflo, S. Vessella, Abel Integral Equations. VII, 215 pages. 1991.

Vol. 1462: D. Mond, J. Montaldi (Eds.), Singularity Theory and its Applications. Warwick 1989, Part I. VIII, 405 pages. 1991.

Vol. 1463: R. Roberts, I. Stewart (Eds.), Singularity Theory and its Applications. Warwick 1989, Part II. VIII, 322 pages. 1991.

Vol. 1464: D. L. Burkholder, E. Pardoux, A. Sznitman, Ecole d'Eté de Probabilités de Saint- Flour XIX-1989. Editor: P. L. Hennequin. VI, 256 pages. 1991.

Vol. 1465: G. David, Wavelets and Singular Integrals on Curves and Surfaces. X, 107 pages. 1991.

Vol. 1466: W. Banaszczyk, Additive Subgroups of Topological Vector Spaces. VII, 178 pages. 1991.

Vol. 1467: W. M. Schmidt, Diophantine Approximations and Diophantine Equations. VIII, 217 pages. 1991.

Vol. 1468: J. Noguchi, T. Ohsawa (Eds.), Prospects in Complex Geometry. Proceedings, 1989. VII, 421 pages. 1991.

Vol. 1469: J. Lindenstrauss, V. D. Milman (Eds.), Geometric Aspects of Functional Analysis. Seminar 1989-90. XI, 191 pages. 1991.

Vol. 1470: E. Odell, H. Rosenthal (Eds.), Functional Analysis. Proceedings, 1987-89. VII, 199 pages. 1991.

Vol. 1471: A. A. Panchishkin, Non-Archimedean L-Functions of Siegel and Hilbert Modular Forms. VII, 157 pages. 1991.

Vol. 1472: T. T. Nielsen, Bose Algebras: The Complex and Real Wave Representations. V, 132 pages. 1991.

Vol. 1473: Y. Hino, S. Murakami, T. Naito, Functional Differential Equations with Infinite Delay. X, 317 pages. 1991.

Vol. 1474: S. Jackowski, B. Oliver, K. Pawałowski (Eds.), Algebraic Topology, Poznań 1989. Proceedings. VIII, 397 pages. 1991.

Vol. 1475: S. Busenberg, M. Martelli (Eds.), Delay Differential Equations and Dynamical Systems. Proceedings, 1990. VIII, 249 pages. 1991.

Vol. 1476: M. Bekkali, Topics in Set Theory. VII, 120 pages. 1991.

Vol. 1477: R. Jajte, Strong Limit Theorems in Noncommutative L_2-Spaces. X, 113 pages. 1991.

Vol. 1478: M.-P. Malliavin (Ed.), Topics in Invariant Theory. Seminar 1989-1990. VI, 272 pages. 1991.

Vol. 1479: S. Bloch, I. Dolgachev, W. Fulton (Eds.), Algebraic Geometry. Proceedings, 1989. VII, 300 pages. 1991.

Vol. 1480: F. Dumortier, R. Roussarie, J. Sotomayor, H. Żoładek, Bifurcations of Planar Vector Fields: Nilpotent Singularities and Abelian Integrals. VIII, 226 pages. 1991.

Vol. 1481: D. Ferus, U. Pinkall, U. Simon, B. Wegner (Eds.), Global Differential Geometry and Global Analysis. Proceedings, 1991. VIII, 283 pages. 1991.

Vol. 1482: J. Chabrowski, The Dirichlet Problem with L^2-Boundary Data for Elliptic Linear Equations. VI, 173 pages. 1991.

Vol. 1483: E. Reithmeier, Periodic Solutions of Nonlinear Dynamical Systems. VI, 171 pages. 1991.

Vol. 1484: H. Delfs, Homology of Locally Semialgebraic Spaces. IX, 136 pages. 1991.

Vol. 1485: J. Azéma, P. A. Meyer, M. Yor (Eds.), Séminaire de Probabilités XXV. VIII, 440 pages. 1991.

Vol. 1486: L. Arnold, H. Crauel, J.-P. Eckmann (Eds.), Lyapunov Exponents. Proceedings, 1990. VIII, 365 pages. 1991.

Vol. 1487: E. Freitag, Singular Modular Forms and Theta Relations. VI, 172 pages. 1991.

Vol. 1488: A. Carboni, M. C. Pedicchio, G. Rosolini (Eds.), Category Theory. Proceedings, 1990. VII, 494 pages. 1991.

Vol. 1489: A. Mielke, Hamiltonian and Lagrangian Flows on Center Manifolds. X, 140 pages. 1991.

Vol. 1490: K. Metsch, Linear Spaces with Few Lines. XIII, 196 pages. 1991.

Vol. 1491: E. Lluis-Puebla, J.-L. Loday, H. Gillet, C. Soulé, V. Snaith, Higher Algebraic K-Theory: an overview. IX, 164 pages. 1992.

Vol. 1492: K. R. Wicks, Fractals and Hyperspaces. VIII, 168 pages. 1991.

Vol. 1493: E. Benoît (Ed.), Dynamic Bifurcations. Proceedings, Luminy 1990. VII, 219 pages. 1991.

Vol. 1494: M.-T. Cheng, X.-W. Zhou, D.-G. Deng (Eds.), Harmonic Analysis. Proceedings, 1988. IX, 226 pages. 1991.

Vol. 1495: J. M. Bony, G. Grubb, L. Hörmander, H. Komatsu, J. Sjöstrand, Microlocal Analysis and Applications. Montecatini Terme, 1989. Editors: L. Cattabriga, L. Rodino. VII, 349 pages. 1991.

Vol. 1496: C. Foias, B. Francis, J. W. Helton, H. Kwakernaak, J. B. Pearson, H_∞-Control Theory. Como, 1990. Editors: E. Mosca, L. Pandolfi. VII, 336 pages. 1991.

Vol. 1497: G. T. Herman, A. K. Louis, F. Natterer (Eds.), Mathematical Methods in Tomography. Proceedings 1990. X, 268 pages. 1991.

Vol. 1498: R. Lang, Spectral Theory of Random Schrödinger Operators. X, 125 pages. 1991.

Vol. 1499: K. Taira, Boundary Value Problems and Markov Processes. IX, 132 pages. 1991.

Vol. 1500: J.-P. Serre, Lie Algebras and Lie Groups. VII, 168 pages. 1992.

Vol. 1501: A. De Masi, E. Presutti, Mathematical Methods for Hydrodynamic Limits. IX, 196 pages. 1991.

Vol. 1502: C. Simpson, Asymptotic Behavior of Monodromy. V, 139 pages. 1991.

Vol. 1503: S. Shokranian, The Selberg-Arthur Trace Formula (Lectures by J. Arthur). VII, 97 pages. 1991.

Vol. 1504: J. Cheeger, M. Gromov, C. Okonek, P. Pansu, Geometric Topology: Recent Developments. Editors: P. de Bartolomeis, F. Tricerri. VII, 197 pages. 1991.

Vol. 1505: K. Kajitani, T. Nishitani, The Hyperbolic Cauchy Problem. VII, 168 pages. 1991.

Vol. 1506: A. Buium, Differential Algebraic Groups of Finite Dimension. XV, 145 pages. 1992.

Vol. 1507: K. Hulek, T. Peternell, M. Schneider, F.-O. Schreyer (Eds.), Complex Algebraic Varieties. Proceedings, 1990. VII, 179 pages. 1992.

Vol. 1508: M. Vuorinen (Ed.), Quasiconformal Space Mappings. A Collection of Surveys 1960-1990. IX, 148 pages. 1992.

Vol. 1509: J. Aguadé, M. Castellet, F. R. Cohen (Eds.), Algebraic Topology - Homotopy and Group Cohomology. Proceedings, 1990. X, 330 pages. 1992.

Vol. 1510: P. P. Kulish (Ed.), Quantum Groups. Proceedings, 1990. XII, 398 pages. 1992.

Vol. 1511: B. S. Yadav, D. Singh (Eds.), Functional Analysis and Operator Theory. Proceedings, 1990. VIII, 223 pages. 1992.

Vol. 1512: L. M. Adleman, M.-D. A. Huang, Primality Testing and Abelian Varieties Over Finite Fields. VII, 142 pages. 1992.

Vol. 1513: L. S. Block, W. A. Coppel, Dynamics in One Dimension. VIII, 249 pages. 1992.

Vol. 1514: U. Krengel, K. Richter, V. Warstat (Eds.), Ergodic Theory and Related Topics III, Proceedings, 1990. VIII, 236 pages. 1992.

Vol. 1515: E. Ballico, F. Catanese, C. Ciliberto (Eds.), Classification of Irregular Varieties. Proceedings, 1990. VII, 149 pages. 1992.

Vol. 1516: R. A. Lorentz, Multivariate Birkhoff Interpolation. IX, 192 pages. 1992.

Vol. 1517: K. Keimel, W. Roth, Ordered Cones and Approximation. VI, 134 pages. 1992.

Vol. 1518: H. Stichtenoth, M. A. Tsfasman (Eds.), Coding Theory and Algebraic Geometry. Proceedings, 1991. VIII, 223 pages. 1992.

Vol. 1519: M. W. Short, The Primitive Soluble Permutation Groups of Degree less than 256. IX, 145 pages. 1992.

Vol. 1520: Yu. G. Borisovich, Yu. E. Gliklikh (Eds.), Global Analysis – Studies and Applications V. VII, 284 pages. 1992.

Vol. 1521: S. Busenberg, B. Forte, H. K. Kuiken, Mathematical Modelling of Industrial Process. Bari, 1990. Editors: V. Capasso, A. Fasano. VII, 162 pages. 1992.

Vol. 1522: J.-M. Delort, F. B. I. Transformation. VII, 101 pages. 1992.

Vol. 1523: W. Xue, Rings with Morita Duality. X, 168 pages. 1992.

Vol. 1524: M. Coste, L. Mahé, M.-F. Roy (Eds.), Real Algebraic Geometry. Proceedings, 1991. VIII, 418 pages. 1992.

Vol. 1525: C. Casacuberta, M. Castellet (Eds.), Mathematical Research Today and Tomorrow. VII, 112 pages. 1992.

Vol. 1526: J. Azéma, P. A. Meyer, M. Yor (Eds.), Séminaire de Probabilités XXVI. X, 633 pages. 1992.

Vol. 1527: M. I. Freidlin, J.-F. Le Gall, Ecole d'Eté de Probabilités de Saint-Flour XX – 1990. Editor: P. L. Hennequin. VIII, 244 pages. 1992.

Vol. 1528: G. Isac, Complementarity Problems. VI, 297 pages. 1992.

Vol. 1529: J. van Neerven, The Adjoint of a Semigroup of Linear Operators. X, 195 pages. 1992.

Vol. 1530: J. G. Heywood, K. Masuda, R. Rautmann, S. A. Solonnikov (Eds.), The Navier-Stokes Equations II – Theory and Numerical Methods. IX, 322 pages. 1992.

Vol. 1531: M. Stoer, Design of Survivable Networks. IV, 206 pages. 1992.

Vol. 1532: J. F. Colombeau, Multiplication of Distributions. X, 184 pages. 1992.

Vol. 1533: P. Jipsen, H. Rose, Varieties of Lattices. X, 162 pages. 1992.

Vol. 1534: C. Greither, Cyclic Galois Extensions of Commutative Rings. X, 145 pages. 1992.

Vol. 1535: A. B. Evans, Orthomorphism Graphs of Groups. VIII, 114 pages. 1992.

Vol. 1536: M. K. Kwong, A. Zettl, Norm Inequalities for Derivatives and Differences. VII, 150 pages. 1992.

Vol. 1537: P. Fitzpatrick, M. Martelli, J. Mawhin, R. Nussbaum, Topological Methods for Ordinary Differential Equations. Montecatini Terme, 1991. Editors: M. Furi, P. Zecca. VII, 218 pages. 1993.

Vol. 1538: P.-A. Meyer, Quantum Probability for Probabilists. X, 287 pages. 1993.

Vol. 1539: M. Coornaert, A. Papadopoulos, Symbolic Dynamics and Hyperbolic Groups. VIII, 138 pages. 1993.

Vol. 1540: H. Komatsu (Ed.), Functional Analysis and Related Topics, 1991. Proceedings. XXI, 413 pages. 1993.

Vol. 1541: D. A. Dawson, B. Maisonneuve, J. Spencer, Ecole d' Eté de Probabilités de Saint-Flour XXI - 1991. Editor: P. L. Hennequin. VIII, 356 pages. 1993.

Vol. 1542: J.Fröhlich, Th.Kerler, Quantum Groups, Quantum Categories and Quantum Field Theory. VII, 431 pages. 1993.

Vol. 1543: A. L. Dontchev, T. Zolezzi, Well-Posed Optimization Problems. XII, 421 pages. 1993.

Vol. 1544: M.Schürmann, White Noise on Bialgebras. VII, 146 pages. 1993.

Vol. 1545: J. Morgan, K. O'Grady, Differential Topology of Complex Surfaces. VIII, 224 pages. 1993.

Vol. 1546: V. V. Kalashnikov, V. M. Zolotarev (Eds.), Stability Problems for Stochastic Models. Proceedings, 1991. VIII, 229 pages. 1993.

Vol. 1547: P. Harmand, D. Werner, W. Werner, M-ideals in Banach Spaces and Banach Algebras. VIII, 387 pages. 1993.

Vol. 1548: T. Urabe, Dynkin Graphs and Quadrilateral Singularities. VI, 233 pages. 1993.

Vol. 1549: G. Vainikko, Multidimensional Weakly Singular Integral Equations. XI, 159 pages. 1993.

Vol. 1550: A. A. Gonchar, E. B. Saff (Eds.), Methods of Approximation Theory in Complex Analysis and Mathematical Physics IV, 222 pages, 1993.

Vol. 1551: L. Arkeryd, P. L. Lions, P.A. Markowich, S.R. S. Varadhan. Nonequilibrium Problems in Many-Particle Systems. Montecatini, 1992. Editors: C. Cercignani, M. Pulvirenti. VII, 158 pages 1993.

Vol. 1552: J. Hilgert, K.-H. Neeb, Lie Semigroups and their Applications. XII, 315 pages. 1993.

Vol. 1553: J.-L- Colliot-Thélène, J. Kato, P. Vojta. Arithmetic Algebraic Geometry. Editor: E. Ballico. VII, 223 pages. 1993.

Vol. 1554: A. K. Lenstra, H. W. Lenstra, Jr. (Eds.), The Development of the Number Field Sieve. VIII, 131 pages. 1993.

Vol. 1555: O. Liess, Conical Refraction and Higher Microlocalization. X, 389 pages. 1993.

Vol. 1556: S. B. Kuksin, Nearly Integrable Infinite-Dimensional Hamiltonian Systems. XXVII, 101 pages. 1993.

Vol. 1557: J. Azéma, P. A. Meyer, M. Yor (Eds.), Séminaire de Probabilités XXVII. VI, 327 pages. 1993.

Vol. 1558: T. J. Bridges, J. E. Furter, Singularity Theory and Equivariant Symplectic Maps.

Vol. 1559: V. G. Sprindžuk, Classical Diophantine Equations. XII, 228 pages. 1993.

Vol. 1560: T. Bartsch, Topological Methods for Variational Problems with Symmetries. X, 152 pages. 1993.

Vol. 1561: I. S. Molchanov, Limit Theorems for Unions of Random Closed Sets. X, 157 pages. 1993.

Vol. 1562: G. Harder, Eisensteinkohomologie und die Konstruktion gemischter Motive. XX, 184 pages. 1993.

Vol. 1564: J. Jorgenson, S. Lang, Basic Analysis of Regularized Series and Products. IX, 122 pages. 1993.